U0295705

地质力学模型试验理论与应用

GEOMECHANICS MODEL TEST THEORY AND APPLICATION

罗先启 毕金锋 | 编著

内容提要

本书在阐述与回顾经典的量纲分析与相似定理基础上，结合滑坡模型试验本身的特点，阐述了滑坡模型试验相似理论和相似判据确定方法；研究并开发了考虑水库蓄水和大气降雨作用下的滑坡物理模型试验系统；在相似材料配制和评价方面提出了基于模糊评判理论的滑坡模型试验相似材料择优方法；针对模型试验中相似条件不能完全满足的问题，提出了畸变补偿方法修正地质力学模型试验的相似理论；运用提出的试验理论及试验系统对三峡库区千将坪滑坡进行了降雨和水库水位变动下滑坡机理的试验研究；借鉴离心机模型试验利用离心力场模拟 ng 重力场的思想，采用含有铁磁的相似材料在磁场中受到的磁力场来模拟 ng 重力场，建立了地质力学磁力模型试验理论，并研制了一台地质力学磁力模型试验设备，对锦屏一级水电站左岸高陡边坡在自然状态、开挖过程以及超载条件下的变形、应力、稳定性进行了研究。

本书可供从事边坡工程、滑坡治理工程的广大工程技术人员借鉴，也可供进行模型试验相关研究的高校师生和研究人员参考。

图书在版编目(CIP)数据

地质力学模型试验理论与应用/罗先启，毕金锋编著. —上海：上海交通大学出版社，2016

ISBN 978-7-313-15486-6

Ⅰ.①地… Ⅱ.①罗…②毕… Ⅲ.①地质力学模型—模型试验—研究

Ⅳ.①P554

中国版本图书馆 CIP 数据核字(2016)第 175722 号

地质力学模型试验理论与应用

编　　著：罗先启　毕金锋

出版发行：上海交通大学出版社　　地　　址：上海市番禺路 951 号

邮政编码：200030　　电　　话：021-64071208

出 版 人：郑益慧

印　　制：苏州市越洋印刷有限公司　　经　　销：全国新华书店

开　　本：710mm×1000mm　1/16　　印　　张：16.5

字　　数：299 千字

版　　次：2016 年 12 月第 1 版　　印　　次：2016 年 12 月第 1 次印刷

书　　号：ISBN 978-7-313-15486-6/P

定　　价：118.00 元

前　　言

从20世纪初，西欧一些国家就开始进行结构模型试验，并逐渐建立了相似理论。60年代意大利的瓦意昂(Vajont)双曲拱坝溃坝事件促使了地质力学模型试验的诞生，以富马加利(E. Fumagalli)为首的专家在意大利结构模型试验所(ISMES)以瓦意昂(Vajont)双曲拱坝为背景开展了大比尺三维模型破坏试验研究，试验研究范围从弹性到塑性直至最终破坏阶段，取得了较好的效果，翻开了地质力学模型试验技术的第一页。

框架式模型试验，将模型按几何相似原则，缩小 n 倍，同时将附加荷载也相应地缩小 n 倍后，在 $1g$ 重力场中进行模拟试验。然而土是碎散性材料，现实还难以实现在保持其原有物理、力学性质条件下，将其自重应力水平转化为 $1/n$。因此，该试验只是部分满足了物理模型与原型间的几何相似和力学相似，而不能反映原型的整体特征。

土工离心模型试验是法国人菲利普(E. Phillips)在1869年首先提出来的，发展迄今，已逾百年。从初始提出时期的默默无闻，到今天世界各国竞相发展土工离心模型试验并使之逐渐成为岩土力学学科研究的重要组成部分，离心机数量的急剧增加和大型化、专业化的发展趋势，使世界上逐渐形成了多个专门的离心模型试验中心，并形成了各自的特色。但该方法同样也存在着无法避免的技术难题，如处于高速旋转的离心机庠头中的土体内，各质点处的离心力的大小随该质点所处的位置至旋转轴心的距离的增加而增大，实质上离心力彼此是不平行的、非均匀的，与原型铅直、均匀作用于土体的重力加速度($1g$)存在着明显的差异；还有模型材料粒径效应与模型几何尺寸效应的问题，都会对模型试验的结果产生不利的影响。

离心机模型试验利用“离心力场”模拟“重力场”的思想代表着模型试验的发展方向。清华大学曾经探讨了利用水流渗透所产生的拖曳力来增加土体体力的方法，其原理是利用“重力场”和“渗透力场”的叠加来模拟“重力场”，并取得了一定的成果。这种方法要求研究对象必须是饱和体,而且渗透系数必须达到一定程度,自由边界也必须是平面的。然而,利用"外力场"模拟"重力场"的原理和基于"场"相似理论的思想,为地质力学模型试验理论的发展提供了发展方向。地质力学磁力模型试验利用"磁力场"与"重力场"的相似性,用磁性模型相似材料在磁场中所受到的"磁力场"来模拟 ng "重力场"。如果将励磁线圈的通电电流调整为交变电流,则可以得到交变电磁场,根据不同地震波的特点,实时控制交变电流的频率、大小和方向,可以实现模拟地震等动荷载的效果,使得在实验室模拟地震等动力荷载变得更为简单和方便。

模型试验结果的准确性首先基于相似材料的相似性。在相似材料的研究中除了采用正交设计、均匀设计等试验理论来寻找合适相似材料的配合比外,作者提出了基于模糊评判理论的模型试验相似材料择优方法;针对模型试验中相似条件不能完全满足的问题,作者提出了畸变补偿方法修正地质力学模型试验的相似理论;结合三峡库区滑坡模型的特点,作者开发了考虑水库蓄水和大气降雨作用下的滑坡物理模型试验系统;借鉴离心机模型试验利用离心力场模拟 ng 重力场的思想,作者采用含有铁磁的相似材料在磁场中受到的磁力场来模拟 ng 重力场,建立了地质力学磁力模型试验理论,并研制了一台地质力学磁力模型试验设备。

地质力学模型试验,不管是离心模型还是其他普通小比尺模型,都能帮助人们认识和探讨岩土工程中某些物理现象的内在规律,推进基础研究工作的开展。同时,在地质力学模型试验研究过程中,在模型试验相似理论、相似材料试验、试验设备及测试手段等各方面还存在很多需要完善和发展的问题。本书的目的就是将我们进行地质力学模型试验研究过程中的一些研究成果汇编在一起供读者参考和讨论。

本书分 9 章,各章主要内容如下:

第 1 章介绍了模型试验的发展历程,并通过相似理论、相似材料和测试技术三个方面探讨了模型试验的发展现状和发展趋势。

第 2 章介绍了与模型试验相关的相似理论。

第 3 章从滑坡物理模型试验相似理论出发,以三峡库区滑坡物理模型试验为研究背景,在系统研究滑坡模型试验中的相似现象与相似方法基础上,完成了滑坡模型试验 17 个常用参数的相似判据推导演算,并针对传统相似理论在滑坡地质力学模型试验应用中的畸变问题,提出了滑坡物理模型试验畸变修正方法。

第 4 章建立了考虑大气降雨和水库水位变化作用的大型滑坡物理模型实验系统,主要包括试验平台与试验槽、室内人工降雨系统和水库水位控制系统、非接触式位移测量系统、γ 射线水分测试系统和位移、土压力、孔隙水压力传感器数据采集系统。

第5章在滑坡模型相似材料研制中,通过适当补充试验点个数的方法克服了均匀设计方法试验点过少的缺陷,深化了均匀设计在滑坡模型相似材料中的应用;并从模型试验相似材料评价方法的适用性和科学性的角度出发,提出可采用模糊综合评判方法对滑坡模型试验的相似材料进行评价。

第6章针对三峡水库滑坡的特点,就引起水库滑坡的两个条件:三峡水库蓄水和三峡库区降雨的特征,与滑坡的关系以及它们的相似条件等方面进行了研究。

第7章以滑坡模型试验中的相似理论和滑坡畸变模型的畸变修正方法为基础,进行千将坪滑坡物理模型试验相似材料的配制,建立了千将坪滑坡物理模型试验模型。通过在大型滑坡模型试验系统上对千将坪滑坡地质结构和地质环境的模拟试验,揭示了千将坪滑坡失稳机制。

第8章介绍了地质力学磁力模型试验的理论基础,包括地质力学磁力模型试验的各参数的相似比例及地质力学磁力模型试验相关的电磁学理论;并根据电磁学原理设计多种产生梯度磁场的磁路结构形式,综合考虑梯度磁场的均匀性及进行模型试验的便捷性,最终设计制造了一台磁路结构作为地质力学磁力模型试验的磁场发生装置。

第9章以锦屏一级电站左岸边坡为研究对象,进行地质力学磁力模型试验,主要研究左岸缆机平台(高程1 960 m)及坝顶平台(高程1 885 m)开挖后对边坡内部应力分布情况的影响,并与数值模拟结果对比,验证地质力学磁力模型试验的工程应用价值。

模型试验技术是既年轻又古老的技术。本书只能起到抛砖引玉的作用,如能对从事模型试验研究工作的工程师和科学工作者们有所裨益我们将感到十分高兴。限于编者水平,书中存在的疏漏之处,敬请批评指正。

本书的出版得到国家重点基础研究发展计划(973)项目(2011CB013505)和国家自然科学基金项目(NO. 51279100)的资助。上海交通大学出版社对本书的问世提供了大力支持,作者在此一并致谢。

目　　录

1　绪　论 …… 001

1.1　模型试验技术的发展历程 / 001

1.2　模型试验技术的发展现状及趋势 / 004

1.2.1　模型试验相似理论 / 004

1.2.2　模型试验相似材料 / 004

1.2.3　模型试验测试技术 / 005

2　模型试验相似理论 …… 007

2.1　量纲理论 / 007

2.1.1　量纲的基本概念 / 007

2.1.2　量纲分析原理 / 011

2.2　相似理论与相似定理 / 016

2.2.1　相似现象与相似性质 / 016

2.2.2　相似第一定理 / 019

2.2.3　相似第二定理 / 020

2.2.4　相似第三定理 / 025

2.2.5　三个相似定理的相互关系 / 025

2.2.6　相似准则的导出方法 / 027

3　滑坡模型试验特点及其相似判据 …… 029

3.1　滑坡模型试验的特点 / 030

3.1.1　滑坡模型试验的相似性质 / 030

3.1.2　滑坡模型试验存在的主要问题 / 031

3.2　滑坡模型试验相似判据 / 032

3.2.1 参量选择 / 032
3.2.2 参量分析 / 033
3.2.3 π 方程的建立及相似判据的导出 / 033
3.3 畸变模型及畸变修正方法 / 036
3.3.1 畸变模型的概念 / 036
3.3.2 畸变模型补偿设计理论 / 037
3.3.3 模型畸变的修正方法 / 039

4 滑坡模型试验系统 …… 045
4.1 试验起降平台控制系统 / 046
4.2 室内人工降雨控制系统 / 046
4.2.1 模拟降雨装置的降雨参数 / 047
4.2.2 模拟降雨装置的总体设计 / 049
4.2.3 喷洒系统 / 050
4.3 地下水位控制系统 / 055
4.4 位移、土压力、孔隙水压力传感器 / 055
4.5 基于光学原理的非接触式位移测量系统 / 056
4.5.1 数据采集系统组成 / 056
4.5.2 数据处理流程及原理 / 058
4.5.3 非接触式光学测量精度 / 063
4.6 γ射线透射法水分测试系统 / 064
4.6.1 γ射线透射法水分测量系统及其测量原理 / 064
4.6.2 γ射线透射法系统参数的确定 / 069
4.6.3 γ射线放射源的安全管理与使用 / 075

5 滑坡模型试验相似材料 …… 077
5.1 相似材料试验设计理论及评价方法 / 077
5.1.1 相似材料试验设计理论 / 077
5.1.2 相似材料试验数据处理方法 / 078
5.1.3 相似材料择优理论及评价 / 080
5.2 常用相似材料及其特性 / 081
5.2.1 纯石膏材料及其特性 / 082
5.2.2 石膏混合材料及其特性 / 083
5.2.3 以石蜡为黏结剂的相似材料及其特性 / 084

5.2.4 以机油为黏结剂的相似材料及其特性 / 084
5.3 国内外几种用于地质力学模型试验的相似材料 / 085
5.3.1 MIB材料 / 085
5.3.2 NIOS地质力学模型材料 / 085
5.3.3 硅橡胶重晶石粉相似材料 / 085
5.3.4 其他种类相似材料 / 086
5.4 滑坡模型相似材料选择及配比 / 086
5.4.1 配重材料的选择 / 086
5.4.2 黏结剂的选择 / 087
5.4.3 容重的敏感材料 / 087
5.4.4 黏聚力的敏感材料 / 087
5.4.5 内摩擦角的敏感材料 / 087
5.4.6 渗透系数的敏感材料 / 088
5.4.7 弹模和泊松比的敏感材料 / 088
5.4.8 三峡库区滑坡模型试验相似材料物理力学性质 / 089

6 水库滑坡的环境条件及其相似模拟 …………………………… 090
6.1 滑坡发生的主要动力条件 / 090
6.2 三峡水库蓄水、运行特征及其与滑坡的关系 / 090
6.2.1 三峡水库蓄水情况 / 091
6.2.2 三峡水库运行情况 / 093
6.2.3 三峡水库风浪对库岸形态的改变 / 094
6.2.4 三峡水库水流对库岸的冲刷与淤积 / 094
6.2.5 三峡水库诱发地震 / 094
6.3 三峡库区降雨特征及其与滑坡的关系 / 095
6.3.1 三峡库区降水特征分析 / 095
6.3.2 三峡库区湖北段诱发地质灾害的降水分析 / 099
6.4 水库滑坡主要动力条件的相似模拟 / 101

7 滑坡模型试验系统在千将坪滑坡稳定性研究中的应用 ………………… 102
7.1 千将坪滑坡模型试验方案 / 102
7.1.1 模型概化及其参数确定 / 102
7.1.2 模型成型 / 107
7.1.3 试验方案 / 112

7.1.4 测点布置 / 114
7.2 千将坪滑坡模型试验成果 / 115
7.2.1 数据采集 / 116
7.2.2 成果分析 / 128
7.3 千将坪滑坡模型畸变修正 / 141
7.3.1 模型畸变原因分析 / 141
7.3.2 模型畸变的修正方法 / 142
7.3.3 畸变修正模型的数值分析 / 145
7.4 千将坪滑坡模型试验结论与讨论 / 149

8 地质力学磁力模型试验原理与试验设备 …… 153
8.1 地质力学磁力模型试验相似比 / 153
8.2 地质力学磁力模型试验原理 / 153
8.2.1 电磁场理论基础 / 153
8.2.2 磁性材料的磁特性 / 155
8.2.3 磁力与重力的相似性 / 160
8.2.4 外磁场作用下的磁力 / 161
8.2.5 磁路设计原理 / 164
8.2.6 两相介质的等效相对磁导率 / 165
8.3 均匀梯度磁场的构建及其发生装置设计 / 170
8.3.1 利用 Helmholtz 线圈构建梯度磁场 / 170
8.3.2 锥形线圈的均匀梯度磁场的构建 / 175
8.3.3 构建均匀梯度磁场的磁路设计 / 180
8.4 地质力学磁力模型试验设备 / 189

9 地质力学磁力模型试验在锦屏一级电站左岸高陡边坡稳定性研究中的应用 …… 192
9.1 锦屏一级电站左岸高陡边坡概况 / 192
9.1.1 锦屏一级水电站工程概况 / 192
9.1.2 锦屏一级水电站左岸高陡边坡地层岩性 / 193
9.1.3 锦屏一级水电站左岸高陡边坡地质构造 / 193
9.1.4 坝区岩体及结构面的力学特性 / 194
9.2 锦屏一级电站左岸高陡边坡磁力模型试验相似材料 / 197
9.2.1 相似材料主要成分 / 197

9.2.2　相似材料各组分磁导率的取值 / 198
9.2.3　相似材料试验及结果 / 199
9.3　锦屏一级电站左岸高陡边坡模型试验 / 207
9.3.1　试验模型各物理力学参数相似比及取值 / 207
9.3.2　模型试验范围 / 208
9.3.3　模型制作及测试手段 / 209
9.3.4　模型试验过程及结果 / 214
9.4　锦屏一级电站左岸高陡边坡磁力模型试验数值模拟 / 224
9.4.1　数值计算理论与计算方法 / 224
9.4.2　数值模型中电磁参数及物理力学参数的取值 / 225
9.4.3　地质力学磁力模型试验的三维数值模型 / 226
9.4.4　数值模拟结果 / 228
9.5　数值模拟结果与模型试验测试结果的比较 / 238
9.5.1　16 A 电流下模型体力超载倍数的对比 / 238
9.5.2　内部应变花测试结果与数值模拟结果的对比 / 239

10　结论与展望……………………………………………………………… 242
10.1　结论 / 242
10.1.1　滑坡模型试验理论与试验系统的建立 / 242
10.1.2　地质力学磁力模型试验原理与均匀梯度磁场设备研发 / 243
10.2　展望 / 244

参考文献……………………………………………………………………… 246

索　引………………………………………………………………………… 250

1 绪 论

我国是滑坡泥石流等地质灾害多发国家，据中国地质灾害调查资料表明，在2004年统计的各类地质灾害中，滑坡所占的比例高达68%，滑坡灾害常常中断交通、堵塞河道、掩埋村镇、摧毁工厂、破坏农田，给人们的生命财产造成巨大损失，给工程建设带来严重的影响[1]。

滑坡的发生是斜坡自身稳定状态自然调整的过程，而影响其稳态的作用因素有自然因素和人类活动因素。就自然因素而言，降雨、库水和地震是其中的3个主要因素。就人类活动因素而言主要包括不合理的工程活动导致或诱发新的滑坡发生。同时滑坡的发生又是其本身的地质构造、地形地貌、岩土体物理力学特性在特定的触发因素作用下综合产生的，正是这种多因素作用导致滑坡的形成与发生是一种非常复杂的自然现象，用数学模型描述十分困难，目前国内外众多研究者试图利用试验方法来探求其形成机制，其中物理模型试验是对滑坡发生规律进行有效研究的手段之一。

1.1 模型试验技术的发展历程

从20世纪初，西欧一些国家就开始进行结构模型试验，并逐渐建立了相似理论[1]。60年代意大利的瓦伊昂(Vajont)双曲拱坝溃坝事件促使了地质力学模型试验的诞生，以E. Fumagalli[2]为首的专家在意大利结构模型试验所(ISMES)以瓦伊昂(Vajont)双曲拱坝为背景开展了大比尺($C_L = 35$)三维模型破坏试验研究，试验研究范围从弹性到塑性直至最终破坏阶段，取得较好的效果，翻开了地质力学模型试验技术的第一页。随后葡萄牙、苏联、法国、德国、英国和日本等国也开展了这方面的研究。在国内，从70年代开始，长江科学院、清华大学、河海大学、中国水利水电科学研究院、华北水利水电学院、武汉水利电力大学、四川大学等单位，结合大型水利工程中坝基或坝肩稳定问题先后开展了试验研究，如对葛洲坝、龙羊峡、三峡、铜街子、构皮滩、二滩、沙牌、锦屏一级等工程出现的抗滑稳定问题进行了大量的试验工作，取得了一大批研究成果[3-9]。

地质力学模型试验包含有框架式模型试验、底面摩擦模型试验、现场三维模型及足尺模型试验、渗水力模型试验、土工离心模型试验等，目前国内外常用的地质力学模型试验主要有框架式模型试验和离心模型试验两种形式。

1）框架式模型试验

框架式模型试验是指在通常重力场内（1g），通过在框架模型槽内采用满足相似判据的相似材料制作模型，并在模型满足边界条件相似情况下测量其变形、应力等因素，进而揭示原型滑坡的形成机制。国内外众多学者在该领域开展了试验研究，水电部西北水科所于 1984 年开展了龙羊峡水电站 2 480 m 高程平面地质力学模型试验，并制作了一台可倾斜 0°～15°模拟地震力效应的 5 m×7 m 大型钢架模型台，研究了不同弹模的岩体及软弱夹层材料的性能，还研制了一台可以制作试件的专用加压成型机，开展了黄河上游李家峡水电站三圆心拱坝（高 165 m）的工程地质力学问题研究；刘光代在贵昆线大海哨 2 号滑坡治理研究中采用灌铅铁丝混凝土作为滑体，油泥作为滑带研究岩质滑坡滑带土的破坏模式；李明华以击实成都黏土为滑体，含水量大于塑限的软黏土为滑带，密实黏土为滑床，研究了土质滑坡的破坏模式；其后宋克强（1991）[10]、丁多文（1996）[11]、文宝萍（1997）[12]、陈洪凯（2002）[13]、靳德武（2004）[14]、罗先启（2005）[15, 16]、胡修文（2005）[17]相继开展了研究，以黄土地区孟家山滑坡、三峡库区石榴树包、泄滩、千将坪、赵树岭等滑坡为背景，深入研究了特定滑坡的孕育形成机制，取得了部分研究成果，对滑坡地质灾害防治、预测起到指导性作用。在国外，日本在这方面投入的精力最多，其模型比例尺达到了 1：50，具有仿真性强、规模大等特点。

2）底面摩擦模型试验

1969 年，英国帝国工学院发表了一位作者的论文首先提出了底面摩擦模型试验的基本思想[18-20]。它的原理是用作用在模型底部的拖力来代替重力，主要用来模拟二维物理模型，应用到边坡主要方法如下，边坡模型平置于无缝皮带上，皮带以一个速度向前运动，借助于摩擦力，皮带拖动模型以同样的速度运动，由于皮带上方挡板的阻挡，模型又不能运动，这时皮带给模型一个拖力 F，挡板给模型一个反力 F'，在皮带拖力作用下模型发生变形和破坏。国内李书吉（1986）[20]、陈诗才（1988）[18]以抚顺西露天矿十三段站的滑坡为背景，利用该方法研究其形成机制，获得较好的效果。但该方法无法定量研究滑坡的应力应变及位移特性。

3）现场三维模型及足尺模型试验

现场三维模型试验是目前滑坡研究领域的新的发展方向，中科院武汉岩土所陈善雄[21]等在湖北襄荆高速公路膨胀土堑坡试验段开展了人工降雨诱发滑坡试验，用数码相机记录了降雨诱发土坡浅层滑动的过程。胡明鉴(2002)[22]等在研究云南东川蒋家沟滑坡泥石流形成机制时进行了现场砾质土斜坡人工降雨试验，发现试验条件下有明显的滑坡与泥石流共生现象。实验室足尺模型试验与现场三维模型试验具有共同的特征，即均为大比尺三维模型试验。美国科罗拉多(Colorado)大学开展了足尺加筋土挡土墙的试验研究，建成高 3.05 m，宽 1.22 m，长 2.08 m 的 1∶1 试验模型，对黏性土和砂土填料开展研究，其成果很好地指导其设计工作；德国柏林大学对浅基础开展了大量的足尺试验研究，特别是单桩试验研究，取得了大量的成果。该方法虽具有试验结果准确的优势，但人力物力耗资巨大影响其广泛应用。

4) 渗水力模型试验

渗水力模型试验方法是 ng 模型试验方法的一种，原理是用水在土中向下的渗透力模拟重力，从而使模型尺寸缩小 n 倍但土中应力应变与原型一致。丁金粟(1994)[23]、黄锋(1998)[24]等采用该方法开展了桩基、浅基础问题研究，试验表明，该方法因其设备为静态而对 ng 条件下的沉桩等试验研究比较方便，但其只能开展饱和土体试验，且土渗透系数过大或过小都会影响试验精度。

5) 土工离心模型试验

土工离心模型试验作为一种可再现原型特性的试验方法，正越来越受到岩土工程界的关注。其主要根据离心力场和重力场等价的原理，并考虑到土工材料的非线性和自重应力对土工结构物的影响，把经过 $1/n$ 缩尺的原型结构物置于 n 倍 g 的离心力场中，使模型和原型相应点的应力应变达到相同、变形相似、破坏机制相同，从而再现原型特性，为理论和数值分析方法提供真实可靠的参考依据。土工离心模型试验是法国人 E. Phillips 在 1869 年首先提出来的，发展迄今，已逾百年，从初始提出时期的默默无闻，到今天世界各国竞相发展土工离心模型试验并使之逐渐成为岩土力学学科研究的重要组成部分，离心机数量的急剧增加和大型化、专业化的发展趋势，使世界上逐渐形成了数个专门的离心模型试验中心，并形成了各自的特色，对挡土墙、土或者土与结构物间相互作用、岩土高边坡、堤坝路基等填土工程、地下结构和基坑开挖、浅基础、桩基础和深基础等问题有独特效果。最近，利用土工离心机模拟地震、爆破等动力问题得到很大重视和发展，许多离心机都装置了振动台用以研究岩土工程的地震反应[25-30]。

6) 地质力学磁力模型试验

地质力学磁力模型试验首先由罗先启(2009，2011)提出[31, 32]，综合了目前所采用的常规框架式地质力学模型试验和土工离心模型试验的优缺点，是一种全新的地质力学试验方法。磁力模型试验利用电磁场模拟重力场的原理研究地质力学工程问题。在模型中，相似材料里加入铁磁材料，将相似材料置于特定的磁场中，铁磁材料将受到磁力的作用，在几何尺度 l 缩小 n 倍的情况下，模型所受体力扩大 n 倍，材料的其他力学参数的相似比均为 1，由此降低了模型试验的难度。磁力模型试验方法及其设备不仅可以应用于岩土力学模型试验，同时也将作为一种新的试验方法和手段，在水利工程、土木工程、交通工程、海洋工程等领域的结构应力变形及其稳定性研究方面具有广阔的应用前景。

1.2 模型试验技术的发展现状及趋势

模型试验的理论基础为相似理论，并根据相似理论所确定相似判据制作模型与研制相似材料，将测试结果按照相似判据反推到原型，揭示其机制、指导其灾害防治与预测预报。模型试验技术是随着相似材料、测试技术的发展而发展的。

1.2.1 模型试验相似理论

作为仿真技术的基础，在“π 定理”和 M. B. 基尔比契夫的“相似三原理”的指导下，近 20 年来相似理论研究获得了迅速的发展，但对“π 定理”和“相似三原理”理论本身的认识程度特别是在具体实际中应用还比较有限。目前，对弹性相似理论的认识已趋于一致。近几年来，随着非饱和土力学的发展，国内外学者对非饱和岩土工程问题的相似理论的研究开始起步，但至今还没有形成系统的、获得国内外学者公认的理论体系[32]。对于模型相似理论及相似判据问题，目前常采用的方法为量纲分析或方程分析法，这两种方法获得相同的结果，量纲分析推导具有更强的实用性，但方程推导则物理意义更明晰[33]。总体上来说，目前模型试验相似判据的推导从理论上说已经趋于成熟，但由于模型和原型之间的差异及尺寸效应的存在使相似理论的参数相似比的选择不能完全依靠相似理论推导的结果，其中时间相似比因蠕变等因素影响致使其未有明确的解答，这也对模型试验指导原型的时间预测造成较大影响。

1.2.2 模型试验相似材料

通常保证模型与原型之间的相似是通过相似材料的配制来实现。相似材料的选择及有关参数的确定则是模型试验成功的重要一环，直接关系到试验数据的价值大小。目前，对岩体相似材料特性的试验研究已取得了较好的成果，武汉水利电力学院韩伯鲤(1994)[34]等人对影响地质力学模型材料的各种因素加以分析，提出研制高容重、低弹模、低强度材料的基本原则，并介绍了一种新型地质力学模型材料，取名为 MIB。长江水利水电科学研究院的龚召熊、郭春茂、高大水(1984)[4]等人参考意大利结构和模型试验研究所资料，改进原来的浇铸成型为压模成型，较全面地研究了用无水石膏为胶凝剂的模型材料的力学变形性能，包括单轴和三维应力条件下的各种参数。同时，还对意大利结构及模型试验研究所目前应用的模型材料，进行了验证性试验。沈泰(1988)[5]等人也在文献中介绍了长江水利水电科学研究院地质力学模型材料研究的情况，列举了七类不同性能的模型材料，并对试验中遇到的若干模型试验技术如：模型材料各向异性问题、基础结构层面的剪切刚度、黏结力和渗透水压力的模拟、三维模型内部相对位移的量测等问题进行了讨论，最后就地质力学模型试验的发展趋势作了简单的评述，并提出了在离心机内进行地质力学模型试验方法的构想。意大利等国家的科研单位采用的地质力学模型材料主要有两类：一类模型是采用铅氧化物(PbO 或 Pb_3O_4)和石膏的混合物为主料，以砂子或小圆石作为辅助材料。另一类模型材料主要以环氧树脂、重晶石粉和甘油为组分，其强度和弹模均高于第一类模型材料，但是需要高温固化，其固化过程中散发的有毒气体也会危害人体的健康。上述模型材料中，采用铅氧化物和石膏混合物的模型材料，可以达到较大的容重，但是价格比较昂贵，其中的铅氧化物有毒，对工作人员的健康不利，并且容易污染环境；采用重晶石、石膏、砂等材料制作的相似模型，其容重最大只能达到 215 g/cm^3，因此很难模拟高容重的材料。由加膜铁粉和重晶石作为骨料制作相似模型，可以满足高容重材料的要求，但由于增加了加膜的工艺使得制作成本增加，而且膜一旦脱落铁粉很容易生锈，从而影响材料性质的稳定性，容易导致试验失败。采用铜粉也可以满足高容重材料的要求，且不会像铁粉那样容易生锈，但很难找到合适的原料，而且成本过高。为了克服上述模型材料无法模拟高容重材料、性质不稳定、容易生锈及成本过高的缺陷，清华大学水利系水电站课题组经过上千次试验，研制成功一种新型地质力学模型材料——NIOS 地质力学模型材料[35]。另外，崔希民[36]、王素华[37]等也都对地质力学模型试验相似材料问题做了研究。在岩石等脆性材料的模型相似材料研究方面，随着石膏系材料特性研究的成熟而走向成熟，而在土体特别是软土的相似材料研究方面存在较大困难。模型试验中结构物软弱夹层的模拟常采用锡箔、聚酯薄膜、电化铝或各种纸张等薄片成型材料，或者采用各种润滑剂和重晶石粉或石灰石粉等粉体材料混合来模拟。

1.2.3 模型试验测试技术

模型试验技术中发展最快的领域是量测和数据采集技术。每一项新的量测技术的诞生都会推动试验水平出现飞跃，正如传统的接触式量测技术严重制约了框架式模型试验技术，而现代非接触式量测技术却给予框架式模型试验新生一样。模型试验技术是随着量测技术的发展而进步的。模型试验技术量测的主要内容为应力、应变、位移、裂缝和破坏形态、土压力等，传统的测量方法有电阻应变片和应变仪、位移传感器、激光散斑、云纹、摄像录像等测量手段。随着科技发展与进步，更多新兴的测量技术广泛应用于模型试验中，改变了传统的接触式测量方式，光学测量、γ射线、光纤及数码摄像自动识别技术都应用到地质力学模型试验中，使试验结果可靠性获得了质的提高。

罗先启等(2005)[15, 16]在滑坡模型试验测试中采用了γ射线透射法测量土壤水分和自动网格法测试位移两种新技术，使滑坡等软土体测试可靠度获得很大的提高。自动网格法是近几十年发展起来的一种非接触式光学测量方法，它是在传统网格法基础上，利用现代电子技术(如高分辨率 CCD)，数字图片处理和分析技术而建立起来的一种自动监测技术。它克服了传统网格法工作量大、速度慢、精度差等弱点，能自动识别变形前后两副图像中的相应变形，计算速度大大提高，精度达到次像素量级。在滑坡模型试验位移测量中，与其他测量方法相比，自动网格法具有设备简单、精度好、量程大、自动化程度高等优点。γ射线穿过物质的过程中，发生极其复杂的相互作用，主要有光电效应、康普敦-吴有训效应、电子对生成。电子对生成只在光子能量大于 1 MeV 后才显现出来，而光电效应也只在 γ 射线能量很小时才是重要的。所以，对射线平均能量为 0.66 MeV的铯-137(^{137}Cs)放射源，它与土壤作用主要表现为康普敦-吴有训效应。相互作用的结果是部分能量被物质吸收，穿过物质后的γ射线能量(以射线强度表示)减弱，减弱程度与放射源原有能量、吸收体性质和厚度有关，并服从指数关系。根据能量减弱的程度即可求出滑体的含水量。目前滑坡模型试验测试已实现自动采集、实时监测和自动绘图等全自动化流程。

目前，模型试验测试技术领域的研究难点为低围压下岩土特性及低值精确测量技术，模型相似材料的物理力学性能指标和模型原型的参数指标相差 n 倍，如软土体模型相似材料的黏聚力有时只有 0～1 kPa，这种参数低值精确测量技术是模型试验测量技术的难点之一。

2 模型试验相似理论

模型试验与相似理论关系密切，只有在满足相似理论的前提下，模型试验才能得到可靠的结果，真实反映原型的物理力学性能。相似理论对模型试验意义重大，关于地质力学模型试验相似理论的研究也是一个备受关注的课题[38-47]。本章详细介绍与模型试验有关的相似理论，为模型试验的研究奠定理论基础。

2.1 量纲理论

2.1.1 量纲的基本概念

在自然界中，各种现象的变化有一定的规律，各个物理量之间并不是相互独立的，不同的物理量之间往往以一定的关系互相联系着。因此，若把这些物理量中的某些量作为基本量，并对它们建立起某种测量单位，则所有其他物理量的测量单位可以通过物理规律，用基本量的测量单位来表示。比如长度和时间这两种物理量的单位已经确定，则速度的单位也是确定的而不能任意选用。根据各物理量之间的相互关系，可以建立单位系统。

在单位系统中选定的几个最简单的、相互独立的量为**基本单位**，再通过各种基本自然规律定出用基本量表达的其他各量的单位，成为**导出单位**。被测量量的种类和性质称为该量的**量纲**，即量纲表示一类物理量与其他物理量之间的关系。

量纲可以用公式的形式表达，借助物理方程式，我们看到物理量是相互关联的，这使我们可以用一些物理量的量纲来表示另一些物理量的量纲。

在一个物理系统中，可以一次提出的最大数量的、量纲相互独立的物理量，称为**基本物理量**。在选择某些适当的物理量作为基本物理量后，其他物理量的量纲就可以用基本物理量的量纲来表示了，基本物理量的量纲称为**基本量纲**。

由基本量纲表示的量纲称为**导出量纲**或**次生量纲**。基本量纲的选取一般是任意的或依习惯进行的，在选取基本量纲时必须满足两个基本条件：

(1) 独立性。各基本量纲之间相互独立，其中的任何一个量不可以由其他的基本量纲的指数单项式的组合来表示。

(2) 完整性。在所讨论的问题中，所有物理量的量纲都可以由所选定的基本量纲组成。

任何满足以上两个条件的量纲都可以作为基本量纲。换言之，基本量纲不是唯一的和不变的。

实践表明，用3个量作为基本测量单位已是足够了。在不同的问题中可以选取不同量的测量单位作为基本测量单位。通常长度单位用符号 L，质量单位用符号 M，时间单位用 T 表示。常用符号$[a]$来表示某个量 a 的量纲。例如，在物理学中，力 F 的量纲可写为

$$[F]=\frac{ML}{T^2}$$

然而，无论基本量纲如何选择，描述客观规律的物理方程的基本形式是不变的。因此，物理方程中各项都必须具有相同的量纲，这就是**量纲和谐原理**。

任何基本量纲的选择都规定了唯一的单位制，单位制确定后，任何一个物理量的大小便可以表示为量值与单位的乘积。如时间5小时就是一个数值“5”和一个单位“小时”合在一起表示了这一物理量(时间)的大小。如果单位改变，则数值也相应地改变，但这物理量不变。客观事物不因我们人为选定的量度标准而改变。如果单位改变 k 倍，则数值改变为 $1/k$ 倍。例如，一长度为5 m，如果单位减小100倍，改为cm，则数值加大100倍，由5改为500，但这个物理量并不改变，500 cm和5 m所表示的是同一个长度。

现以牛顿第二定律来说明基本量纲和导出量纲的关系。

$$F = ma \tag{2-1}$$

如选择质量、长度和时间的量纲作为一组基本量纲，则力的量纲就是导出量纲：

$$[F] = [M][L][T]^{-2} \tag{2-2}$$

如以力代替质量作为基本量纲，则质量的量纲又成了导出量纲：

$$[M] = [T]^2[F][L]^{-1} \tag{2-3}$$

当然，也可以选择力、长度和质量作为基本量纲，这样时间的量纲又成了导

出量纲：

$$[T]=[M]^{1/2}[F]^{-1/2}[L]^{1/2} \tag{2-4}$$

通常，物理量的量纲与基本量纲之间可表示为乘幂关系。

如前所述，物理方程可以分解为物理量量值之间的关系与单位之间的关系。例如，有 3 个由乘幂关系彼此联系的物理量 x_1、x_2、x_3：

$$x_3=x_1^{\alpha_1}x_2^{\alpha_2} \tag{2-5}$$

式(2-5)可由量值和单位乘积的形式写出（这里量值用{　}表示，单位用[　]表示）

$$\{x_3\}[x_3]=\{x_1\}^{\alpha_1}[x_1]^{\alpha_1}\{x_2\}^{\alpha_2}[x_2]^{\alpha_2} \tag{2-6}$$

x_3 的具体数值只与“量值”有关，即

$$\{x_3\}=\{x_1\}^{\alpha_1}\{x_2\}^{\alpha_2} \tag{2-7}$$

但是，关系式

$$[x_3]=[x_1]^{\alpha_1}[x_2]^{\alpha_2} \tag{2-8}$$

也必须成立。

以牛顿第二定律为例

$$\{F\}[f]=\{m\}[m]\{a\}[a] \tag{2-9}$$

其量值关系式为

$$\{F\}=\{m\}\{a\} \tag{2-10}$$

其单位关系式为

$$[f]=[m][a] \tag{2-11}$$

如改变单位制，用系数 C_{m}、C_{a}、C_{f} 分别扩大质量、加速度和力的单位，即

$$[x_j']=C_j[x_i] \tag{2-12}$$

则在新的单位下新的量值为

$$\{x_j'\}=C_j\{x_i\} \tag{2-13}$$

由于量值与单位的乘积恰好是物理量本身，而物理量本与单位的选取无关，因此

$$x_i=\{x_i\}[x_i]=\{x_j'\}[x_i'] \tag{2-14}$$

这样，在新的单位制下，牛顿第二定律的量值关系式为

$$\{F'\} = \{m'\}[a'] \tag{2-15}$$

或

$$C_{\mathrm{f}}\{F'\} = C_{\mathrm{m}}\{m'\}C_{\mathrm{a}}[a'] \tag{2-16}$$

联系式(2－15)和式(2－16)，可得

$$C_{\mathrm{f}} = C_{\mathrm{m}}C_{\mathrm{a}} \tag{2-17}$$

由式(2－17)可知，在牛顿第二定律的物理方程中，可任意选择两个物理量的单位，但另一个物理量的单位却由已选定的两个物理量的单位而唯一确定。

即使变量间的关系不是乘幂型的，量纲和谐条件也必须满足，如

$$x_3 = ax_1^{\beta_1}x_2^{\beta_2} + bx_1^{\gamma_1} \tag{2-18}$$

式中，a、b 是量纲不为 1 的常数。

式(2－18)可分解为量值关系式

$$\{x_3\} = a\{x_1\}^{\beta_1}\{x_2\}^{\beta_2} + b\{x_1\}^{\gamma_1} \tag{2-19}$$

和单位关系式

$$[x_3] = a[x_1]^{\beta_1}[x_2]^{\beta_2} + b[x_1]^{\gamma_1} \tag{2-20}$$

由于量纲和谐性，有

$$[a] = [x_3][x_1]^{-\beta_1}[x_2]^{-\beta_2} \tag{2-21}$$

和

$$[b] = [x_3][x_1]^{-\gamma_1} \tag{2-22}$$

由以上分析可以看出，乘(除)法在运算中起了重要的作用，它产生了新的量纲，而加(减)法却不能产生新的量纲。

量纲和谐性使我们可以写出所谓无量纲方程。测量任何一个量，就是将此量与被选作测量单位的同类量相比较，并且用数字来表示所得到的比例。凡数值取决于所取测量单位的量称为**量纲量**。凡数值与所取测量单位无关的量称为**无量纲量**。长度、时间、力、能量、动量是量纲量的例子。角度、两长度之比、长度平方和面积之比、能量和动量之比是无量纲量的例子。

总之，两个量纲相同的物理量的商，是一个无量纲量。无量纲量的数值与单位制的选择无关，这就为用无量纲量描述相似现象提供了可能。无量纲量在相

似系统的对应点上具有完全相同的值，换言之，无量纲量对于相似变换和单位变换是不变的。因此，无量纲量又称为相似不变量。用相似不变量写出的无量纲方程不仅可以描述两个彼此相似的系统，而且可以描述整个相似系统群。

2.1.2 量纲分析原理

2.1.2.1 量刚分析的基本原理

量纲分析的基本原理即为量纲和谐原理，也称为量纲一致性原则或量纲齐次性原则，指描述事物之间关系的完整物理方程式，无论是微分形式还是积分形式，其各项的量纲必须一致，即只有两个类型相同的物理量才能进行相加与相减。

量纲分析法通常认为有两种：一种方法是适用于比较简单问题的雷利(L. Rayleigh)法，另外一种是带有普遍意义的方法，即 π 定理。这两种方法均是以量纲和谐原理为基础的。雷利法是直接应用量纲和谐原理建立物理方程式，并利用量纲分析法获得各主要物理量之间的关系；而 π 定理是目前应用最普遍的量纲分析方法，是 1915 年由白金汉(E. Buckinghan)提出的，故又叫白金汉定理。在相似第二定理中将详细讨论。

量纲分析的基础是基于下述两个公理。

公理一：只有量(quantities)具有相同性质时，量的绝对值才能相等。

这个公理的含义是：只有两个量具有相同的量纲时，两个量之间才能建立起一般关系。例如，一个由力测量的量，只能与由力评价的量相等，而不能与具有长度、时间、质量、速度或其他不是力的量纲的量相等。

公理二：两同类量的比值，若以相同单位测量之，则与用以测量的单位无关。

例如，一张桌子的长度与宽度之比，不管你用尺、寸、米去量它都是一样的。

这个公理是建立物理科学的单位系统的基本原则。因为这是所有物理量度量的本质，只要这种度量本身不是以比值方式出现的(例如，温度、角度等就是不以比值方式出现的度量值)。

2.1.2.2 量纲分析的应用

量纲分析的应用非常广泛，但主要有下列几方面：

(1) 用以将方程式分类，并指出方程式的普遍性。

(2) 将方程式或数据从一个单位转换成另一个单位系统。

(3) 展开方程式。

(4) 将试验过程中所搜集的数据系统化，并减少研究中变数的个数。

(5) 建立模型设计、操纵工作及转化原理。

2.1.2.3　量纲的齐次性

以量纲分析的角度来看，表达物理系统的方程式可以分为齐次式(homogeneous equation)与非齐次式(non-homogeneous equation)两大类。若一方程式的形式与度量的基本单位无关，则该方程叫作量纲齐次式。

这个性质首先为傅里叶(J. Fourier)所发现，以后为别尔特兰(J. Bertrand)所补充。这一种物理方程的齐次性质叫作傅里叶法则。它指出物理方程齐次条件必须为所有式子服从，在其中也包含没有知道的，以及假如知道了其中所包含的物理量，则式子的形式常常可以导出。

这个定理是非常有用的。它可以用来检查一个方程式导出的结果是否正确。如果导出的方程中包含有两项的和或差具有不同量纲，则可以肯定该方程导出错误。这个原理同样可以用于微分方程式和积分方程式，以及代数方程式，但对经验方程不需要假定其为量纲齐次。

齐次方程所有各项都具有相同量纲，这就是说方程可以推导至无量纲形式。所以按照无量纲群组成的特征，来归并方程中所包含的各量，则可以找到其简单的规律。

2.1.2.4　量纲分析中的一般注意事项

对于在数学研究中的一般函数而言，量纲齐次式是一个特殊函数，量纲分析理论是这个特殊函数的数学分析理论，这个理论是纯代数的。

把量纲分析应用到实际的问题中去，是基于这样的假定，即问题的解是用各项为特定变数的量纲齐次方程式表示。这个假定由物理方程基本方程式是量纲齐次这一事实证明它是正确的，由该式推导出的关系一般是量纲齐次式。但我们在知道推导方程时所包含的所有变数前，我们不能预先逻辑地假定一未知方程是量纲齐次式。

例如，球体在空气流中的阻力问题，在是否考虑气体黏度与密度这一问题上有不同的争论。如果考虑到在标准空气中这些因素都是常数，则阻力 F 的方程式可写成：

$$F = f(v,\ D) \tag{2-23}$$

式中，v 为空气流的速度，D 为球体的直径。

显然，在这种形式下的方程式不可能是量纲齐次方程式，这是因为在变数 v、D 中都不包含有质量和力的量纲。

因此，量纲分析的第一个步骤，是决定哪些变数应该参入这一物理现象中去。如果我们引入的变数过多，而有些变数确实不影响这一物理现象，则在最后的方程式中会出现项目过多的现象。若省略了变数可能影响这一物理现象，则计算将经常导致不完全和错误的结果，即使某些变数在实际上是常数（如重力加速度），但它们可能是主要的，因为它和其他变数形成无量纲乘积。

于是就产生了这样一个问题："我们如何能够确切知道影响某一物理现象的某些变数?"要回答这一问题，就要求科学研究工作者必须对所研究问题的影响因素有足够清楚的了解，并能解释这些变数为什么和怎样对这一物理现象产生影响。在对问题进行量纲分析前，必须形成这一现象的基本理论，即使是粗糙的理论也常常能够揭示出重要变数的作用，若有控制现象的微分方程可以应用，则可直接指出哪些变数是重要的。

在某些领域中，量纲分析应用得较多，如在空气动力学、流体力学中；而在另一些领域中，量纲分析还很少应用，这是因为在这些领域中，现有知识还不能充分地指出哪些是主要变数。例如，受有交变应力（alternating stress）的工作的耐久极限（endurance limits）与材料的其他可测量属性的相互关系尚未找到，结果，量纲分析尚不能用于材料的疲劳问题。可以预料不久的将来，量纲分析在这些领域中也将有较多的应用。

因此，我们在量纲分析中应该特别注意到在某些情况下，它可能导致不正确的结论。这些情况是：

（1）可能错误地没有选择表示现象特性的量。

（2）在关系方程中，常常会遇到有量纲的常数，这些常数，在量纲选择物理量时很难发现。

（3）在量纲分析中，不能控制量纲为零的量。

（4）在量纲分析中，可能错误地列入与研究现象无关的量。

（5）在量纲分析中，对于量纲相同，但在关系方程中有着不同物理意义的量不能区别。

（6）量纲分析不考虑现象的单值条件，因而在无量纲乘积中不包含单值条件。

尽管在量纲分析方法中，有上述许多值得注意的问题，但在无法写出现象的关系方程时，量纲分析就是寻找相似准则或无量纲乘积的唯一方法，而它的价值也就在于此。但在应用它时，不应该忘记，量纲分析的结果是不完全可信的，而需要用实验的方法或用理论检验来给以证实。

2.1.2.5 无量纲乘积与无量纲乘积全组

1）无量纲乘积

在流体力学中，最常用的变数是力（F）、长度（L）、速度（v）、质量密度（ρ）、黏度动力系数（μ）、重力加速度（g）、音速（c）、表面张力（σ）。

可以证明,这 8 个量可以组成许多个幂次乘积,例如 $\frac{vL\rho}{\mu}$、$\frac{F}{\rho v^2 L^2}$、$\frac{v^2}{Lg}$、$\frac{v}{c}$、$\frac{\rho v^2 L}{\sigma}$ 等。它们的幂次可以是整数、分数、正数、负数或零。将每个物理量的量纲用 L、M、T 表示,则:

$$\begin{cases} \frac{vL\rho}{\mu} = \frac{(LT^{-1}) \cdot L \cdot ML^{-3}}{ML^{-1}T^{-1}} = M^0L^0T^0 = [1] \\ \frac{F}{\rho v^2 L^2} = \frac{MLT^{-2}}{ML^{-3} \cdot L^2T^{-2}L^2} = M^0L^0T^0 = [1] \\ \frac{v^2}{Lg} = \frac{L^2T^{-2}}{L \cdot LT^{-2}} = M^0L^0T^0 = [1] \\ \frac{v}{c} = \frac{LT^{-1}}{LT^{-1}} = M^0L^0T^0 = [1] \\ \frac{\rho v^2 L}{\sigma} = \frac{ML^{-3} \cdot L^2T^{-2} \cdot L}{MLT^{-2}L^{-1}} = M^0L^0T^0 = [1] \end{cases} \tag{2-24}$$

上述幂乘积,其 L、M、T 的量纲全部为零,称为无量纲乘积。在书中多以发现者来命名,如:

雷诺数(Reynold's No.)$(Re) = \frac{vL\rho}{\mu}$;压力系数(pressure coff.)$(P) = \frac{F}{\rho v^2 L^2}$;佛氏数(Froude's No.)$(F) = \frac{v^2}{Lg}$;马赫数(Mach's No.)$(Ma) = \frac{v}{c}$;韦氏数(Weber's No.)$(W) = \frac{\rho v^2 L}{\sigma}$。

从变数 F、L、v、ρ、μ、g、c、σ 中可能组成无限多个无量纲乘积,以 π 表示无量纲乘积,则由这些变数组成的任何无量纲乘积都具有下列形式:

$$\pi_1 \approx Re^{a_1}, \pi_2 \approx P^{a_2}, \pi_3 \approx F^{a_3}, \pi_4 \approx Ma^{a_4}, \pi_5 \approx W^{a_5} \tag{2-25}$$

式中,a_1、a_2、a_3、a_4、a_5 是常数指数。另外,无量纲乘积 Re、P、F、Ma、W 是相互独立的。其中任何一个都不能用此组内的其他无量纲乘积来表示,则该组无量纲乘积叫作独立的无量纲乘积组。

这可由下列事实很明显看出,即 μ 只出现在 Re 内,F 只出现在 P 内,g 只出现在 F 内,c 只出现在 Ma 内,σ 只出现在 W 内,它们相互独立。

由此我们得到如下的结论:假如,在无量纲乘积组中,仅有一无量纲乘积,包括某一特性物理量,而其他均不包括此物理量,那么此无量纲乘积必为一独立的无量纲乘积。

无量纲乘积,又可组成另一个无量纲乘积。例如:

$$\begin{cases} \frac{vL\rho}{\mu} = \frac{v \cdot L \cdot \rho}{\mu} = \frac{v^2}{Lg} = (Re)(F) \\ \frac{\rho F}{\mu^2} = \left(\frac{v \cdot L \cdot \rho}{\mu}\right)^2 \cdot \frac{F}{\rho v^2 L^2} = (Re^2)(P) \end{cases} \tag{2-26}$$

这些无量纲乘积并不是什么新的无量纲乘积，因为它们可以用上述的无量纲乘积表示。

2）无量纲乘积的全组

在量纲分析中，“无量纲乘积的全组”的概念是十分重要的。

在已给的一批物理量中，选取一组无量纲乘积，假如每个无量纲乘积与组内的无量纲乘积彼此独立，并且该批物理量的无量纲乘积均可用组乘积来表示，则称此独立的无量纲乘积组为独立的无量纲乘积组。换言之，乘积的全组是独立的无量纲乘积同时还具有另一特性，即由该批物理量所能组成的无量纲乘积均可由这组内的无量纲来按幂次表示。

因此，无量纲乘积的全组可定义为：若在一组中的无量纲乘积是相互独立的，以及其他变数的无量纲乘积是该组无量纲乘积的幂乘积，则给出的变数的无量纲乘积为全组。

按照上述定义，则无量纲乘积(Re)、(P)、(F)、(Ma)、(W)是变数 F、L、v、ρ、μ、g、c、σ 的无量纲乘积全组。

在流体力学的很多问题中某些变数是可以略而不计的，这样就可以用变数的子集(subset)决定无量纲乘积的全组。例如，在问题中若表面张力不重要，变数 σ 可以略而不计，则无量纲乘积(W)可以略去，同样若 g 对问题没有影响，则无量纲乘积(F)可以略去。

有时，在问题中可能包含有相同性质的变数，则任何该两相同性质变数的比是一个无量纲乘积。如上述问题中马赫(Mach)数就是这样形式的无量纲乘积。假若两种不同的流体(如空气和水)同时参入同一现象中，则该两流体的密度和黏度的比也是无量纲乘积。

对任何一组变数计算它的无量纲乘积全组的正规步骤，需用到量纲分析中的一个十分重要的定理：伯金汉 π 定理(Buckingham's π-Theorem)，其基本意义如下：

如一个物理力学过程包含 N 个物理量，涉及 r 个基本量纲，则这个物理力学过程可由 $(N-r)$个无量纲所表达的关系式来描述。因为这些无量纲量用 π_i 表示，其中$(i=1, 2, \cdots, m)$，故简称 π 定理。设影响该物理力学过程的 N 个物理量为 x_1, x_2, $\cdots$, x_N，则该过程可用以下函数关系表示：

$$f(x_1, x_2, \cdots, x_N)=0 \tag{2-27}$$

该过程包含 r 个基本量纲，根据国际单位制，滑坡模型试验中常涉及的基本量纲一般为 $[L]$、$[T]$、$[M]$，即 $r=3$。因此，可在 N 个物理力学量中选出 3 个量作为基本量纲的代表，一般可在几何量、运动学量和动力学量中任选一个即可，然后剩下的 $(N-r)$ 个量每次轮选一个连同所选的 3 个基本物理量一起，组成一个无量纲的 π 项，直至得到 π_1，π_2，…，π_{N-r} 为止，因此上述方程可改写为

$$f(\pi_1, \pi_2, \cdots, \pi_{N-r})=0 \tag{2-28}$$

这样上述 N 个物理力学量的过程就转化为具有 $(N-r)$ 个无量纲数的表达式，该式具有普遍的物理力学意义，是 π 定理量纲分析的基础。

2.2 相似理论与相似定理

2.2.1 相似现象与相似性质

自然界中的物质体系有各种不同的变化过程，物理力学过程相似是指体系的形态和某种变化过程的相似。两个相似现象必须具有同一物理性质，才能有严格意义的相似，若两个不同体系的物理性质相似，但它们的变化过程遵循相同的数学规律，也可有广义的相似。依据客观事物所具有的不同相似关系，相似现象可分为纵向相似和横向相似。其中客观事物内部的物理、化学联系而形成的相似关系，称为纵向相似；由于系统与系统之间相互联系、相互作用所形成的相似关系，称为横向相似。滑坡模型试验主要是研究系统的横向相似关系。

工程中的相似方法根据所观察到的各种相似现象，用实验室内缩小或放大的模型对现象开展研究，并把结论推广到工程实际中，即是研究模型与原型之间相似关系的方法。模型包括数学模型、计算模型、物理模型。被研究的对象则称为模型的“原型”，滑坡模型试验的模型指实验室二维或三维物理模型，原型即为所研究的特定的滑坡。

模型试验相似一般需满足几何相似（物理量纲为长度单位）、运动学相似和动力学相似，以及材料或介质的物理学相似等，其中在满足几何相似前提下的动力学相似条件，则运动学必然相似。滑坡物理模型试验是以模型和原型之间的物理相似为基础的模型试验方法。模型和原型之间的所有同名物理量都是相似的。即所有的矢量在方向上相应地一致，在数值上相应地成比例。在这种情况下，模型和原型之间，只有大小比例上的不同，其物理过程在本质上是一致的。

1）几何相似

几何相似是模型试验首先应遵守的第一个相似原理，也是通过技术手段最

易满足的相似条件。满足几何相似是指原型和模型的外形相似，大小和相应的尺寸成比例，相应的夹角相等，即模型是原型的准确几何缩小或放大的复制品。

若某几何体的体积量为 V，面积量为 S，长度量为 l，角度量为 θ，"p"(prototype)和"m"(model)分别表示原型和模型，设：

$$\begin{cases} C_{\mathrm{l}} = \dfrac{l_{\mathrm{p}}}{l_{\mathrm{m}}} \\ C_{\theta} = \dfrac{\theta_{\mathrm{p}}}{\theta_{\mathrm{m}}} \\ C_{\mathrm{S}} = \dfrac{S_{\mathrm{p}}}{S_{\mathrm{m}}} = \dfrac{l_{\mathrm{p}}^2}{l_{\mathrm{m}}^2} = C_{\mathrm{l}}^2 \\ C_{\mathrm{V}} = \dfrac{V_{\mathrm{p}}}{V_{\mathrm{m}}} = \dfrac{l_{\mathrm{p}}^3}{l_{\mathrm{m}}^3} = C_{\mathrm{l}}^3 \end{cases} \tag{2-29}$$

则 C_i 称为相似常数(或变换系数)。原型的每一个物理量可由参数 C_i 的线性变换转化为模型中对应的物理量，在变换中，不同的物理量之间的变换系数 C_i 可以各不相同，但对于确定的原型和模型系统，每个变换系数 C_i 是严格不变的。不同的变换系数起着向不同物理量赋值的作用，C_i 的选择取决于所研究问题的性质和试验条件等因素。

2) 质量相似

在满足动力学相似中，首先应满足质量相似条件，即质量的大小和分布需相似，工程中常用密度来表示其质量分布，若用 ρ 表示密度，即质量(m)相似比和质量分布(ρ)相似比为

$$\begin{cases} C_{\mathrm{m}} = \dfrac{m_{\mathrm{p}}}{m_{\mathrm{m}}} \\ C_{\rho} = \dfrac{\rho_{\mathrm{p}}}{\rho_{\mathrm{m}}} \end{cases} \tag{2-30}$$

式中，$C_{\rho} = \dfrac{C_{\mathrm{m}}}{C_{\mathrm{V}}} = \dfrac{C_{\mathrm{m}}}{C_{\mathrm{l}}^3}$

3) 荷载相似

动力学相似除了满足质量相似之外，其外力即荷载也需相似，即模型和原型在各对应点上所受荷载方向一致，大小成比例，则荷载相似比为(设 σ 为应力)

集中荷载：

$$C_{\mathrm{P}} = \frac{P_{\mathrm{p}}}{P_{\mathrm{m}}} = \frac{S_{\mathrm{p}}\sigma_{\mathrm{p}}}{S_{\mathrm{m}}\sigma_{\mathrm{m}}} = C_{\sigma}C_{\mathrm{l}}^2 \tag{2-31}$$

线荷载：

$$C_{q}=\frac{q_{p}}{q_{m}}=\frac{l_{p}\sigma_{p}}{l_{m}\sigma_{m}}=C_{\sigma}C_{l} \tag{2-32}$$

面荷载：

$$C_{w}=\frac{w_{p}}{w_{m}}=\frac{\sigma_{p}}{\sigma_{m}}=C_{\sigma} \tag{2-33}$$

体荷载：

$$C_{M}=\frac{M_{p}}{M_{m}}=C_{\sigma}C_{l}^{3} \tag{2-34}$$

对于滑坡模型试验，其荷载多为重力，而重力加速度 g 一般均满足 $C_{g}=1$，则重力相似需满足：

$$C_{mg}=\frac{m_{p}g_{p}}{m_{m}g_{m}}=C_{m}C_{g}=C_{V}C_{\rho}C_{g}=C_{\rho}C_{l}^{3} \tag{2-35}$$

即满足重力相似只需满足长度相似和密度相似即可。

4）介质物理性质相似

介质物理性质相似即要求原型和模型各对应点的应力 σ、τ、应变 ε、γ、刚度 E、G 与变形即泊松比 μ 相似，即：

应力相似比：

$$C_{\sigma}=\frac{\sigma_{p}}{\sigma_{m}}=\frac{E_{p}\varepsilon_{p}}{E_{m}\varepsilon_{m}}=C_{E}C_{\varepsilon}\ \text{或}\ C_{\tau}=\frac{\tau_{p}}{\tau_{m}}=\frac{G_{p}\gamma_{p}}{G_{m}\gamma_{m}}=C_{G}C_{\gamma} \tag{2-36}$$

泊松比相似：

$$C_{\mu}=\frac{\mu_{p}}{\mu_{m}} \tag{2-37}$$

应变相似比：

$$C_{\varepsilon}=\frac{\varepsilon_{p}}{\varepsilon_{m}}=\frac{\sigma_{p}/E_{p}}{\sigma_{m}/E_{m}}=C_{\sigma}/C_{E}\ \text{或}\ C_{\gamma}=\frac{\gamma_{p}}{\gamma_{m}}=\frac{\tau_{p}/G_{p}}{\tau_{m}/G_{m}}=C_{\tau}/C_{G} \tag{2-38}$$

刚度相似：

$$C_{E}=\frac{E_{p}}{E_{m}}\ \text{或}\ C_{G}=\frac{G_{p}}{G_{m}} \tag{2-39}$$

5）边界条件相似

模型和原型在其与外界接触的区域内的各种条件需保持相似，对于滑坡模型试验来说，需满足库水位、地下水位、边界摩擦系数相似等：

库水位或地下水位：

$$C_{\mathrm{h}} = \frac{h_{\mathrm{p}}}{h_{\mathrm{m}}} = C_{\mathrm{l}} \tag{2-40}$$

边界摩擦系数：

$$C_{\mathrm{f}} = \frac{f_{\mathrm{p}}}{f_{\mathrm{m}}} = \frac{w_{\mathrm{p}}/\sigma_{\mathrm{p}}}{w_{\mathrm{m}}/\sigma_{\mathrm{m}}} = 1 \tag{2-41}$$

2.2.2 相似第一定理

相似理论的理论基础是相似三定理。相似三定理的实用意义在于指导模型的设计及其有关试验数据的处理和推广，并在特定情况下根据经过处理的数据，提供建立微分方程的指示，还可以进一步帮助人们科学而简捷地去建立一些经验性的指导方程，工程上的许多经验公式，可以由此而得，其中相似第一和第二定理给出了相似的必要条件，而相似第三定理给出了相似的充分条件。

相似第一定理（相似正定理）于 1848 年由法国 J. Bertrand 建立，可表述为：“对相似的现象，其相似指标等于 1”。或表述为：“对相似的现象，其相似准则的数值相同”。

这一定理是从现象已经相似的这一事实出发来考虑问题的，实际是对相似现象相似性质的一种概括，也是现象相似的必然结果，说明了现象相似的性质，为试验的准备指明了努力方向。下面以质点运动为例简单说明这一问题。

质点运动的微分方程为

$$v = \frac{\mathrm{d}l}{\mathrm{d}t} \tag{2-42}$$

分别以 p、m 做下标表示原型和模型相对应的物理量，则：

$$\begin{cases} v_{\mathrm{p}} = \dfrac{\mathrm{d}l_{\mathrm{p}}}{\mathrm{d}t_{\mathrm{p}}} \\ v_{\mathrm{m}} = \dfrac{\mathrm{d}l_{\mathrm{m}}}{\mathrm{d}t_{\mathrm{m}}} \end{cases} \tag{2-43}$$

在式(2-43)中：

$$\begin{aligned} &\frac{l_{\mathrm{p}}}{l_{\mathrm{m}}} = C_{\mathrm{l}}，\text{或 } l_{\mathrm{p}} = l_{\mathrm{m}}C_{\mathrm{l}} \\ &\frac{t_{\mathrm{p}}}{t_{\mathrm{m}}} = C_{\mathrm{l}}，\text{或 } t_{\mathrm{p}} = t_{\mathrm{m}}C_{\mathrm{l}} \\ &\frac{v_{\mathrm{p}}}{v_{\mathrm{m}}} = C_{\mathrm{l}}，\text{或 } v_{\mathrm{p}} = v_{\mathrm{m}}C_{\mathrm{l}} \end{aligned} \tag{2-44}$$

式(2-43)和式(2-44)联立可得：

$$C_v v_p = \frac{C_l dl_p}{C_t dt_p} \tag{2-45}$$

比较式(2-43)和式(2-45)可知必定存在条件：

$$C_v = \frac{C_l}{C_t} \text{或} \frac{C_v C_l}{C_t} = C = 1 \tag{2-46}$$

式(2-46)的左端称为**相似指标**。表示相关物理量变换系数的关系，说明各相似常数不是任意选取的，它们的相互关系要受"相似指标为1"的条件的限制。这种约束关系也可以用另外的形式表示。将式(2-44)中的C_l、C_t、C_v代入式(2-46)，得到：

$$\frac{v_p t_p}{l_p} = \frac{v_m t_m}{l_m} \text{或} \frac{vt}{l} = \mathrm{C} \tag{2-47}$$

式中，C为不变量，$\frac{vt}{l}$为一无量纲的综合数群，它反映现象相似的数量特征，称为相似准则。由于相似准则只有在相似现象的对应点和对应时刻上才数值相等，所以相似准则的概念是"不变量"而非"常量"。

当用相似第一定理指导模型研究时，首先是导出相似准则，然后在模型试验中测量所有与相似准则有关的物理量，得出相似准则数值，借此推断原型的性能。但这种测量与单个物理量泛泛的测量不同。由于它们处于同一准则之中，故若几何相似得到保证，便可找到各物理量相似常数间的倍数(或比例)关系。模型试验中的测量就在于以有限试验点的测量结果为依据，充分利用这种倍数(或比例)关系，而不着眼于测量各物理量的大量具体数值。

2.2.3 相似第二定理

理论或实验研究的目的是建立所研究现象的物理规律性。这种自然现象的规律性通常表现为各物理量之间的函数关系。在这些关系中，各有量纲的物理量的数值取决于所选用的测量单位制。然而，自然规律本身是客观的，它与人为建立的测量单位制无关。因此，表示自然规律的各物理量之间的函数关系应具有某种与测量单位制无关的特殊结构。相似第二定理为找到这种规律提供了可行的操作方法。

相似第二定理可表述为："设一物理系统有n个物理量，其中有k个物理量的量纲是相互独立的，那么这n个物理量可表示成相似准则π_1，π_2，…，π_{n-k}之间的函数关系。"即

$$f(\pi_1, \pi_2, \cdots, \pi_{n-k}) = 0 \tag{2-48}$$

该定理于1914年由英国人E.白金汉(E. Buckingham)建立，所以也称为白金汉定理。因为所有的相似判据都可以认为是若干个物理量的指数幂的乘积，而π在希腊文中表示乘积的意思，所以相似第二定理又称为π定理，式(2-48)称为判据关系式或π关系式，式中的相似判据称为π项。

彼此相似的现象，在对应点和对应时刻上的相似判据都相等，所以它们的π关系式也应当是相同的。如用下标“p”(prototype)和“m”(model)分别表示原型和模型，则π关系式分别为

$$\begin{cases} f(\pi_1, \pi_2, \cdots, \pi_{n-k})_{\mathrm{p}} = 0 \\ f(\pi_1, \pi_2, \cdots, \pi_{n-k})_{\mathrm{m}} = 0 \end{cases} \tag{2-49}$$

其中

$$\begin{cases} \pi_{1\mathrm{m}} = \pi_{1\mathrm{p}} \\ \pi_{2\mathrm{m}} = \pi_{2\mathrm{p}} \\ \cdots\cdots \\ \pi_{(n-k)\mathrm{m}} = \pi_{(n-k)\mathrm{p}} \end{cases} \tag{2-50}$$

式(2-50)的意义在于说明，如果把某现象的试验结果整理成式(2-48)所示的π关系式，则该式便可推广到与其相似的所有其他现象中去。而在推广过程中，由式(2-50)可知，并不需要列出各π项间真正的关系方程(不论该方程是否已发现)。

严格地说，式(2-48)所示的π关系式可完整的表示为

$$f(\pi_1, \pi_2, \cdots, \pi_{n-k}, 1, 1, \cdots, 1) = 0 \tag{2-51}$$

而当有j个物理量$x_1, x_2, \cdots, x_j$为无量纲(如泊松比、内摩擦角等)时，式(2-48)还可表示为

$$f(\pi_1, \pi_2, \cdots, \pi_{n-k-j}, x_1, x_2, \cdots, x_j, 1, 1, \cdots, 1) = 0 \tag{2-52}$$

式(2-51)和式(2-52)中分别有k个1。

π关系式中的π项在模型试验中有自变(决定)和因变(待定)之分。设在式(2-51)和式(2-52)中因变的π项为π_1，则可将二式改写为

$$\pi_1 = f_1(\pi_2, \cdots, \pi_{n-k}) \tag{2-53}$$

$$\pi_1 = f_1(\pi_2, \cdots, \pi_{n-k-j}, x_1, x_2, \cdots, x_j) \tag{2-54}$$

实际上，$x_1, x_2, \cdots, x_j$常被视为π项，于是式(2-52)和式(2-54)又恢复

到式(2－48)和式(2－53)的形式。换言之,即把 π 定理所指的 n 个物理量,理解为全部有量纲的物理量和无量纲的物理量的总和。

如果一个现象同时存在两个本质上一致的因变 π 项 π_1 和 π_2,则式(2－52)可写为

$$\begin{cases}\pi_1 = f_1(\pi_3, \cdots, \pi_{n-k}) \\ \pi_2 = f_1(\pi_3, \cdots, \pi_{n-k})\end{cases} \tag{2-55}$$

同理,如果同时存在3个本质上一致的因变 π 项,则式(2－52)可写为

$$\begin{cases}\pi_1 = f_1(\pi_4, \cdots, \pi_{n-k}) \\ \pi_2 = f_1(\pi_4, \cdots, \pi_{n-k}) \\ \pi_3 = f_1(\pi_4, \cdots, \pi_{n-k})\end{cases} \tag{2-56}$$

其余类推。

式(2－53)～式(2－56)等号右边的 π 项均为自变 π 项。

如在两现象中各自变 π 项经过人为控制双双相等,则由于因变 π 项间存在直接的换算关系,式(2－53)中与 π_1 相对应的 π_{1m} 便可作为模型试验中预测原型的依据,或以此取得工程设计所需的各种数据。

下面我们证明 π 定理。

设有一物理现象,它包含 n 个正值的、不等于零的物理量,构成如下式所示的函数关系:

$$f_1(x_1, x_2, x_3, \cdots, x_k, x_{k+1}, \cdots, x_{n-1}, x_n) = 0 \tag{2-57}$$

或

$$x_n = f_2(x_1, x_2, x_3, \cdots, x_k, x_{k+1}, \cdots, x_{n-1}) \tag{2-58}$$

式中,前 k 项被假定为基本物理量的量纲(为讨论方便,以下用[ ]表示物理量的量纲):

$$[x_1] = A_1, [x_2] = A_2, \cdots, [x_k] = A_k \tag{2-59}$$

显然,其余的 $n-k$ 个物理量的量纲可视为前 k 个物理量量纲的函数,即

$$\begin{cases}[x_k] = A_1^{p_1} A_2^{p_2} \cdots A_k^{p_k} \\ [x_{k+1}] = A_1^{q_1} A_2^{q_2} \cdots A_k^{q_k} \\ \cdots\cdots \\ [x_{n-1}] = A_1^{r_1} A_2^{r_2} \cdots A_k^{r_k}\end{cases} \tag{2-60}$$

式中,$A_1, A_2, \cdots, A_k$ 为各基本物理量的量纲,p_i、q_i、r_i($i = 1, 2, \cdots, k$)

为所讨论物理量与第 i 个基本物理量之间的相关指数。

将前 k 项变量分别乘以某一倍数 a_1，a_2，…，a_k，可得

$$\begin{cases} x'_1 = a_1 x_1 \\ x'_2 = a_2 x_2 \\ \cdots\cdots \\ x'_k = a_k x_k \end{cases} \tag{2-61}$$

由式(2-59)和式(2-61)得

$$\begin{cases} [x'_1] = [a_1 x_1] = a_1 A_1 = A'_1 \\ [x'_2] = [a_2 x_2] = a_2 A_2 = A'_2 \\ \cdots\cdots \\ [x'_k] = [a_k x_k] = a_k A_k = A'_k \end{cases} \tag{2-62}$$

式中，A'_1，…，A'_k 为各基本物理量的新量纲。

这样,其余 $(n-k)$ 个物理量的新量纲为

$$\begin{cases} [x'_k] = a_1^{p_1} a_2^{p_2} \cdots a_k^{p_k} [x_k] \\ [x'_{k+1}] = a_1^{q_1} a_2^{q_2} \cdots a_k^{q_k} [x_{k+1}] \\ \cdots\cdots \\ [x'_{n-1}] = a_1^{r_1} a_2^{r_2} \cdots a_k^{r_k} [x_{n-1}] \end{cases} \tag{2-63}$$

将式(2-63)进行等效转换,可得其余 $(n-k)$ 个物理量与式(2-62)相应的倍数关系为

$$\begin{cases} x'_k = a_1^{p_1} a_2^{p_2} \cdots a_k^{p_k} x_k \\ x'_{k+1} = a_1^{q_1} a_2^{q_2} \cdots a_k^{q_k} x_{k+1} \\ \cdots\cdots \\ x'_{n-1} = a_1^{r_1} a_2^{r_2} \cdots a_k^{r_k} x_{n-1} \end{cases} \tag{2-64}$$

式(2-63)是量纲关系式,式(2-64)是物理量(包括量值和量测单位)关系式。

式(2-62)及式(2-63)中的 x'_1，x'_2，…，x'_k，…，x'_n 构成了物理现象经过改造的、新的变量系列,它们满足下列函数关系：

$$x'_n = f(x'_1, x'_2, \cdots, x'_k, \cdots, x'_{n-1}) \tag{2-65}$$

或

$$a_1^{p_1} a_2^{p_2} \cdots a_k^{p_k} x_n = f(a_1 x_1, a_2 x_2, \cdots, a_k x_k, a_1^{q_1} a_2^{q_2} \cdots a_k^{q_k} x_{k+1}, \cdots a_1^{r_1} a_2^{r_2} \cdots a_k^{r_k} x_{n-1}) \tag{2-66}$$

由于式(2-66)中的 a_k 是任意的，因此，为减少式中变量的数目，令

$$\begin{cases} a_1 = \dfrac{1}{x_1} \\ a_2 = \dfrac{1}{x_2} \\ \cdots\cdots \\ a_k = \dfrac{1}{x_k} \end{cases} \tag{2-67}$$

将式(2-67)代入式(2-66)，可得式(2-67)的改造形式：

$$\frac{x_n}{x_1^{p_1} x_2^{p_2} \cdots x_k^{p_k}} = f\left(1, 1, \cdots, 1, \frac{x_{k+1}}{x_1^{q_1} x_2^{q_2} \cdots x_k^{q_k}}, \cdots \frac{x_{n-1}}{x_1^{r_1} x_2^{r_2} \cdots x_k^{r_k}}\right) \tag{2-68}$$

这里，k 个 1 说明前 k 个物理量的量纲都是“零指数”。

根据量纲均匀性原理，一个能完整地、正确地反映客观规律的数学方程必定是量纲均匀的。因此，式(2-68)中其余的$(n-k)$项必定是无量纲的，这就是所谓的相似判据或 π 项。

以上即为相似第二定理的证明。

设式(2-68)中

$$\frac{x_n}{x_1^{p_1} x_2^{p_2} \cdots x_k^{p_k}} = \pi_1 \tag{2-69}$$

则必有

$$\frac{x_{k+1}}{x_1^{q_1} x_2^{q_2} \cdots x_k^{q_k}}, \cdots \frac{x_{n-1}}{x_1^{r_1} x_2^{r_2} \cdots x_k^{r_k}} = \pi_2, \cdots, \pi_{n-k} \tag{2-70}$$

将式(2-69)和式(2-70)代入式(2-68)，即可得到相似第二定理的最后表达式：

$$\pi_1 = f(\pi_2, \pi_2, \cdots, \pi_{n-k}) \tag{2-71}$$

或

$$\begin{cases} \varphi(\pi_1, \pi_2, \cdots, \pi_{n-k}) = 0 \\ f(\pi_1, \pi_2, \pi_3, \cdots, \pi_n) = 0 \end{cases} \tag{2-72}$$

可改写为

$$\varphi(\pi_1, \pi_2, \cdots, \pi_{n-k}) = 0$$

相似第二定理指出必须把试验结果整理成相似准则关系式，指明了如何整理试验结果问题。但是在它的指导下，模型试验结果能否正确推广，关键又全在于是否正确地选择了与现象有关的物理量。对于一些复杂的物理现象，由于缺少物理方程的指导，就更是如此。

2.2.4 相似第三定理

1930 年，相似第三定理由苏联学者基尔比契夫（M. B. Кцрличев）建立。

相似第三定理可表述为："对于同一类物理现象，如果单值量相似，而且由单值量所组成的相似准则在数值上相等，则现象相似"。

相似第三定理是现象相似的充分必要条件。

所谓单值量，是指单值条件中的物理量，而单值条件，是指将某一个个别现象与同类现象区别开来，也就是将现象群的通解转化为特解的具体条件。单值条件包括：

(1) 几何条件（空间条件）。所有具体的现象都发生在一定的几何空间内，因此，参与现象的物理量的几何形状和大小，以及各物理量的相对位置，都是应给出的单值条件。

(2) 物理条件（介质条件）。所有具体的现象都是在具有一定物理性质的介质参与下进行的，所以，各物理量的特性也应列为单值条件，如容重、弹性模量、强度等。

(3) 边界条件。一切现象必然受到周围环境的影响。因此，发生在边界的情况属于单值条件，如支承条件、约束条件等。

(4) 初始条件。某些物理现象，如动力学问题，其过程受初始状态的影响，因此这类现象应将初始条件作为单值条件。

相似第三定理直接同代表具体现象的单值条件相联系，并且强调了单值量相似，它既照顾到单值量变化和形成的特征，又不会遗漏掉重要的物理量，指明了模型试验应遵守的条件，就显示出它科学上的严密性，它是构成现象相似的充分和必要条件，并且严格地说，也是一切模型试验应遵循的理论指导原则。

2.2.5 三个相似定理的相互关系

相似第一定理和相似第二定理是在假定现象相似的前提下得出的相似后的性质，是现象相似的必要条件。相似第三定理直接和代表具体现象的单值条件相联系，并强调单值量相似，显示了它在科学上的严密性。三个相似定理构成了模型试验必须遵循的理论原则。

如前所述，相似第一定理是从现象已经相似的这一事实出发来考虑问题的，它说明的是现象相似的性质。设有两现象相似，他们都符合质点运动的微分方程 $v=\dfrac{\mathrm{d}l}{\mathrm{d}t}$，如果这时从三维空间找出如图 2-1 所示的两条相似曲线（实线），便得：

$$\begin{cases}\dfrac{v'_{\mathrm{a}}t'_{\mathrm{a}}}{l'_{\mathrm{a}}}=\dfrac{v''_{\mathrm{a}}t''_{\mathrm{a}}}{l''_{\mathrm{a}}}\\\dfrac{v'_{\mathrm{b}}t'_{\mathrm{b}}}{l'_{\mathrm{b}}}=\dfrac{v''_{\mathrm{b}}t''_{\mathrm{b}}}{l''_{\mathrm{b}}}\end{cases}\tag{2-73}$$

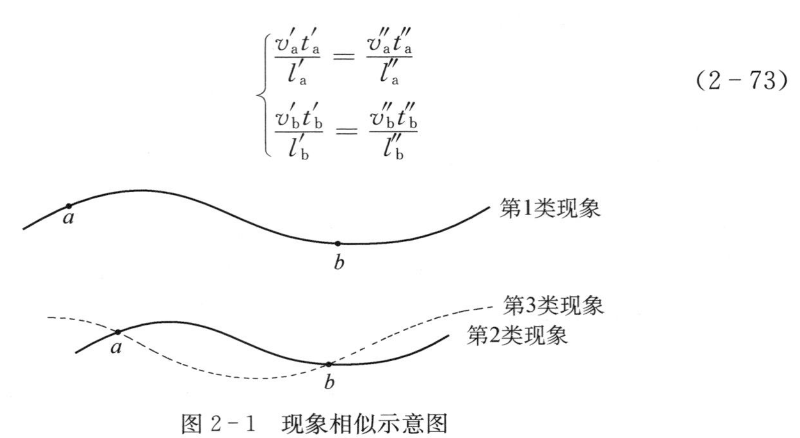

图 2-1　现象相似示意图

图中“a”“b”两点为现象的对应点（空间对应和时间对应）。

现在，设想通过第 2 类现象的点 a 和点 b，找出同类现象中的另一现象——第 3 类现象（见图中虚线），则由于代表第 2、第 3 类现象的曲线并不互合，故第 3 类现象与第 1 类现象并不相似，说明通过点 a、点 b 的现象并不都是相似现象。为了使通过点 a、点 b 的现象取得相似，我们必须从单值条件上加以限制。例如，在这种情况下，可考虑加入如下初始条件：$t=0$ 时，$v=0$，$l=0$。这样，既有初始条件的限制，又有由单值量组成的相似准则 $\left(\dfrac{vt}{l}\right)$ 值的一致，两个现象便必定走向相似。

由此看来，同样是 $\dfrac{vt}{l}$ 值相等，相似第一定理未必能说明现象的相似。而相似第三定理从单值条件上对它进行补充，保证了现象的相似。因此，相似第三定理是构成现象相似的充要条件，严格地说，也是一切模型试验应遵循的理论指导原则。

但在一些复杂现象中，很难确定现象的单值条件，仅能凭借经验判断何为系统最为主要的参量；或者虽然知道单值量，但很难做到模型和原型由单值量组成的某些相似准则在数值上的一致，这就使相似第三定理难以真正实行，并因而使模型试验结果带有近似的性质。由此可以看出，模型试验是否反映了客观规律，关键在于正确地选择控制现象的物理参数，而这又取决于对问题的深入分析及经验。

同样的道理，如果相似第二定理中各 π 项所包含的物理量并非来自某类现象的单值条件，或者说，参量的选择很可能不够全面、正确，则当将 π 关系式所得的模型试验结果加以推广时，自然也就难以得出准确的结论。这个事实反过来说明，离开对参量（特别是主要参量）的正确选择，相似第二定理便失去了它存在的价值。

当利用相似三定理指导模型试验时，首先应立足相似第三定理，并全面地确定现象的参量，然后通过相似第一定理提示的原则建立起该现象的全部 π 项，最后则是将所得 π 项按相似第二定理的要求组成 π 关系式，以用于模型设计和模型试验结果的推广。相似三定理在模型试验中应用的关系流程如图 2－2 所示。

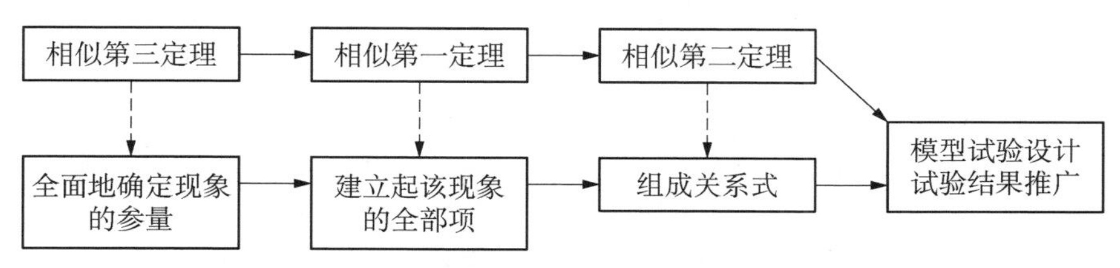

图 2－2　相似三定理在模型试验中的应用关系流程

2.2.6　相似准则的导出方法

相似准则如何导出，这是在弄清楚三个相似定理以后留下来的一个问题。目前常用的相似准则导出方法主要有 3 种，即定律分析法、方程分析法和量纲分析法。从理论来说，3 种方法可以得出同样的结果，只是用不同的方法来对物理现象（或过程）作数学上的描述。但在实际运用上却有各自不同的特点、限制和要求。

1）定律分析法

定律分析法要求人们对所研究的现象必须充分运用已经掌握的全部物理定律，并能辨别其主次。一旦这个要求得到满足，问题的解决并不困难，而且还可获得数量足够的、能反映现象实质的 π 项。这种方法的缺点是：①流于就事论事，看不出现象的变化过程和内在联系，故作为一种方法缺乏典型意义；②由于必须找出全部物理定律，所以对于未能全部掌握其机制的、较为复杂的物理现象，运用这种方法是不可能的，甚至无法找到它的近似解；③常常会有一些物理定律，对于所讨论的问题表面看上去关系并不密切，但又不宜妄加剔除，需要通过实验去找出各个定律间的制约关系，和决定哪个定律对问题来说是重要的，因此在实际上为问题的解决带来不便。

2）方程分析法

方程分析法是一种导出相似准则的有效方法，有相似转换法和积分类比法两种，它必须首先具备一个（或一组）用于描述物理现象的方程。这里所说的方程，主要是指微分方程，此外也有积分方程、积分-微分方程，它们统称为数学物理方程。这种方法的优点是：①结构严密，能反映对现象来说最为本质的物理定律，故可指望在解决问题时结论可靠；②分析过程程序明确，分析步骤易于检查；③各种成分的地位一览无遗，便于推断、比较和校验。但是，也要看到：①在方程尚处于建立阶段时，需要人们对现象的机制有很深入的认识；②在有了方程以后，出于运算上的困难，也并非任何时候都能找到它的完整解析解，或者只能在一定假设条件下找出它的近似数值解，从而在某种程度上失去了它原来的意义。

3）量纲分析法

为了正确地制定试验方案和整理试验数据，并推广运用所取得的试验结果，在试验前必须首先对所研究的问题进行定性分析，然后按照一定的理论分析得出物理模型，最后把涉及的物理量组合成无量纲参数，再把这些无量纲参数写成函数形式。我们把这种在试验前的定性分析和选取无量纲参数的方法叫作量纲分析。

量纲分析法是在研究现象相似的过程中，对各种物理量的量纲进行考察时产生的。它的理论基础，是关于量纲齐次方程的数学理论。根据这一理论，一个能完善、正确地反映物理过程的数学方程，必定是量纲齐次的，这也是 π 定理得以通过量纲分析导出的理论前提。

一个现象，当它具有自身的物理方程时，量纲方程并不难建立。但是当现象不具备这种物理方程，同时又想解决问题时，量纲方程有时就能起到一定的作用。π 定理一经导出，便不再局限于带有方程的物理现象。这时根据正确选定的物理量，通过量纲分析法考察其量纲，可以求得和 π 定理相一致的函数关系式，并据此进行实验结果的推广。量纲分析法的这个优点，对于一切机制尚未彻底弄清，规律也未充分掌握的复杂现象来说，尤为明显。它能帮助人们快速地通过相似性实验核定所选参量的正确性，并在此基础上不断加深人们对现象机制和规律性的认识。

通过量纲矩阵求取相似准则的方法，形似严密，但并不凝练简洁。为此有必要加以改造。在作量纲分析时，基本物理量与基本量纲具有同等的效力。如果我们从所有的物理量中选出一组基本物理量，并把所剩物理量看成是这组基本物理量的函数，则相似准则的推求过程便可大大简化。

总之，量纲方程能根据正确选择的物理量建立起带未知系数的、供相似分析用的物理方程。特别是在尚未建立适当数学模型的问题时，方程分析法就无能为力了，而以相似第二定理为主要理论基础的量纲分析法，则是有力的分析手段。

3 滑坡模型试验特点及其相似判据

滑坡模型试验作为地质力学模型试验的一个重要分支,其理论基础是相似理论,并具有模型试验原型——滑坡本身的特点。滑坡模型试验一般根据其原型,按照一定条件建立一定尺度的物理模型,施加相应的工程荷载,研究滑坡的破坏机制及形成机制,是在地质力学模型试验理论基础上发展起来的一种针对滑坡这种特定研究对象的模型试验方法。目前,滑坡模型试验有多种形式,其基本理论和原理大体一致,因其模型构建方式差异而各具有不同特点,本文的研究对象和模型形式主要是室内缩尺模型试验,本章主要阐述该类滑坡模型试验的基本理论和方法。

室内缩尺滑坡物理模型试验的主要形式为框架式。根据该类滑坡物理模型试验方法的特点和滑坡本身的特性,其具有不同于其他地质力学模型试验的特征。从几何尺寸上说,滑坡体本身的几何尺寸较大,而室内模型试验框架的尺寸有限,使该类模型的几何比尺有限;从模型材料来说,根据模型试验材料相似的粒径效应,该类模型试验的相似材料必然是粉质散体,并具有高容重、低强度、低渗透性、低弹性模量的特性;从测量技术上说,因散体模型材料特性和几何比尺决定了其测量技术需采用非接触式,以减小接触式测量因尺寸效应所带来的较大误差,且测量均是低值测量,这也要求其测量手段需具有高精度;从荷载加载技术上说,因模型相似材料为散体,且原型的主要荷载为自重,使该类滑坡荷载加载技术不能采用常规的结构模型试验的荷载加载技术。根据上述该类模型试验具有的特征,其试验理论主要包含以下几个部分:①模型相似理论及相似判据;②模型相似材料确定及优选方法;③非接触式测量技术与方法;④模型畸变修正方法。

本章介绍滑坡模型试验理论的核心——模型相似理论及相似判据。模型畸变修正方法主要包括试验结果修正和畸变模型补偿设计两部分,其理论与相似理论部分交叉,所以也作为本章的重要部分。本章在阐述与回顾经典的量纲分析与相似定理基础上，结合滑坡模型试验本身的特点，阐述滑坡模型试验相似理论和相似判据确定方法，并提出此类滑坡模型畸变修正方法与畸变模型设计理论，这对深入研究与完善该类模型试验理论与应用具有较强的理论价值与应用前景。

3.1 滑坡模型试验的特点

3.1.1 滑坡模型试验的相似性质

滑坡模型试验作为地质力学模型试验的一个重要分支，除了需满足上述相似原理及相似理论指出需满足的相似条件之外，由于模型试验原型——滑坡本身的特点，其相似特性具有自身特点。

1）自重荷载模拟方法

为了不影响坡体的抗滑稳定性与破坏形态，滑坡地质力学模型和其他结构模型试验差异之一就是自重荷载不能由施加集中力来模拟，需由材料本身自重来实现。因此，密度（或容重）相似比取 1 是较理想的模拟条件，这种密度（或容重）相似比为 1 也决定了其相似材料必须具有低强度、低弹模、高容重的特性。

为了研究滑坡物理模型极限承载能力，需增加其荷载（自重沿滑动方向的分量），地质力学模型试验中常采用超载法（增加荷载）、强度储备法（减小材料强度）和综合法（前两种方法综合使用）3 种方法实现。但对于滑坡物理模型试验而言，要实现上述 3 种方法均较困难，罗先启等[15]开发的具有升降能力的大型滑坡物理模型试验系统通过调整模型倾角，即通过调整重力在水平和垂直方向的分量大小关系来实现荷载的变化，该方法属于综合法。

2）材料性质非线性相似

滑坡物理模型试验材料不同于其他结构模型试验材料，一般为散体材料击实或堆砌而成，具有较强的塑性特征，在模型加载过程中不可避免地出现应力应变的非线性关系。根据完全相似要求，模型变形前后的几何变形过程需相似，即要求 $C_\varepsilon = 1$，但对于非线性段要实现该过程是不可能的，所以对于材料性质中常要求其破坏强度满足上述相似。

3）非弹性变形的时间相似性

对于滑坡物理模型试验，其失稳破坏时间预测及其相似环境中的时间因素问题，使该类地质力学模型试验时间相似性成为最困难的研究课题。从材料本身角度说，非弹性变形现象包括依赖于时间而变化的蠕变、黏滞性、滞后、松弛等现象，从环境条件来说，包括库水位随时间的涨落、降雨量随时间的变化等。因此，时间相似性在模型试验中就变得非常重要。上述时间因素全部考虑，意大利富马加里(E. Fumagali)建议对此可开展反复长时间压缩加载来实现该过程，但在模型试验中却无法实现。对此一般滑坡物理模型试验均未考虑岩土蠕变特性，时间因素只考虑环境条件中的时间因素，造成模型试验中滑坡模型时间预报存在一定的误差。

4) 软弱面的模拟

滑坡模型试验和其他模型试验的又一个显著差异为模型中存在一个显著的结构面或软弱面，构成了滑坡体产生滑动或失稳破坏的控制因素，是滑坡整体稳定性安全度的关键所在。对此，一般采用固定滑面或相似材料配制的滑动带构成。固定滑面目前一般常采用锡箔、聚酯薄膜、电化铝或各种纸张等薄片和坡体材料接触，其接触面构成滑动面。但目前研究表明，滑动面的厚度对滑坡稳定性产生重要影响，采用固定滑动面其滑动带的厚度为 0。程圣国、罗先启等(2000)[48]研究中采用了滑石粉、双飞粉和少量膨润土制作模型滑带相似材料。该材料遇水能在滑带与滑体结合处形成光滑的界面，并在试验过程中材料性质比较稳定，克服了传统固定滑动面存在的无法模拟滑带厚度的缺陷。

5) 边界条件的模拟

边界约束问题也是滑坡模型试验相似原理中必须要考虑的问题，有时约束能主导试验的成败。作者在滑坡地质力学模型试验过程中开展了土体与边壁玻璃的摩擦系数测定工作，通过一定的试验设计方法完成了用直剪仪测定摩擦系数的工作(见表 3-1)，为模型试验边界约束处理提供了参考。

表 3-1　土体与玻璃摩擦系数

玻璃类别	直接接触	两层塑料	两层塑料间加水	一层塑料加黄油	直接刷油	两层塑料并在之间刷油
钢化玻璃	0.275	0.145	0.135	0.043	0.17	—
有机玻璃	0.37	0.11	0.23	0.11	0.28	0.24

3.1.2　滑坡模型试验存在的主要问题

相似理论是滑坡物理模型试验中确定相似判据和指导模型试验的理论基础。相似判据的推导从理论上说已经趋于成熟，但由于模型和原型之间的差异及尺寸效应的存在，使相似理论的参数相似比的选择不能完全依靠相似理论推导的结果。而相似材料的选择及有关参数的确定则是确保模型试验成功开展的重要一环，并直接关系到试验数据的价值大小。为了真实地模拟滑坡的产生以及变形机制，材料所涉及的包括几何参数、力学参数、材料特性参数在内的大量参数必须满足相似定理的要求。但是要找到完全符合要求的相似材料十分困难，只能满足主要因素相似而忽略次要因素的影响。王素华(2005)等人也提出了相似材料的误差补偿理论[37]，但当前的解决方法多是通过正交试验或均匀试验，寻找满足主要因素相似而忽略次要因素影响的相似材料。

对于滑坡模型试验相似材料而言，特别是对于土质滑坡模型试验相似材料的研究进展缓慢，没有成熟的经验和资料可以借鉴，造成选材的区域未知且无穷大。而满足要求的材料可能属于一个较小的区域，为了成功地完成相似材料的配合比研究工作，必须进行大规模的试验研究，工作量是惊人的。另一方面，对于相似材料来说，要做到所有参数都全部相似，几乎是不可能的，对某一参数来说，也许某种配比的相似材料与实际相似性较好，而对另一参数来说，可能另一种配比的相似材料较为适宜。研制各参数严格相似的相似材料是目前滑坡模型试验的一个瓶颈，严重地限制了模型试验的发展和推广。目前只能做到选择相对符合相似理论的较优的相似材料作为模型试验材料。将在第四章介绍这部分内容。

由于试验中采用的相似材料不可能严格与实际相似，因此试验结果就与实际产生误差，如何利用试验结果预测实际情况，这也是目前滑坡模型试验研究中还没有解决的问题。将在第二章第六节作一些探讨。

3.2 滑坡模型试验相似判据

3.2.1 参量选择

建立滑坡模型试验相似判据首先应立足相似第三定理，并全面地确定现象的参量，然后通过相似第一定理提示的原则建立起该现象的全部 π 项，最后则是将所得 π 项按相似第二定理的要求组成 π 关系式，以用于模型设计和模型试验结果的推广。为此，在滑坡模型试验进行之前，必须对滑坡的形成条件有相当清楚的了解。一般而言，滑坡的形成是坡体内外因素综合作用的结果。

就内因而言，影响滑坡发生的主要因素有滑体和滑带的物理力学参数，这些参数主要包括：①几何尺度：尺寸 l；②物理力学参数：密度 ρ、黏聚力 c、内摩擦角 φ、变形模量 E、泊松比 μ、重力加速度 g、应力 σ、应变 ε、位移 u、降雨强度 q 等；③渗透参数：渗透系数 k、时间 t、容积含水率 θ、吸力 s、流速 v、孔隙水压力 p 等。

就外部影响因素而言，诱发滑坡发生的主要影响因素包括：①降雨参数：降雨强度 q；②库水位变动。

涉及的相似参数共17个。其中应力σ、应变ε、位移u是待求物理量；渗透系数k、密度ρ、黏聚力c、内摩擦角φ、变形模量E、泊松比μ是模型设计中决定的特性参量；孔隙水压力p、时间t、容积含水率θ、吸力s、流速v、降雨强度q等是模型运行过程中外部对模型作用的物理量。

3.2.2 参量分析

设各参数l、ρ、g、c、φ、E、μ、σ、ε、u、k、t、s、θ、v、q、p的相似比分别为原型参数与模型参数之比，符号分别表示为C_l、C_ρ、C_g、C_c、C_φ、C_E、C_μ、C_σ、C_ε、C_u、C_k、C_t、C_s、C_θ、C_v、C_q、C_p，不妨采用重力加速度相似比C_g和密度相似比C_ρ为1，几何相似比$C_l = n$，并假设材料为各向同性。对上述17个物理参量分析如下：

(1) 应力σ、应变ε、位移u是因变π项的重要组成部分，是模型试验需获得的目标。

(2) 孔隙水压力p、流速v、时间t、容积含水率θ、降雨强度q、吸力s是几个关联的物理量，是外因在滑坡体上作用的反映。

(3) 密度ρ、黏聚力c、内摩擦角φ、变形模量E、泊松比μ、渗透系数k，尺寸l提供了模型试验的特征，决定了施加模型荷载的大小，材料种类及模型的尺度。其中黏聚力c、渗透系数k等是造成模型畸变的主要因素，它们的大小直接影响模型相似程度。

(4) 重力加速度g是系统特性，在这里可以认为它是不变化的。

3.2.3 π方程的建立及相似判据的导出

π方程的建立须进行量纲分析，量纲分析的第1个步骤，主要是决定哪些变量应该参入这一物理现象中去。如果引入的变数过多，而有些变数确实不影响这一物理现象，则在最后的方程式中会出现项目过多的现象。若省略了变数可能影响这一物理现象，则计算将经常导致错误的结果，即使某些变数在实际上是常数(如重力加速度)，但它们可能是主要的，因为它和其他变数形成无量纲乘积。

根据“齐次定理”，把与问题相关的参数表达在同一方程式中，如下：

$$f(l,\ \rho,\ g,\ c,\ \varphi,\ E,\ \mu,\ \sigma,\ \varepsilon,\ u,\ k,\ t,\ s,\ \theta,\ v,\ q,\ p) = 0 \qquad (3-1)$$

式中，φ、μ、ε、θ为4个无量纲量，分析过程中不作考虑，只在分析结果中直接写出，l、u为2个相同量纲量，p、c、E、σ、s为5个相同量纲量，k、v、q为3个相同量纲量(量纲情况见表3-2)。由于无量纲量相似比等于1，相同量纲量具有相同的相似比，分析中按同一个组量考虑，于是可认为方程中只有 6 组独立量纲，我们采用[FLT]量纲系统，在这里选取 l、ρ、g 3 个量为基本量，由方程可以得到 3 个无量纲 π 项和用 π 项表示的方程为

$$f(\pi_1, \pi_2, \pi_3) = 0 \tag{3-2}$$

其中：

$$\pi_1 = \frac{c}{l\rho g}, \pi_2 = \frac{k}{(lg)^{1/2}}, \pi_3 = \frac{t}{l^{1/2} g^{-1/2}}$$

表 3-2　量纲分析情况表

	1	2	3	4	5	6	7	8	9	10	11	12	13	14	15	16	17
基本量纲	密度 ρ	黏聚力 c	应力 σ	变形模量 E	孔隙水压力 p	重力加速度 g	渗透系数 k	流速 v	降雨强度 q	位移 u	吸力 s	长度 l	时间 t	内摩擦角 φ	泊松比 μ	含水量 θ	应变 ε
F	1	1	1	1	1	0	0	0	0	0	0	0	0	0	0	0	0
L	−3	−1	−1	−1	−1	1	1	1	1	1	1	1	0	0	0	0	0
T	0	−2	−2	−2	−2	−2	−1	−1	−1	0	0	0	1	0	0	0	0

由于相同量纲的物理量可以用相同的 π 项表示，所以为了简洁，前面仅将其表示为 3 项。实际上，每一项中的参量都可以用对应的相同量纲量替换，得到 10 个 π 项。按量纲的异同以及因变量、自变量 π 的取舍要求，将其重新整理列出，如表 3-3 所示。

表 3-3　π 项列表

$\pi_1 = \frac{\sigma}{l\rho g}$ $\pi_5 = \frac{c}{l\rho g}$ $\pi_7 = \frac{p}{l\rho g}$ $\pi_9 = \frac{E}{l\rho g}$ $\pi_{10} = \frac{s}{l\rho g}$	$\pi_2 = \frac{u}{l}$	$\pi_3 = \frac{t}{l^{1/2} g^{-1/2}}$	$\pi_4 = \frac{k}{(lg)^{1/2}}$ $\pi_6 = \frac{v}{(lg)^{1/2}}$ $\pi_8 = \frac{q}{(lg)^{1/2}}$

有：

$$
\begin{cases}
\pi_{1\mathrm{m}} = \pi_1 & \dfrac{\sigma_\mathrm{m}}{l_\mathrm{m}\rho_\mathrm{m}g_\mathrm{m}} = \dfrac{\sigma}{l\rho g} \\
\pi_{2\mathrm{m}} = \pi_2 & \dfrac{u_\mathrm{m}}{l_\mathrm{m}} = \dfrac{u}{l} \\
\pi_{3\mathrm{m}} = \pi_3 & \dfrac{k_\mathrm{m}}{(l_\mathrm{m}g_\mathrm{m})^{1/2}} = \dfrac{k}{(lg)^{1/2}} \\
\pi_{4\mathrm{m}} = \pi_4 & \dfrac{t_\mathrm{m}}{l_\mathrm{m}^{1/2}g_\mathrm{m}^{-1/2}} = \dfrac{t}{l^{1/2}g^{-1/2}} \\
\pi_{5\mathrm{m}} = \pi_5 & \dfrac{c_\mathrm{m}}{l_\mathrm{m}\rho_\mathrm{m}g_\mathrm{m}} = \dfrac{c}{l\rho g} \\
\pi_{6\mathrm{m}} = \pi_6 & \dfrac{v_\mathrm{m}}{(l_\mathrm{m}g_\mathrm{m})^{1/2}} = \dfrac{v}{(lg)^{1/2}} \\
\pi_{7\mathrm{m}} = \pi_7 & \dfrac{p_\mathrm{m}}{l_\mathrm{m}\rho_\mathrm{m}g_\mathrm{m}} = \dfrac{p}{l\rho g} \\
\pi_{8\mathrm{m}} = \pi_8 & \dfrac{q_\mathrm{m}}{(l_\mathrm{m}g_\mathrm{m})^{1/2}} = \dfrac{q}{(lg)^{1/2}} \\
\pi_{9\mathrm{m}} = \pi_9 & \dfrac{E_\mathrm{m}}{l_\mathrm{m}\rho_\mathrm{m}g_\mathrm{m}} = \dfrac{E}{l\rho g} \\
\pi_{10\mathrm{m}} = \pi_{10} & \dfrac{s_\mathrm{m}}{l_\mathrm{m}\rho_\mathrm{m}g_\mathrm{m}} = \dfrac{s}{l\rho g}
\end{cases}
\tag{3-3}
$$

上式中下标“m”代表模型(model)。由无量纲量相似比等于1，则 $C_\varphi = C_\mu = C_\varepsilon = C_\theta = 1$，根据推导的相似准则，设 $C_\rho = 1$，$C_\mathrm{g} = 1$，则可得各物理量的相似比：

$$
\begin{aligned}
&C_\varepsilon = 1,\ C_\mathrm{k} = \sqrt{n},\ C_\mathrm{t} = \sqrt{n}, \\
&C_\mathrm{c} = n,\ C_\varphi = 1,\ C_\mathrm{v} = \sqrt{n},\ C_\mathrm{p} = n, C_\mu = 1, \\
&C_\theta = \sqrt{n},\ C_\mathrm{E} = n,\ C_\mathrm{u} = 1,\ C_\mathrm{u} = n,\ C_\mathrm{u} = n,\ C_\mathrm{u} = n
\end{aligned}
\tag{3-4}
$$

或

$$
\begin{aligned}
&C_\mathrm{l} = n;\ C_\mathrm{g} = C_\varphi = C_\mu = C_\theta = 1; \\
&C_\sigma = C_\mathrm{l}C_\rho = C_\varepsilon C_\mathrm{E} = C_\mathrm{p} = C_\mathrm{c}; \\
&C_\mathrm{l} = C_\mathrm{k}C_\mathrm{t} = C_\mathrm{q}C_\mathrm{t} = C_\varepsilon C_\mathrm{u} = C_\mathrm{s}
\end{aligned}
\tag{3-5}
$$

由上述推导，可以得到两个结论：

(1) 在模型设计时应遵守式(3-4)规定的准则，首先做到几何相似、介质物理性质相似、荷载相似和边界条件相似，如果达不到就要考虑模型的畸变。

(2) 据表3-3可知，位移项、应力项皆在因变 π 项中而与设计条件无关。设计条件不相似，模型畸变产生的误差就会在位移项、应力项中表现。

在设计条件式(3-4)中,有些条件可以自然满足,有些条件可通过模型设计达到,但有些条件是不容易控制的,可能产生畸变。因此在模型试验中必须考虑对模型的畸变进行修正。

3.3 畸变模型及畸变修正方法

3.3.1 畸变模型的概念

根据相似第二定理,若 π 关系式中的自变 π 项在模型和原型上一一对应,即所有设计条件均被满足,则因变 π 项便构成直接的换算关系,这种模型,叫作真实模型或近似真实模型;但实际上,特别是当现象较为复杂时,真实模型常常是难以真正实现的。在全部自变 π 项中,有一个或几个起支配作用的模型设计条件不能满足,这种模型叫作畸变模型[49]。

畸变模型势必会引起模型预测结果的变异(这时 $\pi_1 \neq \pi_{1\mathrm{m}}$),而必须用一个预测系数

$$\delta = \frac{\pi_1}{\pi_{1\mathrm{m}}} \tag{3-6}$$

来对结果做出修正,以便使得 $\delta\pi_{1\mathrm{m}} = \pi_1$。

如某现象有二畸变 π 项 π_2、π_3,其畸变程度或畸变系数由下式定义:

$$\varphi = \frac{\pi_{2\mathrm{m}}}{\pi_2},\ \omega = \frac{\pi_{3\mathrm{m}}}{\pi_3} \tag{3-7}$$

则对于以乘积关系或总和关系表示其 π 项的现象,预测系数与畸变系数的关系可分别按下式建立:

$$\begin{aligned}\delta &= \frac{\pi_1}{\pi_{1\mathrm{m}}} = \frac{f(\pi_2,\ \pi_3,\ \cdots,\ \pi_n)}{f(\varphi\pi_2,\ \omega\pi_3,\ \cdots,\ \pi_n)} \\ &= \frac{A\pi_2^a \cdot \pi_3^b \cdots \pi_n^z}{A(\varphi\pi_2)^a \cdot (\omega\pi_3)^b \cdots \pi_{nm}^z} \\ &= \varphi^{-a}\omega^{-b} \\ &= F(\varphi,\ \omega)\end{aligned} \tag{乘积关系)(3-8}$$

或

$$\delta = \Phi(\varphi,\ \omega,\ \pi_2,\ \pi_3,\ \cdots,\ \pi_n) \tag{总和关系)(3-9}$$

一般说来,模型畸变的来源有以下几个方面[49]:

(1) 尺寸上的畸变。这种畸变,通常由人为办法有意地造成。

(2) 荷载上的畸变。荷载畸变,有两种表现:①荷载不能按模型设计条件所要求的比例施加;②加载后由于构件变形情况不同,破坏了加载前模型与原型所保持的几何相似性。

(3) 由于尺寸畸变、荷载畸变或其他人为原因所造成的运动学上的畸变。

(4) 材料或介质的畸变。例如,在模型和原型材料泊松比不同的情况下,为研究双向或三向应力,将在弹性上出现畸变。又如,在利用具有多种性质的介质时,常常无法同时满足这些性质在模型和原型上的比例要求,也必然会引起畸变。材料或介质的畸变,是造成一般物理系统产生畸变的最主要的根源。

3.3.2 畸变模型补偿设计理论

对于畸变模型,常用的处理方法是补偿模型法。补偿模型也是畸变模型的一种。用补偿模型来处理畸变问题,就成了补偿模型法。

补偿模型法是在考察畸变系数 ω、$\varphi\cdots$ 对预测系数 δ 所产生的影响之后,对模型设计进行研究所得的产物。该方法是通过人为的办法使模型设计条件中的一个或数个产生畸变,以补偿系统中由于介质性质难以控制或模拟所必然要产生,而又未能考虑的畸变,使得补偿的结果达到 $\pi_{1m}=\pi_1$,就如同整个系统没有产生任何畸变一样。这种方法的前提,是首先设想各自变 π 项构成乘积关系[49],然后通过试验来验证这种关系的有效性。

根据预测系数的概念,当模型为真实模型时 $\delta=1$,产生畸变时 $\delta\neq1$,为了找出畸变环节,可以根据预测系数同模型中某个易于控制或改变的参数有关的特点,令畸变情况下的 $\delta=1$,建立畸变项参数与补偿项参数之间的函数关系,求出此时补偿项需要满足的条件,并在模型的制作过程中加以考虑,使得畸变得到补偿,所得结果符合相似第二定理中 $\pi_1=\pi_{1m}$ 的要求,就如同整个系统没有产生任何畸变一样。

根据补偿畸变模型的假设,设各自变 π 项构成乘积关系,则非独立 π 项与各独立 π 项间存在如下关系:

$$\pi=(A_1\pi_{a_1}^{e_1})\cdots(A_i\pi_{a_i}^{e_1})f(\pi_{u_1},\ \pi_{u_2},\ \cdots) \tag{3-10}$$

式中,π_{a_i} 为含有量纲量参数的 π 项,当部分相似材料的参数在模型设计和制造过程中不能满足相似比要求时,它们将在模型系统中引起畸变;π_{u_1},$\pi_{u_2}\cdots$为包含无量纲参量(如 φ、μ 等)、几何尺寸等在内的各 π 项,它们一般在模型设计和制造过程中可以满足相似比要求;A_i 为无量纲常数。

根据预测系数 δ 的定义,得:

$$\delta = \frac{\pi_1}{\pi_{1m}} = \frac{(A_1\pi_{a_1}^{e_1})\cdots(A_i\pi_{a_i}^{e_i})f(\pi_{u_1}, \pi_{u_2}\cdots)}{[(A_1\pi_{a_1}^{e_1})\cdots(A_i\pi_{a_i}^{e_i})f(\pi_{u_1}, \pi_{u_2}\cdots)]_m} \tag{3-11}$$

根据畸变系数 β 的定义，得

$$\beta_1 = \frac{\pi_{a_1 m}}{\pi_{a_1}}, \cdots, \beta_i = \frac{\pi_{a_i m}}{\pi_{a_i}} \tag{3-12}$$

结合式(3-11)、式(3-12)，可得

$$\delta = (\beta_1^{-e_1})\cdots(\beta_i^{-e_i})\left[\frac{f(\pi_{u_1}, \pi_{u_2}, \cdots)}{f(\pi_{u_1}, \pi_{u_2}, \cdots)_m}\right] \tag{3-13}$$

为了试验的方便和参数的准确，滑坡物理模型在滑坡原型土样的基础上，采用尽可能满足相似理论要求的相似材料配比方案。模型与原型最大的区别表现在几何尺寸上的差异，所以在无量纲参数自动满足相似定理要求的前提下，几何尺寸的相似比 C_l 是我们必须在畸变处理中考虑的一个重要因素，设畸变系数 β_i 与尺寸相似比 C_l 之间有指数函数关系，即

$$\begin{aligned} &(\beta_1^{-e_1})\cdots(\beta_i^{-e_i}) \\ &= (C_l^{s_1})^{-e_1}\cdots(C_l^{s_i})^{-e_i} \\ &= C_l^{-\sum e_i s_i} \\ &= C_l^s \end{aligned} \tag{3-14}$$

式中，s 为与预测系数构成指数函数关系的辅助参量。

在式(3-13)中，方括号项由于所有设计条件都满足 $\pi_i = \pi_{im}$，则其值为 1，故结合式(3-13)、式(3-14)得

$$\delta = C_l^s \tag{3-15}$$

式(3-15)中，$s = -\sum e_i s_i$ 为与模型材料类型、特征有关的幂数，反映所考虑的有量纲的滑坡土体参量所产生畸变的影响。由于这时 $\pi_{1m}\delta = \pi_1$，故无法用模型 π_{1m} 直接预测原型值 π_1。因此，B. P. Verma 等人[50] 指出，可以把式(3-13)方括号项所代表的比值发展成乘法关系式：

$$\begin{aligned} &\frac{f(\pi_{u_1}, \pi_{u_2}, \cdots)}{f(\pi_{u_1}, \pi_{u_2}, \cdots)_m} \\ &= \left[\frac{\pi_{u_1}}{\pi_{u_1 m}}\right]^x \left[\frac{f(\pi_{u_2}, \pi_{u_3}, \cdots)}{f(\pi_{u_2}, \pi_{u_3}, \cdots)_m}\right] \end{aligned} \tag{3-16}$$

其中 π_{u_1} 及 π_{u_2} 所包含的参量只具有长度量纲。此时由于方括号项所有设计条件

都满足 $\pi_i = \pi_{im}$，则其值为 1，故式(3-13)可写成：

$$\delta = C_l^s \left[\frac{\pi_{u_1}}{\pi_{u_1 \mathrm{m}}}\right]^x \tag{3-17}$$

式中，x 为与预测系数构成指数函数关系的辅助参量。

为了用模型直接预测原型，就必须使 $\pi_{u_1 \mathrm{m}}$ 项产生畸变，而不再要求 $\pi_{u_1 \mathrm{m}} = \pi_{u_1}$，最终达到 $\delta = 1$。由于此二 π 项所含参量的量纲均为长度量纲，则

$$\frac{\pi_{u_1}}{\pi_{u_1 \mathrm{m}}} = C_l^p \tag{3-18}$$

式中，p 为与畸变系数构成指数函数关系的辅助参量。幂数 p 是随不同的土体类型、特征而变化的参数。

将式(3-18)代入式(3-19)，可得 $\pi_{1\mathrm{m}} = \pi_1$ 时需满足的条件为

$$\delta = C_l^{(s+px)} = 1 \tag{3-19}$$

或

$$s + px = 0 \tag{3-20}$$

这里 s 和 p 都是与畸变有关的幂指数，其求解方法根据实际情况进行有针对性的处理。通常的方法是使用两个以上的几何相似而大小不同的模型，通过试验来确定畸变的影响，在不同的小模型中，变更畸变 π 项的值，其他的 π 则恒定在与原型相等的值上，进行一系列的模型试验，由试验结果数据建立起预测系数与畸变系数的关系曲线(一个自变 π 项畸变时)或关系曲面(两个自变 π 项畸变时)。用内插法或外推法求得对原型的预测系数，以此预测系数对模型试验的开展进行指导。这种方法就是传统补偿模型法，它有一个重要缺点是需要一系列不同相似比的模型进行大量试验，而且由于它的针对性极强，所以每变化一点实物形状，每改变一种介质，这种试验都要重复地、大量地进行，浪费大量的人力、物力和财力，在工程上和科研中是不可取的，所以有必要探索更便捷易行的试验模型的畸变修正方法。

3.3.3 模型畸变的修正方法

模型畸变的处理除了在模型试验设计阶段采用补偿模型法，还可以在模型试验结果分析中，对畸变模型的试验结果进行修正。

3.3.3.1 原型监测数据修正法

原型监测数据修正法是采用原型监测数据资料来修正模型试验结果的方

法。该方法仅适用于有原型监测数据资料的模型试验。就是按照常规模型试验的方法进行模型试验，对取得的某个或某组试验结果，根据相似理论还原到原型上去，得出相关数据的曲线。再用对应的原型监测数据对根据模型试验结果得到的曲线进行分析比较，从而得到修正系数，对其他数据进行相应的处理。

这种方法直接运用原型数据，所以具有很高的可信度，但是由于不是每个试验对象都有完整的监测资料，所以有较大的局限性。

3.3.3.2 模型试验修正法

模型试验修正法是根据配制的相似材料实际相似比推求长度相似比，根据修正后的长度相似比，在相似理论的指导下制作试验模型，试验结果即为修正后的模型试验数据。该方法是模型修正的最佳方法，但因修正后的长度相似比一般较大，使实际的模型制作与实施不可实现。

3.3.3.3 数值分析修正法

1）几何尺寸修正法

几何尺寸修正法是根据配制的相似材料实际相似比推求长度相似比，根据修正后的长度相似比，采用数值计算方法建立数值计算模型，把计算结果与试验结果对比分析，用于指导模型试验的结果修正。

利用数值计算结果修正物理模型试验，可进一步丰富物理模型试验结果信息和内涵。

2）预测系数修正法

该方法是先对研究对象进行量纲分析，确保模型与原型的物理现象相似，物理本质一致。进行 π 方程的推导，得到相似指标，之后考察畸变项，找出该畸变项与几何比尺的关系，并将满足该关系式的模型定义为基准模型。通过调整畸变项，运用数值计算方法进行一系列的计算，可以将计算结果拟合出预测系数与畸变项的曲线图，用于修正模型实验结果。为了更好地说明这种方法，现以渗透系数 k 作为引起畸变的参量的问题进行讨论。

预测物理量应该选择为在模型上可以直接测量，并且能够反映试验目的参量或与之相关的、有直接换算关系的参量。通常在滑坡模型试验中，直接测定的参数是土压力、位移和孔隙水压，在这 3 个参数中选取位移 u，因为位移 u 为各种因素综合作用于滑坡的宏观反映。

对于畸变模型，存在 $\pi_{m} \neq \pi$，设存在 $\pi_{4m} \neq \pi_{4}$（见表 3-3），根据相似第三定理，为了得到全相似，假定其相差一个模型畸变系数 β_{M}，令

$$\beta_{M} = \frac{\pi_{4m}}{\pi_{4}} \tag{3-21}$$

从而 $\pi_{4m}=\delta_M\pi_4$，这时模型设计应遵守的条件为：

$$\begin{aligned}&\pi_{3m}=\pi_3,\ \pi_{4m}=\beta_M\pi_4,\ \pi_{5m}=\pi_5,\ \pi_{6m}=\pi_6,\\&\pi_{7m}=\pi_7,\ \pi_{8m}=\pi_8,\ \pi_{9m}=\pi_9,\ \pi_{10m}=\pi_{10}\end{aligned} \tag{3-22}$$

π 方程此时变为

$$\pi_1,\ \pi_2=f(\pi_3,\ \pi_4,\ \pi_5,\ \pi_6,\ \cdots,\ \pi_{10}) \tag{3-23}$$

$$\pi_{1m},\ \pi_{2m}=f(\pi_{3m},\ \pi_{4m},\ \pi_{5m},\ \beta_M\pi_{6m},\ \cdots,\ \pi_{10m}) \tag{3-24}$$

以第二个方程为例,如令

$$\delta_p=\frac{\pi_2}{\pi_{2m}} \tag{3-25}$$

式中,δ_p 为预测系数。这样,尽管各独立 π 项中有一个以上起支配作用的模型设计条件不能满足时会引起模型畸变,但通过预测系数的修正可以使得模型试验向实际情况逼近。

在弹性变形的静力系统中,因变 π 项是各自变 π 项的乘积关系,所以

$$\pi_2=A\pi_3^p\pi_4^q\pi_5^r\pi_6^s\cdots\pi_{10}^z \tag{3-26}$$

$$\pi_{2m}=A\pi_{3m}^p\pi_{4m}^q\pi_{5m}^r\pi_{6m}^s\cdots\pi_{10m}^z \tag{3-27}$$

将式(3-21)代入式(3-27),得到:

$$\pi_{2m}=A\pi_{3m}^p\pi_{4m}^q\pi_{5m}^r\beta_M\pi_6^s\cdots\pi_{10m}^z \tag{3-28}$$

将式(3-26)、式(3-27)代入式(3-25)中,且注意到式(3-22),得到:

$$\delta_p=\frac{A\pi_3^p\pi_4^q\pi_5^r\pi_6^s\cdots\pi_{10}^z}{A\pi_{3m}^p\pi_{4m}^q\pi_{5m}^r\pi_{6m}^s\cdots\pi_{10m}^z}=\beta_M^{-q}=q(\beta_M) \tag{3-29}$$

可见,δ_p 为 β_M 的函数。因 q 不知,只有通过实验测量或计算方法将 δ_p 换算出来。

将 $\pi_{4m}=\dfrac{k_m}{(l_m g_m)^{1/2}}$, $\pi_4=\dfrac{k}{(lg)^{1/2}}$ 代入式(3-21),得:

$$\beta_M=\frac{\pi_{4m}}{\pi_4}=C_kC_l^{-\frac{1}{2}}C_g^{-\frac{1}{2}} \tag{3-30}$$

在同类模型中,$C_l=$ 常数,$C_g=1$,故仅 C_k 为变量。将式(3-30)代入式(3-29)中,得:

$$\delta_p=(C_kC_l^{-\frac{1}{2}})^{-q}=q(C_k) \tag{3-31}$$

由式(3－31)看出，仅当 $C_k = C_l^{\frac{1}{2}}$ 时，$\delta_p = 1$，这时模型不产生畸变，从而 $\pi_{2m} = \pi_2$。对于一般情况，δ_p 为 C_l 的函数，只能通过系列模型试验找到其曲线关系，但这样做耗资很大，在工程上是不可取的。

设想如下方案：即当 $C_k = C_l^{\frac{1}{2}}$ 时，有 $\pi_{2m} = \pi_2$，定义这时的模型为基准模型。如果 $C_k \neq C_l^{\frac{1}{2}}$，变换 C_k 可找到一系列的 π_{2m_2}，π_{2m_3}，…，π_{2m_n}，值，这时有：

$$\begin{cases} \pi_{2m_1} = \dfrac{u_{m_1}}{l_{m_1}} \\ \pi_{2m_2} = \dfrac{u_{m_2}}{l_{m_2}} \\ \cdots \\ \pi_{2m_n} = \dfrac{u_{m_n}}{l_{m_n}} \end{cases} \tag{3-32}$$

对于同类模型，由于畸变仅在渗流 k 上发生，就有 $l_{m_1} = l_{m_2} = \cdots = l_{m_n}$，所以

$$C_{l_i} \approx 1(i = 1,\ 2,\ \cdots,\ n) \tag{3-33}$$

将式(3－32)和式(3－33)代入式(3－34)中，可得：

$$\begin{cases} \delta_{p_2} = \dfrac{\pi_{2m_1}}{\pi_{2m_2}} = \dfrac{u_{m_1}}{l_{m_1}} \Big/ \dfrac{u_{m_2}}{l_{m_2}} = \dfrac{u_{m_1}}{u_{m_2}} \\ \delta_{p_3} = \dfrac{\pi_{2m_1}}{\pi_{2m_3}} = \dfrac{u_{m_1}}{l_{m_1}} \Big/ \dfrac{u_{m_3}}{l_{m_3}} = \dfrac{u_{m_1}}{u_{m_3}} \\ \cdots\cdots \\ \delta_{p_n} = \dfrac{\pi_{2m_1}}{\pi_{2m_n}} = \dfrac{u_{m_1}}{l_{m_1}} \Big/ \dfrac{u_{m_n}}{l_{m_n}} = \dfrac{u_{m_1}}{u_{m_n}} \end{cases} \tag{3-34}$$

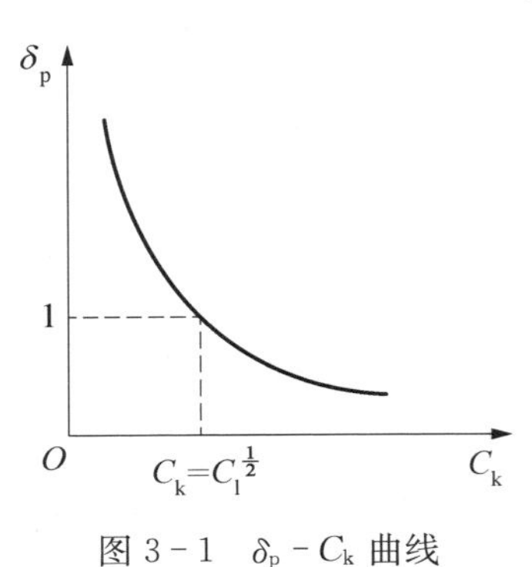

图 3－1　$\delta_p - C_k$ 曲线

有了 n 个模型就可以得到 $n-1$ 个 δ_{p_i} 系数 $(i = 2,\ 3,\ \cdots,\ n)$，其与 $C_{k_i}(i = 2,\ 3,\ \cdots,\ n)$ 一一对应，可以得到如图 3－1 所示的 $\delta_p - C_k$ 曲线。

有了这条曲线后，在曲线上可根据 C_k 值查到 δ_p 值。将它代入式(3－34)中：

$$\delta_p = \frac{\pi_2}{\pi_{2m}} = C_l^{-1}\frac{u}{u_m} \tag{3-35}$$

即可得到原型上的位移：

$$u = C_l \delta_p u_m \tag{3-36}$$

3.3.3.4 合交理论修正法

前面已经提及，用系列模型试验求得 δ_{p_i}（$i = 2, 3, \cdots, n$）是不经济的。而“合交理论”可以通过数值模拟与物理模型试验结合来减少物理模型试验的次数。

物理模型试验突出的优点是良好的直观性。在模拟区域和模拟时段内，物理模型的空间-时间连续性很好，并且物理模型是真实的物理实体，能同时考虑多种因素，能模拟多种复杂的边界条件，在基本满足相似原理的条件下，它能更真实直观地反映地质构造和滑坡边界条件之间的关系，研究模型从弹性到塑性变形以致最终破坏的全过程。但物理模型受场地和设备条件的限制，在模型范围和模型比尺的选择上有时不得不采取某些简略和近似的方法，或做成几何变态。物理模型中一般只能保持某一种相似判据为同量，其他有关相似准则难以被满足，所以某些条件下的某些性质会出现失真；此外还可能有较明显的比尺影响。物理模型所耗人力、物力多，周期长，成本高。还有很大的技术困难和经济限制。

数值模型的优点是其显著的灵活性，对不同方案的比较可以方便快速地计算，也不受比尺的限制，成本低，周期短。由于计算机容量、速度和性能的提高，计算的精度有较大幅度的提升。有关数值模型这一方面的问题，J. A. Liggett 在其一篇论文中将它们称为尺度（scale）和细节（detail）问题。数学模型中为了便于计算，通常对边界的几何形状做出某些近似表达。常比物理模型中更为简单概化，并引入某些物理上的简化假设，引用某些近似方程和经验（或统计）参数。一切数值模型必须建立在可靠的完整的结合所研究的具体对象特性的本构方程的基础上。然而，由于滑坡物理模型影响因素的多样性和复杂性，又限于目前所能达到的认识水平，一些问题还无法用简单的数学方程描述；有些方程中的参数也缺少普遍适用性，因此限制了数值模型的应用。但对参数取值合理及本构关系成熟的问题，数值模型具有明显的优越性。

从上述分析可见，物理模型和数值模型的某些优缺点恰好是互补的，因而设法将物理模型和数值模型结合起来，以发挥各自的长处，弥补彼此的不足，联合运用，分工合作，通过边界控制互相联系、互相依存，来解决共同的问题。特别在近一二十年中，物理模型日益普遍采用微机（甚至专用计算机）进行控制和量测数据的采集，而数值模型也由于计算机的发展得到广泛应用，从而逐渐创造了实现两者紧密联系的可能性，这样出现了“合交模型”（hybrid model）。从现有文献和国内外所应用状况看，对“合交模型”还没有完全明确统一的定义，但都有共同的认识，就是物理模型和数值模型各有长处和缺点，两者在模拟原型的能力上都各有其局限性，也都各有其适宜应用的范围，将两者合起来，分工合作，联合运用，求解同一个复杂的工程问题，从而逐渐创造了实现两者紧密联系的可能性。“合交模型”反映的数值模拟、物理模拟和原型之间的关系如图 3-2所示，图中Ⅰ是数值模型能较正确合宜地模拟原型的区域；Ⅱ是物理模型能较正确合宜地模拟原型的区域；Ⅲ是既可用数模，也可用物模去模拟原型的区域，而且在这一区域中数模与物模可以互相模拟。此外还存在一个区域Ⅳ，在这区域中数模与物模可互相模拟，但两者都不能正确合宜地模拟原型。

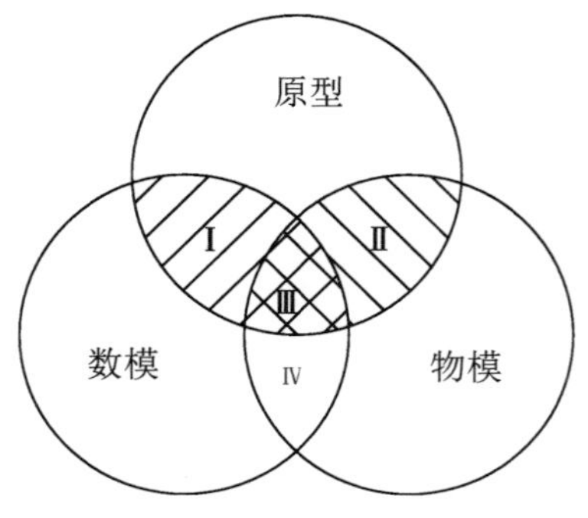

图 3-2　原型-数模-物模间的关系

在原型监测资料的基础上，采用反分析方法，对数值计算的本构模型与参数进行反演，确定所研究时段内合理的力学参数。当数值计算的位移与原型监测资料的数据符合较好时，认为该本构和参数在该时段是合理的。在该计算结果指导下开展模型试验，可以认为在该条件下的模型是符合相似定理的，模型的后继发展可以作为模型预测原型的重要依据之一。

滑坡物理模型相似材料在选用滑坡原型土样的基础上，采用尽可能满足相似理论要求的配比方案。由于相似材料只能是近似满足或接近相似理论的要求，模型不可避免地产生了畸变。实践证明，如果仅从寻找更加接近相似理论要求的相似材料的角度来减弱畸变带来的影响，存在很大的难度。考虑到模型与原型最大的区别表现在几何尺寸上的差异，本文中以模型畸变修正理论和合交模型理论为指导，根据畸变推导，求出补偿模型的几何相似比，用计算的方法得到补偿模型的数值解，用数值解去修正物理模型试验结果，使物理模型试验成果融入数值计算分析成果的信息，一定程度上修正物理模型的畸变量。该方法是模型畸变修正理论和合交模型理论的综合，具体应用详见第六章。

4　滑坡模型试验系统

目前国内外常用的地质力学模型试验主要有框架式模型试验和离心模型试验两种形式。本章主要以罗先启(2005)等[15,16]开发的一套考虑水库蓄水和大气降雨作用的滑坡物理模型试验系统为例,重点介绍框架式模型试验系统。该系统结合水库滑坡的特点,模拟和控制水库水位及大气降雨雨型(降雨强度和降雨历时)的变化。系统包含一套自主研发的较完备的量测系统,可对试验过程中滑坡体的含水量、位移场变化和应力场的变化进行较准确的量测,是进行库水和雨水变化条件下滑坡变形破坏物理模型试验的基础设备。该滑坡模型试验系统由试验平台起降控制系统、室内人工降雨控制系统、水库水位控制系统、多物理量测试系统、基于光学原理的非接触式位移量测试系统、γ射线透射法水分测试系统组成,如图4-1所示。

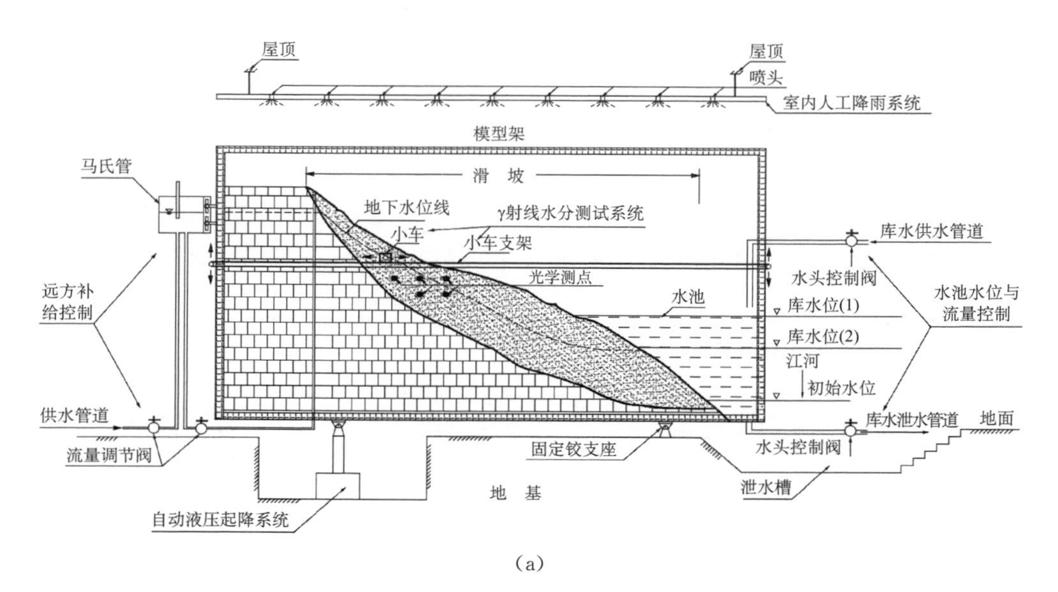

(a)

(b)

图 4-1 滑坡模型试验系统

(a) 大型滑坡模型试验系统示意图;(b) 大型滑坡模型试验系统实景图

4.1 试验起降平台控制系统

试验平台长 8 m,宽 2 m,平台上设有试验槽,试验槽长 8 m,宽 0.8 m,高 3.5 m。试验平台上安装有水分测试系统、非接触位移测试系统和多物理量测试系统(包括孔隙水压力、土压力和位移)。试验槽上部屋顶安装有人工降雨控制系统,试验槽一端的水池可以模拟水库水位的升降。

试验平台一端的底部为铰支,另一端可以自由抬升,其最大抬升角度为 20°。因此,在试验槽中可以研究不同斜坡角度情况下斜坡的破坏机理。也可以通过试验槽的抬升来模拟不同角度滑带的情况下滑坡的变形破坏机理。试验平台设计的承载力为 70 t,其自由抬升端由两根设计承载为 25 t 的液压缸支撑。

4.2 室内人工降雨控制系统

叠加喷洒式模拟降雨系统由供水系统、控制器和上位机及软件 3 部分组成,主要结构如图 4-2 所示。降雨系统的喷洒单元安装在实验大厅屋顶大梁上,离地面 10 m,可以模拟大气降雨真实情况。

对自然降雨的模拟主要是模拟降雨强度及降雨历时,在确定系统所需的雨强范围后，对雨强进行优化离散，以最少的喷洒单元，以叠加组合的方式实现对整个雨强范围的模拟。现用于该平台喷洒单元共 8 组，0. 1 mm/min 强度的单元 5 组，0. 5 mm/min 强度的单元 1 组，1. 0 mm/min 强度的单元 2 组，通过组合可以完成 0～3 mm/min 降雨强度的模拟。在对降雨历程的模拟方面，由于将整个降雨过程离散成降雨时间段，因此可取的时间段越短，模拟过程越近似。该降雨系统由于采用了电磁阀作为雨强转换控制的执行元件，其开关控制过程耗时在 ms(毫秒)级，因此可以对降雨过程进行较精确地控制。

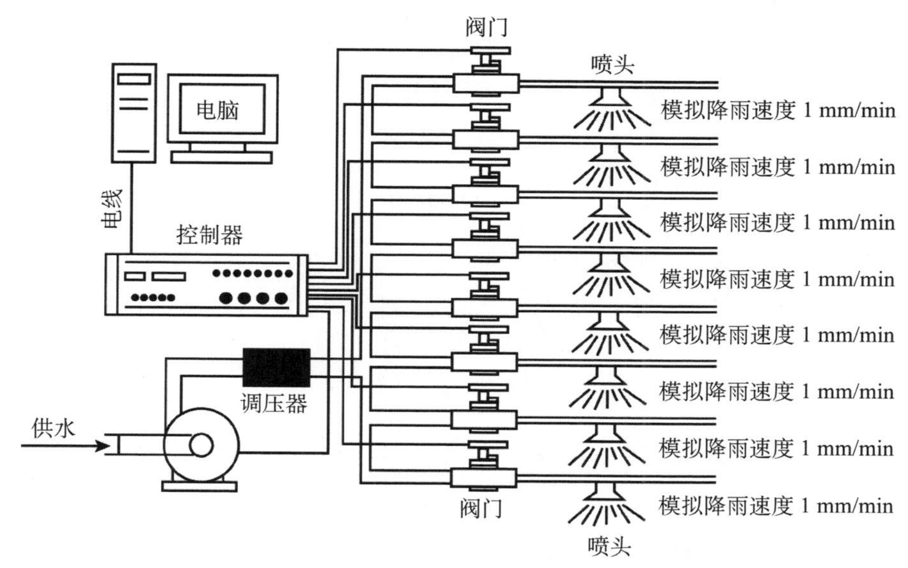

图 4 - 2　叠加喷洒式人工降雨系统结构图

4.2.1　模拟降雨装置的降雨参数

4.2.1.1　降雨强度

降雨强度是指单位时间内，喷洒在单位面积土地上的水量，用水深来表示。目前我国的模拟降雨装置的降雨强度主要是通过调节流量和控制压力来实现的。从雨滴发生器的两个不同方式看，以喷头为雨滴发生器的模拟装置主要是通过选用不同的喷头组合和不同的喷嘴直径来实现不同雨强的效果，一般以喷头为雨滴发生器的雨强范围在 0. 5～2. 5 mm/min。由于喷头的工作压力较大，雨滴具有一定的初动能，雨强相应要大。另外一种以小孔为雨滴发生器的模拟装置，小雨强的装置主要是通过改变针号和针数来实现模拟较宽范围的降雨强度，大雨强的装置主要是通过调节供水量和调节振动台的频率来实现不同雨强的效果。这种模拟降雨装置的雨强范围在 0.03～1.67 mm/min。本模拟降雨装置采用的设计雨强范围是：0.1～3.0 mm/min，调整步长为 0.1 mm/min，由不同的支管组合来进行雨强控制。

4.2.1.2　降雨均匀度

降雨均匀度是检测喷洒均匀性的重要指标，它表示一定的喷洒面积上水量分布均匀的程度。国内外对喷洒均匀度(又叫喷洒均匀系数)已有较深入的研究，很多国家提出了不同的计算公式。

(1) 苏联普遍采用的公式[51]

$$K_1 = \frac{\rho_0}{\rho_0 + |\Delta\rho_0|} \tag{4-1}$$

式中，$|\Delta\rho_0| = \frac{\sum_{i=1}^{n} |\rho_i - \rho_0|}{n}$ 为喷洒强度的平均偏差；ρ_0 为整个喷洒面积上的平均喷洒强度；ρ_i 为各点的喷洒强度；n 为观测计算喷洒强度的点数。

(2) 克里斯琴森 1942 年提出的，现在西方国家用的最普遍的系数

$$C_u = 100\left(1.0 - \frac{\sum X}{mn}\right) \tag{4-2}$$

式中，X 为各点的喷洒强度观测值与平均值 m 的差值；n 为观测值的总数；C_u 为喷洒均匀系数，以百分数表示。

(3) 美国夏威夷糖业联合会提出的公式[52]

$$UCH = 1 - \frac{2\delta_{n-1}}{\pi h} \tag{4-3}$$

式中，h 为各点实测值；$\delta_{n-1} = \frac{\sum_{i=1}^{n} (h_i - h)^2}{n-1}$ 为 h 值的均方差。

(4) 贝纳米-霍尔(Benami-hore)在 1964 年提出的均匀系数公式

$$K_7 = 166\,\frac{N_a}{N_b}\left(\frac{2T_b}{2T_a} + \frac{D_b M_b}{D_a M_a}\right) \tag{4-4}$$

式中，M_a 为大于雨强观测值总平均值的一组观测值的平均值；M_b 为小于雨强观测值总平均值的一组观测值的平均值；N_a 为大于雨强观测值总平均值的一组观测值的数目；N_b 为小于雨强观测值总平均值的一组观测值的数目；T_a 为大于 M_a 观测值的总和；T_b 为小于 M_b 观测值的总和；D_a 为小于 M_a 和大于 M_a 观测

值数目之差；D_b 为大于 M_b 和小于 M_b 观测值数目之差；该公式的优点是将读数进行了进一步的分类，然后对平均值进行比较，更能反映系列数值的均匀程度，但计算相对繁琐。

本实验采用我国的国家规范《喷灌工程技术规范》提出的均匀系数 C_u，该系数是对克里斯琴森提出的均匀系数进行较小的改动后的结果，并要求 $C_u \geqslant 80$，

$$C_u = 100\left(1 - \frac{\Delta h}{h}\right) \tag{4-5}$$

式中，C_u 为降雨喷洒均匀系数，以百分数表示；h 为喷洒水深的平均值(mm)；Δh 为喷洒水深的平均离差(mm)。由于测点代表的面积相等，所以 $h = \frac{\sum_{i=1}^{n} h_i}{n}$，$\Delta h = \frac{\sum_{i=1}^{n} |h_i - h|}{n}$，$h_i$ 为测点的喷洒水深(mm)。

4.2.1.3 雨滴动能

模拟降雨装置已被广泛应用于水土保持研究中。雨滴动能是否与自然降雨相似是一个重要的衡量指标。根据牛顿力学与万有引力定律，自然降雨雨滴在空中下落的过程中会达到一个终点速度。这需要对模拟降雨的雨滴下落高度确定一个适当指标。考虑到不同的雨滴发生器，一般来说喷头式模拟降雨装置的雨滴具有一定的初动能，但喷头式装置都采用下喷式或侧喷式，所以它的高度相对要低。针孔雨滴发生器的模拟装置的高度相对就要高得多。美国学者罗斯等关于天然降雨雨滴的研究表明[53]，天然降雨雨滴大小的分布，波动在 0～6 mm，其相应的终点速度为 2～2.9 mm/s，90%以上雨滴所需要的相应降落高度为 7～9 m。根据美国、澳大利亚等国家的一些学者对雨滴下落速度的研究，具有初速度的下喷式喷头，降雨高度达 2 m 时，就可满足不同直径的雨滴获得 2～2.9 mm/s 的终极速度。本实验装置采用喷头发生器，降落高度近 6 m，雨滴完全能够最终到达模拟天然降雨的终极速度。

4.2.2 模拟降雨装置的总体设计

模拟降雨装置由供水系统、喷洒系统、测控系统及下垫面 4 部分组成。模拟降雨装置示意图如图 4-3 所示。

实验原理：输水管中的自来水经加压泵加压，流经稳压罐从 10 m 高的喷头喷出，模拟自然降雨，降落在实验槽滑体表面，一部分降水渗入地下，一部分形成径流。翻斗流量计通过翻斗的转动，感应脉冲记录仪，可将每转动一次的时间，

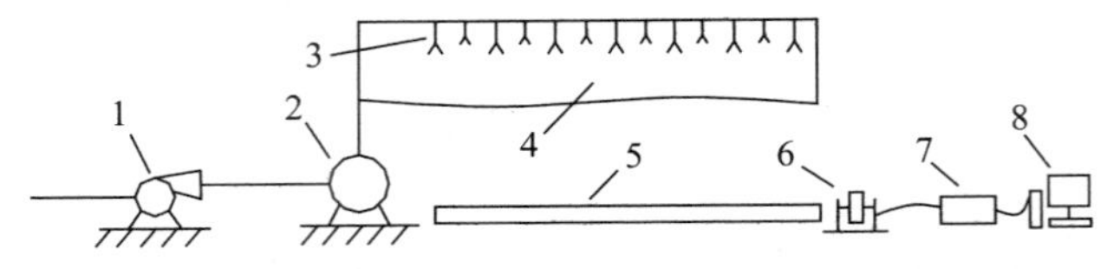

1—加压水泵；2—稳压管；3—喷头组；4—风障；5—下垫面；6—翻斗流量计；7—数据采集仪；8—计算机

图 4-3　模拟降雨装置示意图

输入计算机进行数据处理。

4.2.3 喷洒系统

整个设备的研制围绕该部分展开，只有确定了该部分的各项参数，其余部分才能相应的进行设计。该系统的主要设计指标有降雨强度和降雨均匀度。

喷头作为雨滴发生器，布置方式将直接影响到降雨均匀度、降雨范围、降雨强度，所以设计方案非常重要。图 4-4、图 4-5 和图 4-6 给出了 3 种喷头的喷洒特性，它们分别是：美国雨鸟公司生产的 SP30-340 微型喷头（旋转式）和西安理工大学研制的小型和中型喷头（静止式）。西安理工大学的吴军虎博士对这 3 种喷头的喷洒特性作了详细的实验研究，得出在一定的工作压力下喷头喷洒规律，绘制了单喷头喷洒特性曲线（单喷头的径向剖面水量分布），喷洒半径 4 m。从图中可以看出，美国的雨鸟 SP30-340 微型喷头在喷洒半径 0.8 m 以外的均匀程度很高，雨强约 0.04 mm/min，西安理工大学研制的小型喷头喷洒半径在 2.8～4.0 m 均匀度较高，雨强约为 0.18 mm/min，中型喷头几乎没有均匀雨强区域，但平均雨强较大，约 0.5 mm/min。确定喷头组合方式时，将根据喷头各自的特点，进行优化设计。

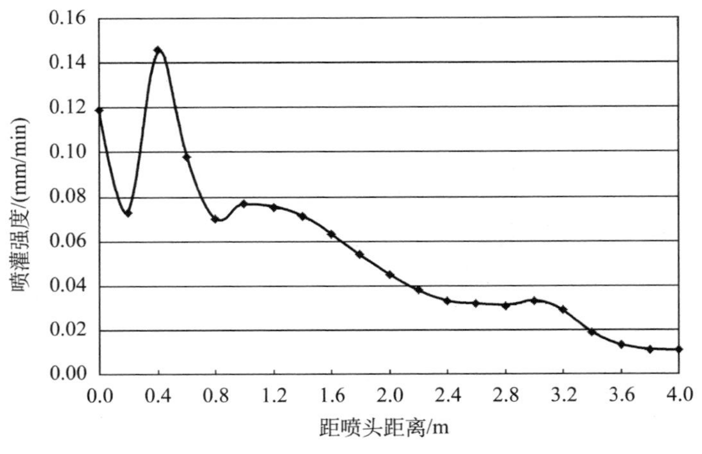

图 4-4　美国 SP30-340 微型喷头喷洒特性

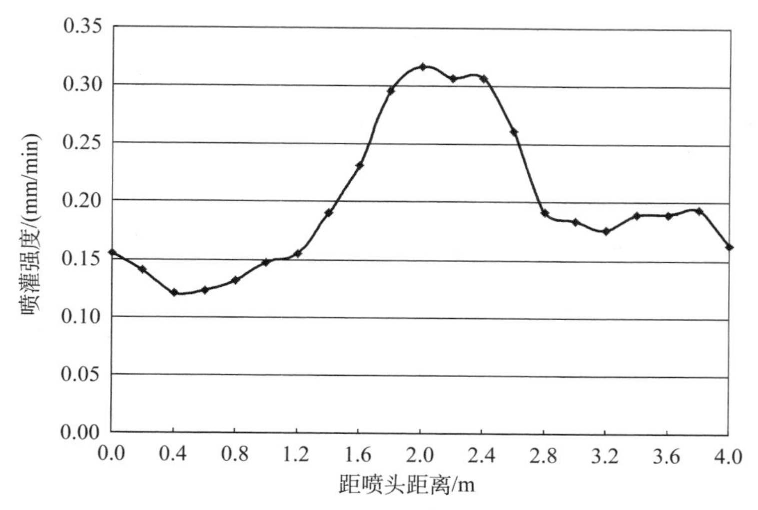

图 4-5 西安理工大学研制的小型喷头喷洒特性

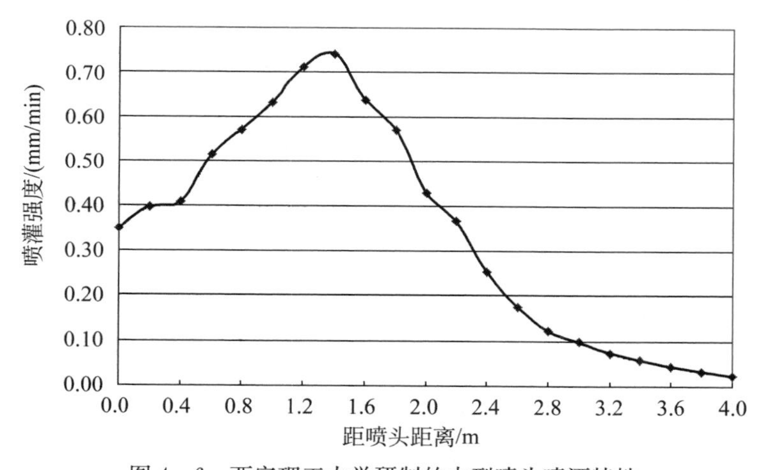

图 4-6 西安理工大学研制的中型喷头喷洒特性

4.2.3.1 喷头布置基本要求

要达到参数指标要求，就要选择合适的喷头组合形式及布置方式，从经济、抗风性等角度考虑，组合系数取 1.2R 比较好（组合系数即喷头间距，R 为喷头的喷洒半径）。布置形式从抗风性角度来看，由于可以人为选择无风、微风情况下做实验，所以可选用矩形或等腰三角形布置，这种布置方式优点有两个[52]：①有效控制面积大，因而喷头间距大，可以少布置喷头，较经济；②可以减少或不进行支管移动。

本实验的实验区是南北长 10 m，东西宽 1 m 的矩形坡地，考虑到单喷头喷洒半径较短（$R=4$ m），同时为了提高均匀度，支管布置在东西两侧。降雨架三面都挂有风障，并且实验选择无风或微风时进行，因此不考虑风的影响，采用等腰三角形或矩形布置。

4.2.3.2 喷头布置原理和计算方法

以往农业中喷洒系统的喷头布置采用的是重复多次实验实测控制点雨强，并绘制等雨强线来进行均匀度计算。这种方法是先做好一个布置方式再实际测量计算其均匀度，费时费力，还不能进行优化设计。随着计算机的快速发展和普及，采用计算机编程计算的方法可以简单地模拟喷头降雨，计算喷洒均匀度，大大提高实验设计效率，快速方便地进行喷头布置，更能大大提高各项参数指标。本文借鉴了农业中优化喷淋系统喷洒均匀度的设计、计算原理——叠加原理，采用 Fortran 编程，用计算机来绘制单喷头整个区域的喷洒特性图，用叠加原理计算实验区的均匀度，并对喷头组合、喷头沿支管方向的间距及支管间距进行优化设计。优化设计的标准是：在降雨均匀度达到 80%以上的前提下，不发生漏喷，各种喷头组合能达到设计雨强要求，同时，喷头数、支管数最少。

结合本实验喷头的特性，以喷头为原点，做边长为 8 m 的正方形，并将正方形分成 40×40 个边长为 0.2 m 的小方格。取边长为 0.2 m 是为了使尽可能多的交点（控制点）值直接采用单喷头喷洒特性曲线中的原始数据，以减少误差。控制点共有 41×41 个，计算其每一个的喷洒强度。计算方法如下：控制点 A 的位置如图 4-7 和图 4-8 所示：A 点在实测点 C_1 和 C_2 点之间，连接 C_1 和 C_2 点，用内插法求 A 点的喷洒强度。

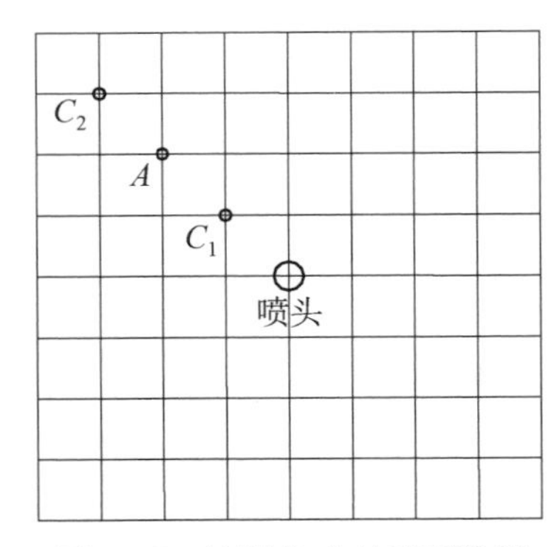

图 4-7 控制点 A 的平面位置

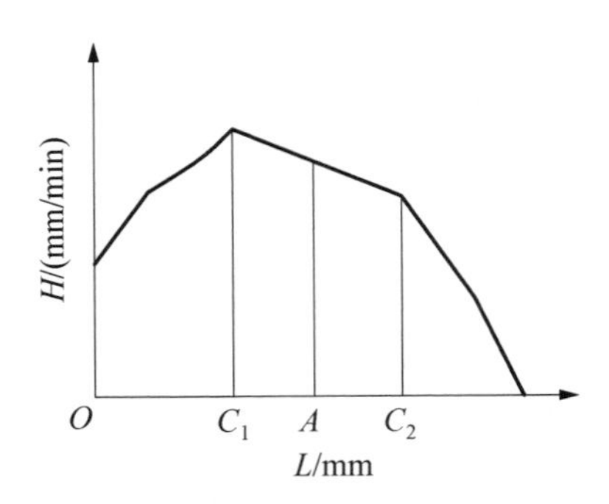

图 4-8 控制点 A 的相对位置

A 点雨强的计算公式：

$$\frac{H_{c1}-H_{c2}}{L_{c1}-L_{c2}}=\frac{H_{a1}-H_{c2}}{L_{a1}-L_{c2}}\Rightarrow H_{a1}=\frac{(H_{c1}-H_{c2})(L_{a1}-L_{c2})}{L_{c1}-L_{c2}}+H_{c2} \quad (4-6)$$

这样，单喷头的区域降雨特性就可用数字描述出来。为了更直观地看出其特性及喷头之间的差异，采用MATLAB做喷洒特性的立体图，图中表示了以喷头为中心，边长为8 m方形区域内，0.2 m×0.2 m方格面积的降雨强度(mm/min)(见图4-9、图4-10和图4-11)。

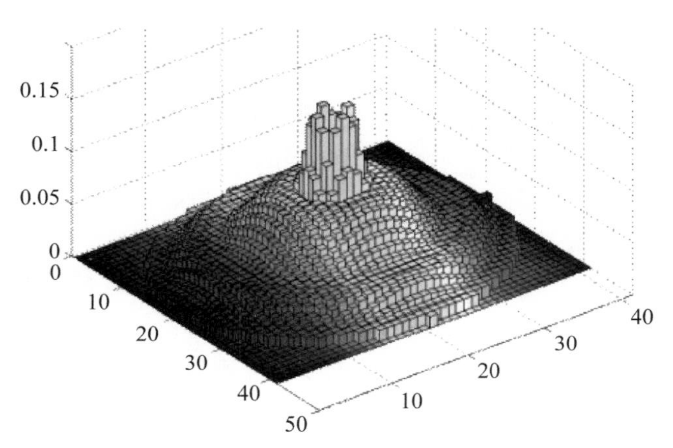

图4-9 微型喷头区域喷洒强度(mm/min)

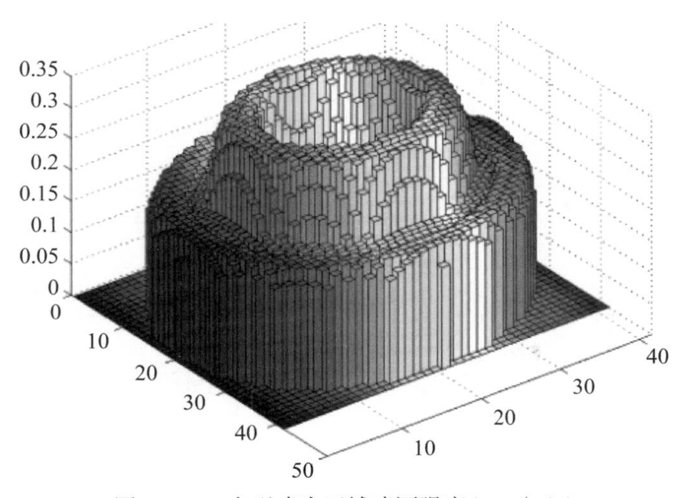

图4-10 小型喷头区域喷洒强度(mm/min)

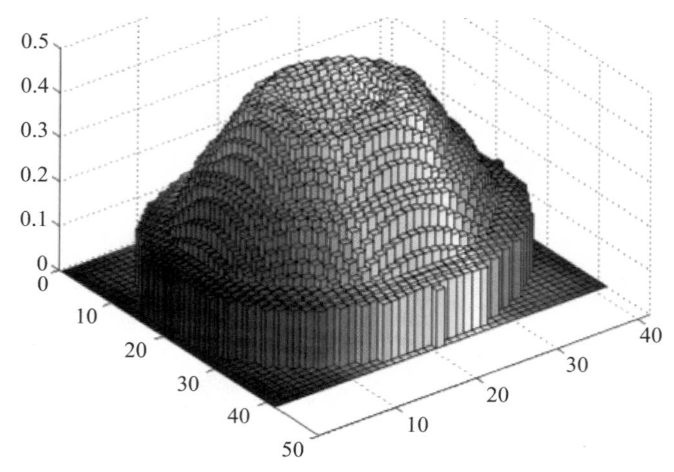

图 4-11　中型喷头区域喷洒强度(mm/min)

依据以上原理,程序中用数组描述单喷头喷洒特性。图中控制点值,采用坐标轴对喷头进行定位,叠加计算喷洒在实验区的降雨强度均匀系数 C_u,如果参数值不满足要求,调整初始数据值,重新计算,直到符合要求。为使结果可视化,程序结果输出为有序的实验区控制点雨强数值文件,在 MATLAB 下调用该文件,绘制实验区雨强分布图及参数值。程序计算流程图如图 4-12 所示。

但从公式中可以看出,不管是采用式(4-5),还是另外 3 种式(4-1)、式(4-3)

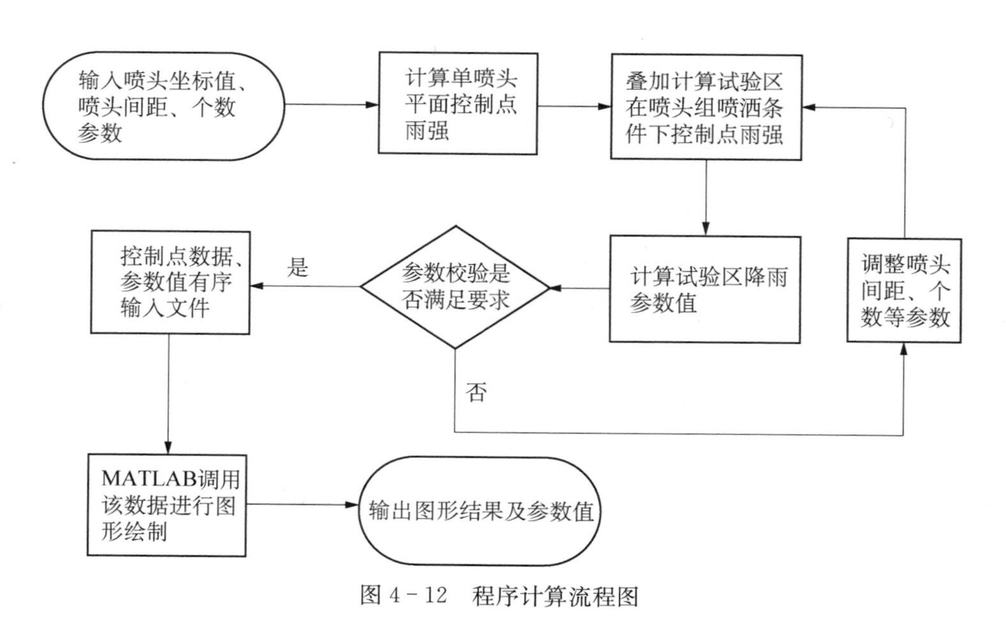

图 4-12　程序计算流程图

或式(4-4)的计算法,都只是反映了降雨强度大小的均匀程度,而没有反映出在空间上的分布均匀程度。雨强的空间分布不均匀也会导致径流系数偏大或偏小。例如,大雨强过于集中在出水口处,会使局部区域产汇流过快,减少下渗量,从而增大产流量,使径流系数偏大。

4.3 地下水位控制系统

地下水位控制系统主要是在通过模型槽一端安装平水箱控制滑坡远方补给,另一端形成水池来实现。平水箱由马氏供水系统组成,具备控制水位或提供稳定流量的功能,以保证滑坡后缘得到稳定的水源补给。水池与外界的供水管道和泄水管道相连,并在供水管道入口和泄水出口设置流量调节阀,调节水池来水与泄水的速度,可以达到模拟库水位以不同速度升降的目的。水库水位控制原理及模型试验水系统运行图如图 4-1(a)所示。

4.4 位移、土压力、孔隙水压力传感器

多物理量测试系统是将测试传感器测出的频率值通过一个 32 通道的二次仪表传送到上位机中进行数据处理,根据不同的物理量采用不同的传感器,系统就可以完成对该物理量的测试,因此该系统具有很灵活的扩展性。而通过二次仪表可实现自动数据采集,在上位机中可根据要求完成对数据的处理和分析,数据的采集与分析的质量和效率将大大提高,试验周期也将大为缩短。

目前在模型中采用了电感式和单晶硅式两套孔隙水压力传感器、土压力传感器、位移传感器,可对滑坡相似模型中的土体内部地下水位、内部土压力以及关键点的位移进行测试(见图 4-13)。

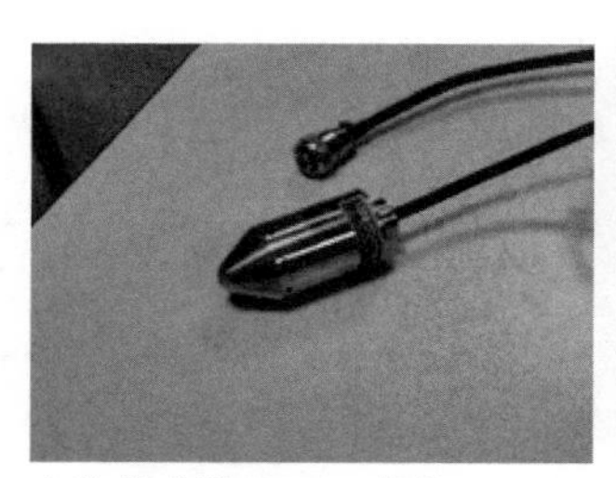

水位传感器(BSY3)外径 32 mm,高度 70 mm,量程 100 kPa,中心频率 15 kHz

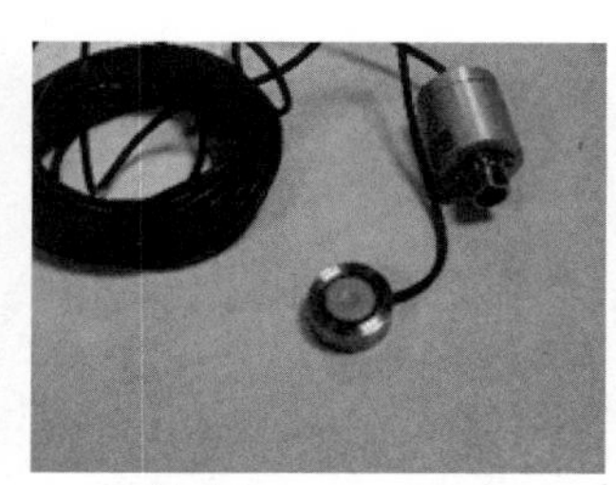

土压力传感器(BTY5)外径 32 mm,高度 10 mm,量程 100 kPa,中心频率 15 kHz

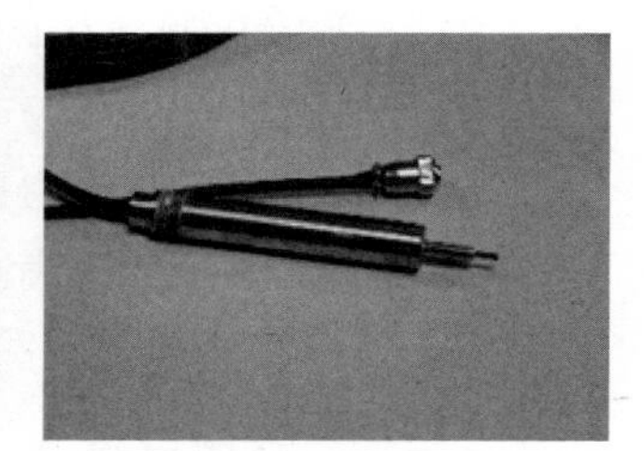

位移传感器(BWS2C-30 mm)外径 20 mm,高度 100 mm,量程 30 mm,中心频率 15 kHz

图 4-13 孔隙水压力传感器、土压力传感器和表面位移传感器

4.5 基于光学原理的非接触式位移测量系统

位移的测量,目前大致分为 3 类:机械法、电测法和光测法。

机械法主要有百(千)分表、精密杠杆引伸仪、机械式应变仪等测量方法。这是一种接触式测位移的方法,虽然有直观、设备简单、无须电源、抗干扰能力强、稳定可靠等优点,但是设备体积大、测点有限、难以测到全场位移。

电测法目前普遍采用的是有电阻应变片。它对弹模较高的整体模型较为有效,对于模拟节理岩体的小块体模型只能测出单个小块体的应变,而节理岩体的绝大部分变形是由节理引起的,此时使用应变片就不能测得节理应变量。对于模拟水作用下的松散体滑坡模型破坏试验,贴片及传输均较困难,模型位移大,常规应变片不能满足要求。此外,它的抗干扰性差、传输距离短。

光学测量是全场非接触式测量,能提供全场位移信息,与接触式测试方法相比,光学测试方法不改变模型内部的应力应变场,使模型的相似更为精确;同时光学测量能提供全场位移信息,可以更为全面地获取模型内部位移数据。非接触式光学测量方法主要有[54]:自动网格法、散斑互相关法、激光数字位移测量法、激光直边衍射 CCD 位移测量方法和高分辨率光纤位移测量系统等。其中,自动网格法是近几十年发展起来的一种非接触式光学测量方法[55],它是在传统网格法基础上,利用现代电子技术(如高分辨率 CCD)、数字图片处理和分析技术而建立起来的一种自动检测技术。它克服了传统网格法工作量大、速度慢、精度差等弱点,能自动识别变形前后两副图像中的相应变形,计算速度大大提高,精度达到次像素量级。但是,从 CCD 摄像机摄入计算机图像系统的网格图,一般存在点、斑状噪声,有时整体灰度分布不均匀的特点。

鉴于上述传统位移测量方法的缺点和目前自动网格法用 CCD 摄像机摄入计算机图像系统的网格图质量存在的不足,我们采用光学原理,通过非接触式的光学摄影,并对摄影得到的数字图片进行更为精细的亚像素图像处理,得到模型位移的光学测量方法,该方法能够克服上述两个缺点,并可以对模型的整个过程进行全程自动精确位移测量。同时为了使该测量方法能够对滑坡模型试验位移进行实时、自动的测量,我们开发了大型滑坡模型试验基于光学原理的非接触式位移测量系统,以下对该系统作简要介绍。

4.5.1 数据采集系统组成

基于光学原理的非接触式位移测试系统数据采集由 3 部分组成:标记点埋设部分、摄像部分和计算机采集部分。

1）标记点部分

模型试验中的标记点要体现两个方面的要求：一是标记点必须较牢固地固定在模型中，保证标记点的运动可以反映模型的变形趋势；二是标记点的图案形式应该方便图像识别和坐标解算。根据这两方面的要求设计的标记点如图 4－14所示，其结构是一个前部为正方形平板，后部翼板与正方形平板正交，标记图案为白底黑色圆斑。

图 4－14　标记点

2）摄像部分

由于采用多个摄像头摄录模型中标记点的变形过程，摄像系统的硬件配置只是采用了普通的监控系统的硬件设备。主要包括摄像镜头、摄像机和图像采集卡，具体参数如下：

镜头：半径 16 mm，焦距 6.0 mm。

摄像机：AC－515BS 低照度黑白摄像机，最低照度为 0.001 Lx，分辨率 480 线。

3）计算机采集部分

视频采集卡：CF－PSHH 视频采集卡，采集卡采用的是 H.264 纯硬件压缩算法，可同步采集 4 路音频和 4 路视频，可采用 CIF(352×288)和 HALF－D1(704×288)两种压缩方式，CIF(352×288)压缩方式较 HALF－D1(704×288)压缩方式图像精度低，但图像精度仍可以满足图像处理要求，并且两种方式硬盘需求差别较大，遂选用 CIF(352×288)压缩方式。

4）采集系统的流程介绍

将标记点通过合理的方式埋设在预定的位置，通过调节摄像机的高度和位置用于采集合适的摄影区域，由计算机将通过 AV 端口输入到采集卡的动态模拟信号采集，并保存后用于处理，具体系统组成如图 4－15 所示。

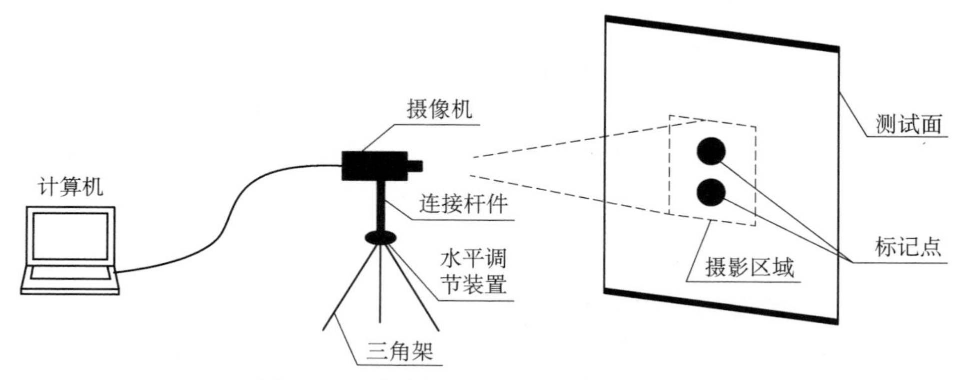

图 4-15 非接触式位移量测试系统组成图

4.5.2 数据处理流程及原理

摄像测量处理系统主要是通过计算不同时刻标记点的位置得到位移，其软件框架与模块如图 4-16 所示，由于本测量系统采用的是圆形标记点，其任务是计算出圆心的坐标。

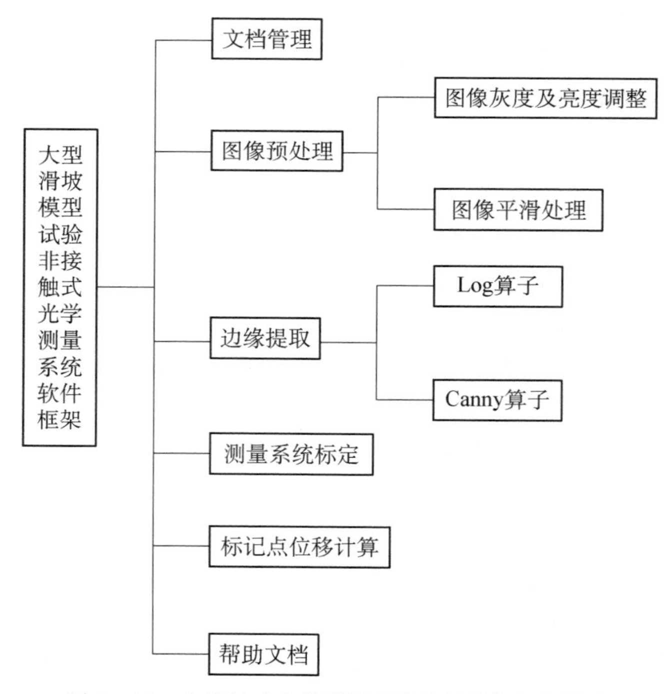

图 4-16 非接触式光学测量系统的软件框架与模块

圆形标记经透镜成像后为椭圆，对椭圆中心的子像素精确定位，一般步骤为：

Step1：采用边缘检测算子对椭圆边缘进行粗边缘提取。

Step2：对像素边缘点进行亚像素边缘检测得到亚像素精度的边缘点。

Step3：对标记边缘点进行椭圆最小二乘拟合，从而确定圆形标志的中心位置。

Step4：计算下一时刻的标记点中心位置。

Step5：计算并记录所有点的位移，并作不同时刻的位移趋势图及同一剖面不同深度的位移对比图。

1）粗像素边缘提取

下图为一组实际拍摄到的图像和其灰度图，如图 4－17～图 4－21 所示，可以看到其边界为阶跃边缘，图 4－22 为阶跃函数示意图。在一维情况下，阶跃边缘与图像的一阶导数（梯度）局部峰值有关。

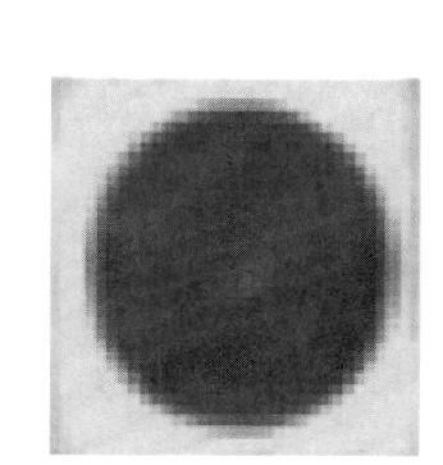

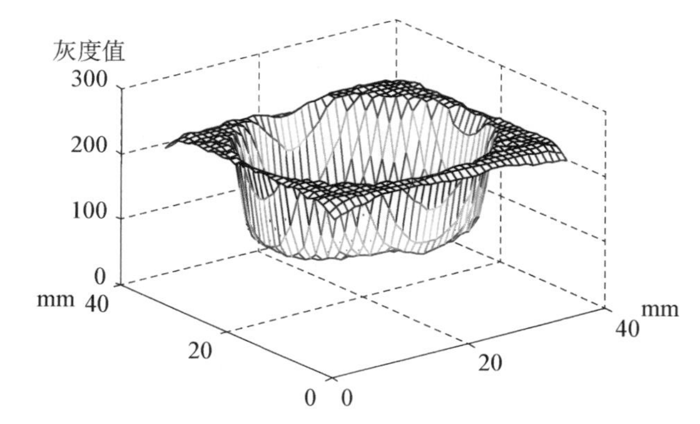

图 4－17　实际图像及其灰度图

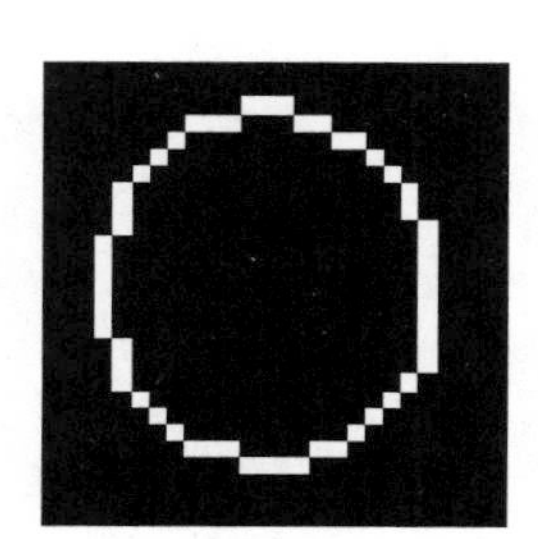

图 4－18　Canny 法提取图 4－17 所得到的边缘图

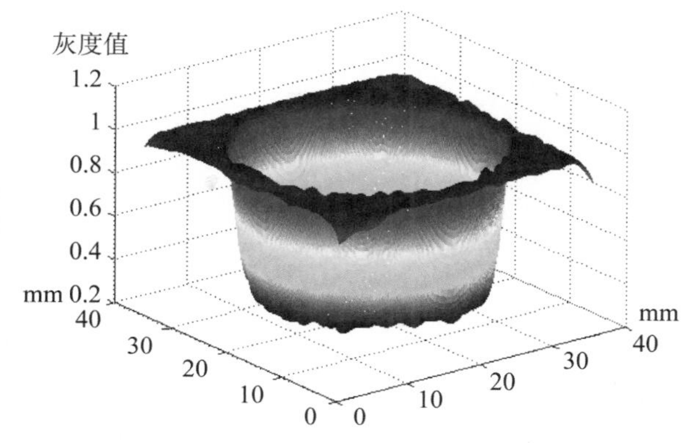

图 4－19　对图 4－17 采用样条插值后的灰度图

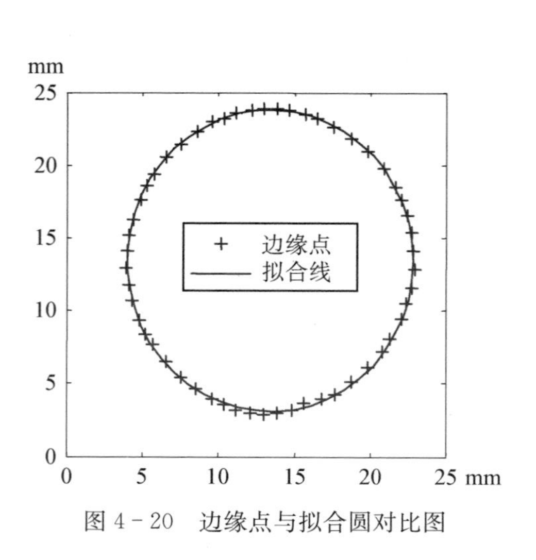

图 4-20　边缘点与拟合圆对比图

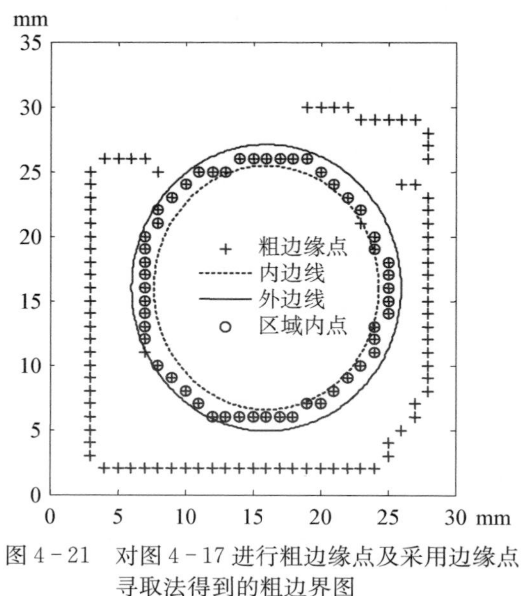

图 4-21　对图 4-17 进行粗边缘点及采用边缘点寻取法得到的粗边界图

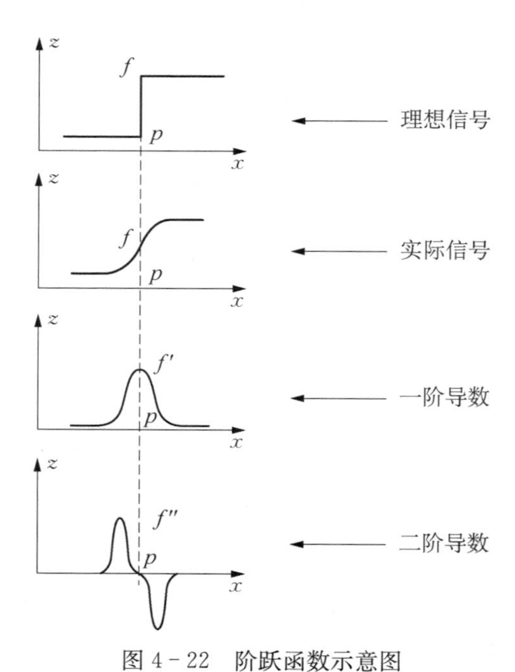

图 4-22　阶跃函数示意图

对于灰度的一阶导数确定边缘，边缘应在灰度的一阶导数的峰值处。经典算法确定梯度值的表达式为

$$G(x, y) = \begin{bmatrix} G_x \\ G_y \end{bmatrix} = \begin{bmatrix} \dfrac{\partial f}{\partial x} \\ \dfrac{\partial f}{\partial y} \end{bmatrix}$$

梯度的幅值和方向由下式给出：

$$|G(x, y)| = \sqrt{G_x^2 + G_y^2}$$
$$\theta(x, y) = \arctan(G_y / G_x)$$

经典确定粗像素边缘的方法有很多，如 Roberts、Sobel、Prewitt、Log 和 Canny 等方法。其中 Canny 算子是高斯函数的一阶导数，是对信噪比与定位之乘积的最优化逼近算子，图 4－18 为 Canny 法提取图 4－17 所得到的边缘图。

用 $I[i, j]$表示图像。使用可分离滤波方法求图像与高斯平滑滤波器卷积，得到的结果是一个已平滑数据阵列

$$\boldsymbol{S}[i, j] = G[i, j; \sigma] * I[i, j]$$

式中，σ 是高斯函数的散布参数，它控制着平滑程度。

已平滑数据阵列 $\boldsymbol{S}[i, j]$的梯度可以使用 2×2 一阶有限差分近似式来计算 x 与 y 偏导数的两个阵列 $\boldsymbol{P}[i, j]$与 $\boldsymbol{Q}[i, j]$：

$$\begin{cases} \boldsymbol{P}[i, j] \approx (\boldsymbol{S}[i, j+1] - \boldsymbol{S}[i, j] + \boldsymbol{S}[i+1, j+1] - \boldsymbol{S}[i+1, j])/2 \\ \boldsymbol{Q}[i, j] \approx (\boldsymbol{S}[i, j] - \boldsymbol{S}[i+1, j] + \boldsymbol{S}[i, j+1] - \boldsymbol{S}[i+1, j+1])/2 \end{cases}$$

在这个 2×2 正方形内求有限差分的均值，以便在图像中的同一点计算 x 和 y 的偏导数梯度幅值和方位角可用直角坐标到极坐标的坐标转化公式来计算：

$$\begin{cases} \boldsymbol{M}[i, j] = \sqrt{\boldsymbol{P}[i, j]^2 + \boldsymbol{Q}[i, j]^2} \\ \boldsymbol{M}[i, j] = \sqrt{\boldsymbol{P}[i, j]^2 + \boldsymbol{Q}[i, j]^2} \end{cases}$$

2）亚像素边缘提取

亚像素边缘提取的方法有很多，采用先根据经典算法中的梯度方向求取方法求出粗像素边缘点的梯度方向，并沿梯度方向对其梯度进行插值，然后找出其梯度峰值及其对应的位置，如图 4－20 所示。插值算法有很多种，如最近邻插值、双线性插值、3 次样条插值等。最近邻插值和双线性插值不如 3 次样条插值精度高。为了得到精度高的亚像素级边缘，采用 3 次样条插值法对灰度边缘图进行插值处理，图 4－19 为对图 4－17 采用样条插值后的灰度图。3 次样条插值函数的定义如下：

若函数 $S(x)$满足：

$S(x)$ 在每个子区间$[x_{i-1}, x_i](i=1, 2, \cdots, n)$上是不高于 3 次的多项式，其中$(a=x_0<x_1<\cdots<x_n<b)$。

(i) $S(x)$、$S'(x)$、$S''(x)$ 在$[a, b]$上连续。

(ii) 满足插值条件$S(x_i)=f(x_i)(i=1, 2, \cdots, n)$，则称$S(x)$为函数$f(x)$关于节点$(x_0, x_1, \cdots, x_n)$的 3 次样条插值函数。

在图像插值处理中，经常使用的 3 次样条插值函数 $S(w)$的数学表达式为

$$S(w)=\begin{cases} 1-2|w|^2+|w|^3 & |w|<1 \\ 4-8|w|+5|w|^2-|w|^3 & 1\leqslant|w|<2 \\ 0 & |w|3\geqslant 2 \end{cases}$$

这里，3 次多项式 $S(w)$是对理论上的最佳插值函数 $\sin c(w)$的逼近。具体的做法是考虑一个浮点坐标$(i+u, j+v)$周围的 16 个邻点，目的像素的值$f(i+u, j+v)$可通过如下的插值公式得到：

$$f(i+u, j+v)=[\boldsymbol{A}][\boldsymbol{B}][\boldsymbol{C}]$$

式中，

$$[\boldsymbol{A}]=(S(1+u) \quad S(u) \quad S(1-u) \quad S(2-u))$$

$$[\boldsymbol{B}]=\begin{bmatrix} f(i-1, j-1) & f(i-1, j) & f(i-1, j+1) & f(i-1, j+2) \\ f(i, j-1) & f(i, j) & f(i, j+1) & f(i, j+2) \\ f(i+1, j-1) & f(i+1, j) & f(i+1, j+1) & f(i+1, j+2) \\ f(i+2, j-1) & f(i+2, j) & f(i+2, j+1) & f(i+2, j+2) \end{bmatrix}$$

$$[\boldsymbol{C}]=\begin{bmatrix} S(1+v) \\ S(v) \\ S(1-v) \\ S(2-v) \end{bmatrix}$$

3) 粗像素边缘点的选取

当采用经典算法求出图像的粗边缘点后，由于非圆形标记的边缘点存在，故要对粗像素边缘点进行选取。莱依特准则认为，在指定的一组等精度测量数值 l_i 中，若某一数值与该组数据的算术平均值 L 之差大于 3 倍该组数据的标准误差 σ 时，为粗大误差，该数值为可疑值，应予剔除。引用此思想，采取如下的步骤：

Step1：选取误差点比较少的区域，采用经典算法对图像区域进行边缘提取，并采用莱依特准则和格拉布斯准则进行异常点剔除，之后统计椭圆的长短轴半径 a、b 值和标准误差 σ。

Step2：由于在圆形标记点附近形成的边缘点最多，故采用下式计算所需的粗像素边缘点，如图 4 - 21 所示。

$$\max f = \sum_{i=1}^{n} m_i$$

St.

$$m_i = \begin{cases} 1 & \dfrac{(x_i - m)^2}{(a - 3\sigma)^2} + \dfrac{(y_i - n)^2}{(b - 3\sigma)^2} > 1, 且 \dfrac{(x_i - m)^2}{(a + 3\sigma)^2} + \dfrac{(y_i - n)^2}{(b + 3\sigma)^2} < 1 \\ 0 & \dfrac{(x_i - m)^2}{(a - 3\sigma)^2} + \dfrac{(y_i - n)^2}{(b - 3\sigma)^2} \leqslant 1, 或 \dfrac{(x_i - m)^2}{(a + 3\sigma)^2} + \dfrac{(y_i - n)^2}{(b + 3\sigma)^2} \geqslant 1 \end{cases}$$

4.5.3 非接触式光学测量精度

为了测试非接触式光学测量系统的精度，采用图 4 - 23 所示的装置进行验证试验。装置包括一个可移动的带有标记点的小型块体，沿着移动方向设有百分表，用以测量块体的位移。摄影测量系统从块体的侧面拍摄录像，并处理得到标记点的位移。表 4 - 1 是两种测量方法得到的试验结果对比表，其中摄影测量数据取百分表相同有效位数。

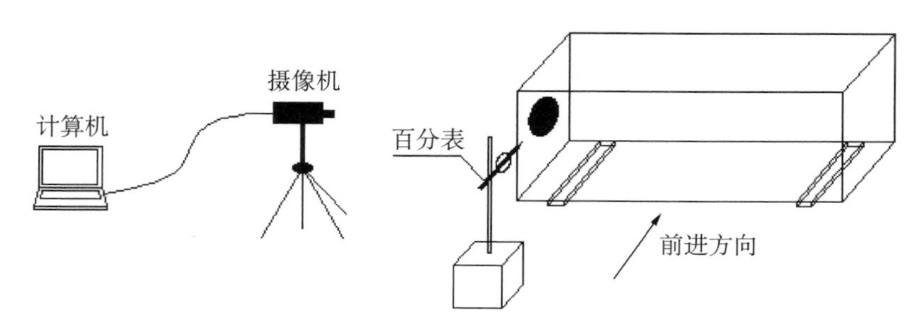

图 4 - 23　非接触式光学测量系统验证试验装置

表 4 - 1　对比测试结果对照表(单位：mm)

测量方法	1	2	3	4	5	6
摄影测量	0	5.04	8.34	12.08	15.91	18.80
百分表值	0	5.07	8.40	12.13	15.98	18.94
差值	0	−0.03	−0.06	−0.05	−0.07	−0.14

如果以百分表数据为精确值，根据测量结果，摄影测量误差水平大致为 ±0.05 mm，可以满足模型试验的位移测量精度要求。

4.6 γ射线透射法水分测试系统

4.6.1 γ射线透射法水分测量系统及其测量原理

4.6.1.1 γ射线透射法水分测量系统

γ射线透射法水分测量系统示意图如图 4-24 所示。系统的主体为装土的模型槽，其尺寸为 8 m×0.8 m×3.5 m(长×宽×高)，槽体能够调整坡度；载有放射源及探头的同步水平运行测桥悬设在高 5.5 m、宽 3.3 m 的立柱上，测桥能沿立柱上下运行，立柱又固定在模型槽底板上形成一个整体；启动模型槽底板下的液压系统使整个模型槽及立柱绕中轴转动，可调整槽体坡度，坡度的大小根据需要确定，其最大调整转角为 20°；模型槽一端的水池可以模拟水库水位的升降，还可方便地进行水的质量吸收系数 μ 的测量；在测桥及立柱上分别设有间距为 10 cm 与 5 cm 测点触头，试验前可根据滑坡体的体形及检测土壤水分的要求，

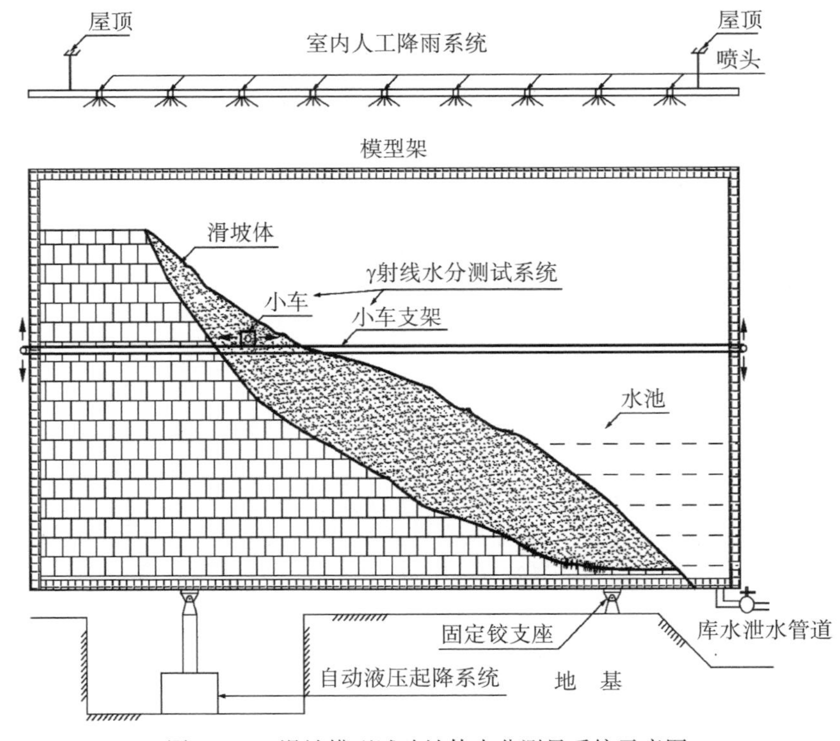

图 4-24 滑坡模型试验坡体水分测量系统示意图

在水平向测架及垂向立柱上分别选取 30 个和 28 个测点进行土壤水分全断面动态实时测量。整个实验装置的运行及土壤水分的数据采集均通过 LGD－Ⅱ型 γ 射线透射法土壤水分测控系统进行控制与处理，如图 4－25 所示。

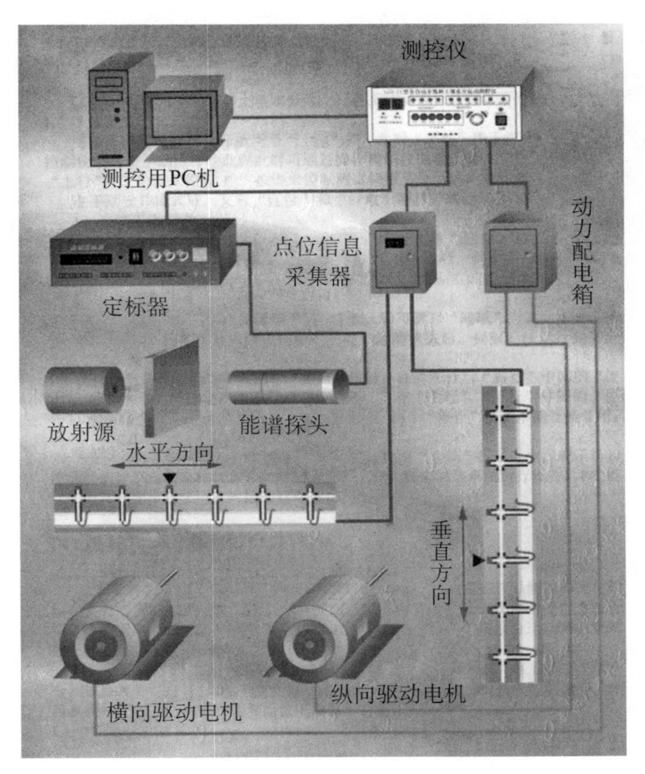

图 4－25　γ 射线测控系统示意图

土壤水分测试控制系统采用三峡大学与西安理工大学联合研制的 LGD－Ⅱ型全自动非饱和土壤水分运动测控系统，如图 4－26 所示。该系统由放射线检测系统、运动伺服装置、专用测控仪和测控用 PC 机四部分组成。

该测控系统的机械运动部分都由电机驱动，控制用 PC 机通过测控仪来控制测桥水平方向和垂直方向的移动，同时检测测桥的位置，在适当的点位停止运动，并启动 γ 射线探测定标器，对该点位的含水量进行测定，然后将测得的数据从定标器中读出，并保存到指定的文件中。

LGD－Ⅱ型全自动非饱和土壤水分运动测控仪面板上可操作的开关有：工作模式选择挡位开关，可选择“自动”或“手动”模式；手动控制伺服系统运行或停止的 6 个按钮；船形电源开关。其中电源开关最简单，按上边“1”标志，打开本机

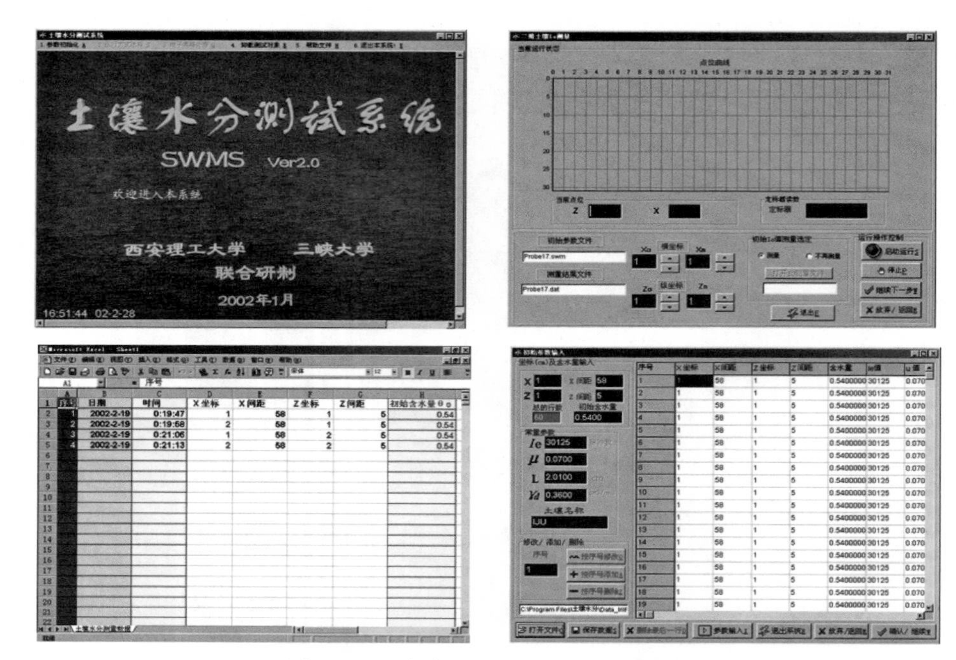

图 4-26 水分测试系统主要控制界面

电源;按下边“0”标志,关闭本机电源。

LGD-Ⅱ型全自动非饱和土壤水分运动测控仪的测量点坐标显示,只有当前点坐标在被测点位上时,才显示该点位。此时“纵向”或“横向”指示灯亮,点位坐标以数码显示。当前点不在被测点位上时,不显示数码,只以亮点提示。伺服系统由当前被测点到达下一被测点时,显示相应的坐标数码,并有声音提示。

LGD-Ⅱ型全自动非饱和土壤水分运动测控系统测控仪具有以下控制方式:

(1) 手动模式。将操作模式选择挡位开关调至“手动”挡,此时“手动”指示灯亮,表示当前控制仪正处于手动操作状态。此时可通过操作控制仪面板上的“左行”“右行”“上行”“下行”和“停止”按键来控制测试伺服系统运动,选择测点。

在手动操作模式下,又有“连续”和“间歇”两种方式。

(2) 连续工作方式。将操作模式选择挡位开关调至“连续”挡,即可选择“连续”方式。如果选择“连续”方式,则操作某按键使伺服系统处于运动状态后,伺服系统保持连续运行直到“停止”按键被按下,或者伺服系统运行至上下左右的某一端。

(3) 间歇工作方式。将操作模式选择挡位开关调至“间歇”挡，即可选择“间歇”方式。如果选择“间歇”方式，则操作某按键使伺服系统处于运动状态后，伺服系统运行到下一个点位即自动停止。

(4) 自动模式。将操作模式选择挡位开关调至“自动”挡，此时“自动”指示灯亮，表示当前控制仪正处于自动操作状态。此时通过控制用 PC 机来对该系统进行操作。控制软件为专门设计的基于 Microsoft Windows 视窗操作系统的界面化软件，具有直观地显示及人机交互界面。

输入参数包括：

待测点位坐标：

X——X 轴逻辑坐标，其中 X 轴向下为正方向。

Z——Z 轴逻辑坐标，其中 Z 轴向右为正方向。

X 轴间距——该点 X 坐标和上一点 X 坐标之间的物理间距，单位为 cm。

Z 轴间距——该点 Z 坐标和上一点 Z 坐标之间的物理间距，单位为 cm。

土壤参数：

土壤名称——待测土壤的名称或编号。

初始含水量 θ_0——待测土壤在水分入渗实验之前测得的含水量值。

γ_d——待测土壤的干容重。

L——射线穿透土体的厚度。

放射计量参数：

Ie——计数本底，即无放射源照射时定标器的计数值。

μ——水的质量吸收系数。

4.6.1.2 γ射线透射法基本原理

γ射线在穿透物质的过程中，发生着极其复杂的相互作用，主要有光电效应、康普敦-吴有训效应和电子对的生成。光电效应低能时起主要作用，康普敦在中能时起主要作用，电子对生成只在光子能量大于 1 MeV 后才显现出来。所以，对射线平均能量为 0.66 MeV 的铯-137(^{137}Cs)放射源，它与物质作用主要表现为康普敦-吴有训效应。相互作用的结果是一部分能量被物质所吸收，从而使得穿过物质后的射线能量(以射线强度 I 表示)减弱，其减弱程度与放射源的原有能量、吸收体的性质和厚度有关，并服从指数关系：

$$I = I_0 e^{-\mu\rho L} \tag{4-7}$$

式中，I 和 I_0 分别为 γ 射线穿过物质前后的射线强度(脉冲数/单位时间)；μ 为吸收体对射线的质量吸收系数(cm^2/g)；ρ 为吸收体的单位体积重量，即密度

(g/cm^3)；L 为吸收体的厚度(m)。

射线穿过液、固双相介质的土壤(或含沙水体)时，其减弱程度规律服从以下关系：

$$I = I_0 e^{-(\mu\rho_w + \mu_s\rho_s)L} \tag{4-8}$$

式中，μ 和 μ_s 分别为水和固体颗粒对 γ 射线的质量吸收系数，不随时间发生变化；L 为单位体积中的水量和干土或泥沙(以下称固体颗粒)的质量。

假设时刻 t_1 和 t_2 的水和固体颗粒的质量变化前后分别为 ρ_{w1}、ρ_{w2} 和 ρ_{s1}、ρ_{s2}，则穿过厚度为 L 的土水系统时的计数率分别为

$$I_1 = I_0 e^{-(\mu\rho_{w1} + \mu_s\rho_{s1})L} \tag{4-9}$$

$$I_2 = I_0 e^{-(\mu\rho_{w2} + \mu_s\rho_{s2})L} \tag{4-10}$$

由上式(4-9)和式(4-10)可得：

$$\frac{I_2}{I_1} = e^{-\mu(\rho_{w2}-\rho_{w1})L - \mu_s(\rho_{s2}-\rho_{s1})L} \tag{4-11}$$

式中，($\rho_{w2} - \rho_{w1}$)即为水体的增量 $\Delta\rho_w$，而($\rho_{s2} - \rho_{s1}$)为土体的增量 $\Delta\rho_s$。整理得：

$$\frac{I_2}{I_1} = e^{-\mu\Delta\rho_w L - \mu_s\Delta\rho_s L} \tag{4-12}$$

在测定过程中，被测的土水系统以土体为主，目的在于测量土壤含水量的变化，此时在假定土壤的干容重不变的情况下，则由式(4-9)和式(4-10)可得到以下关系：

$$\frac{I_2}{I_1} = e^{-\mu(\rho_{w2}-\rho_{w1})L} \tag{4-13}$$

($\rho_{w2} - \rho_{w1}$)实际上表示了单位含水量的增量 $\Delta\rho_w$，则

$$\Delta\rho_w = \frac{1}{\mu L}\ln\frac{I_1}{I_2} \tag{4-14}$$

如将 ρ_{w1}、ρ_{w2}、$\Delta\rho_w$ 分别以体积含水量 θ_1、θ_2、$\Delta\theta$ 表示，则有

$$\Delta\theta = \theta_2 - \theta_1 = \frac{1}{\mu L}\ln\frac{I_1}{I_2} \tag{4-15}$$

式(4-15)即为 γ 射线透射法测定土壤含水量的基本计算公式。

4.6.2　γ 射线透射法系统参数的确定

4.6.2.1　自动定标器高压值、阈值及宽道值的确定

本试验系统的测控部分所采用的是 LGD－Ⅱ型全自动非饱和土壤水分测量系统，系统定标器的型号为 FH463A。当 γ 射线透射法土壤水分测量系统工作时，定标器所设定的高压值、阈值、宽道值决定了其读数的大小和稳定，影响着系统的测量精度。为此，在初次试验之前，要做系统参数确定试验从而保证自动定标器读数的稳定和可信。自动定标器各项参数在没有放置放射源的条件下测得。在没有放射源的情况下自动定标器的计数值为自然界的固有射线强度，用 I_e 表示，称作本地参数。

自动定标器各项系统参数的确定方法为：先根据经验取一组高压值、阈值及宽道值，固定其中的两个参数，调节另外一个参数，分别寻找高压值、阈值、宽道值与本底参数 I_e 计数值之间的关系，由 I_e 的稳定性和大小来判断和选取各个系统参数。现取计数时间 $t = 30$ s，各个参数与本底参数 I_e 计数值之间的关系如图 4－27、图 4－28 和图 4－29 所示。

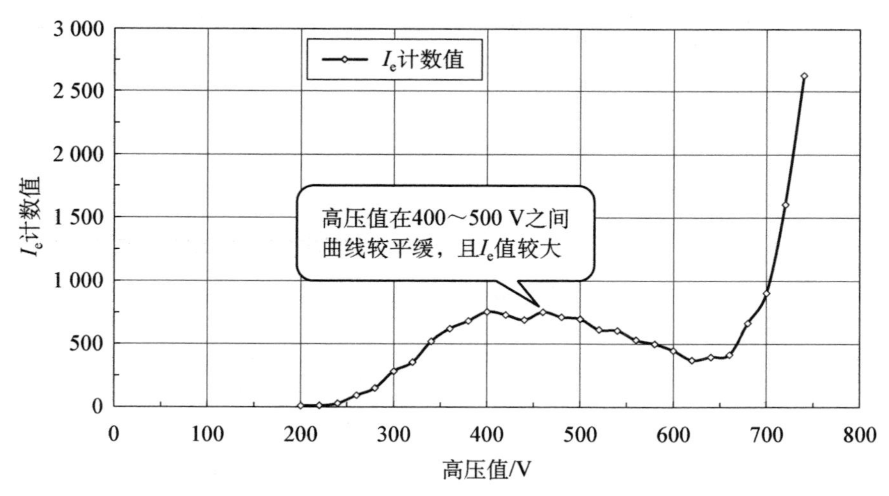

图 4－27　本底参数 I_e 计数值与高压值的关系图

由图 4－27 可见，高压值在 400～500 V 之间变化时，本底参数 I_e 计数值较稳定，高压值在 380～500 V 之间变化时，定标器的灵敏性较好，读数相对较大。综合考虑暂取高压值为 440 V。为了达到最好的采样频率值，使射线穿透土体后还能接受到较强的能量，阈值应取在高于波谷、数值较稳定的时候，由图4－28 可知阈值取 20 较好。由图 4－29 可知，随着宽道值的增大，本底参数 I_e 计数

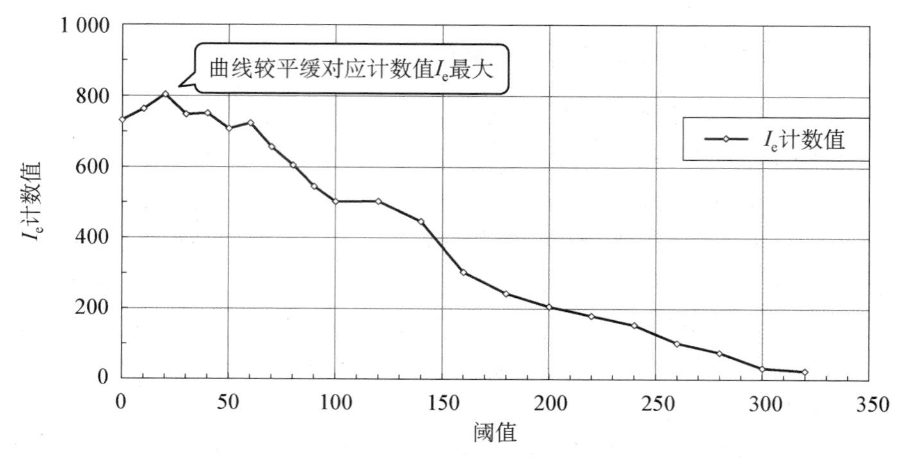

图 4-28　本底参数 I_e 计数值与阈值的关系图

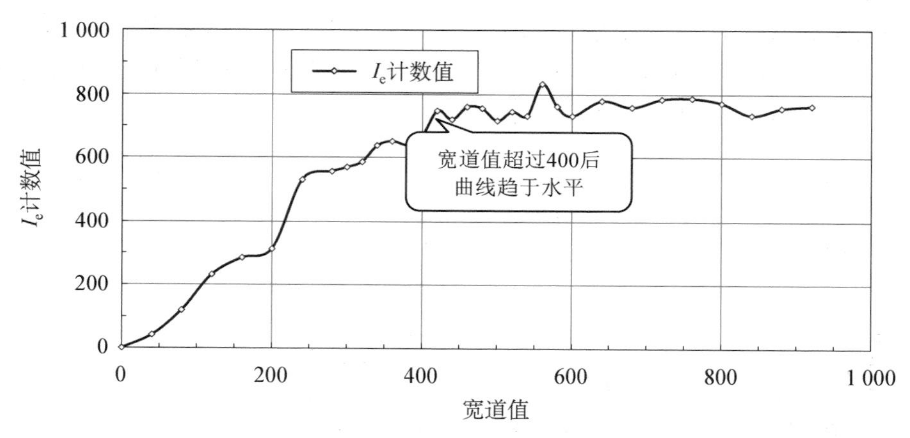

图 4-29　本底参数 I_e 计数值与宽道值的关系图

值也逐渐增大，并且当宽道值超过 400 时，本底参数 I_e 计数值趋于稳定。根据经验取宽道值为 440。

通过试验初步确定了高压值：440 V，阈值：20，宽道值：440。

由于计数时间越长，本底参数 I_e 计数值越精确，误差越小。现取计数时间 $t=60$ s，固定阈值和宽道值两个参数（取阈值为 20，宽道值为 440），调节高压值，找寻本底参数 I_e 与高压值之间的关系，得出的关系图如图 4-30 所示。

由图 4-30 可知，曲线的走向与图 4-27 是吻合的，进一步说明高压值在 400～500 V 之间，本底参数 I_e 计数值是比较稳定的。

取高压值为 450 V，宽道值为 450，调整阈值，进一步寻找阈值与本底参数 I_e 计数值之间的关系。得出的关系图如图 4-31 所示。

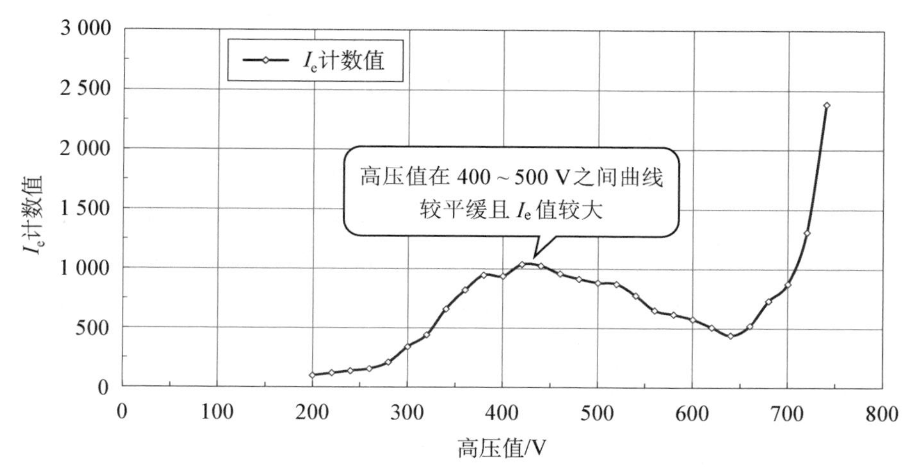

图 4-30 本底参数 I_e 计数值与高压值的关系图（t = 60 s）

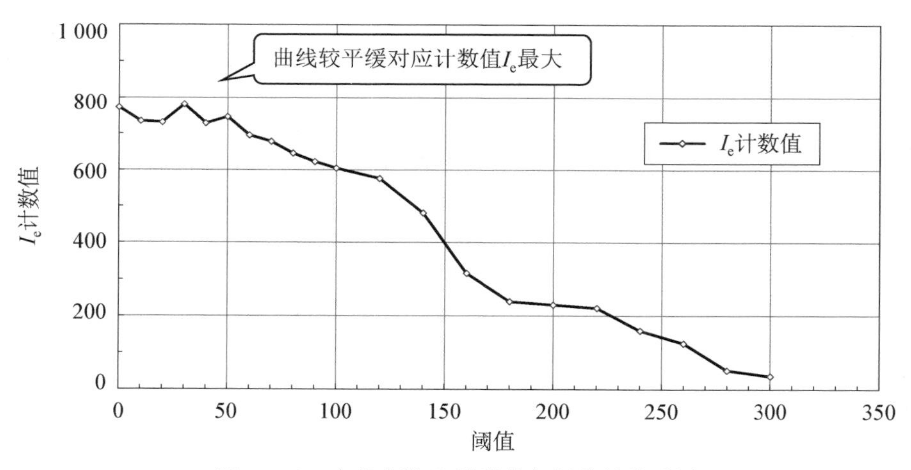

图 4-31 本底参数 I_e 计数值与阈值的关系图

由图 4-31 可知，阈值应选在 30，对比图 4-28 可知，宽道值设得足够大，当高压值增大时，阈值也相应增大。

综上分析，设定高压值、阈值、宽道值为 440-20-440。

4.6.2.2 本底参数的确定

本底参数 I_e 为自然界的天然辐射强度，即未安装放射源时自动定标器的计数。在用 γ 射线透射法测量土壤含水率时，自动定标器的读数其实由两部分组成：一部分为 γ 射线穿透土体后的射线强度；另一部分为自然界的本底参数 I_e。试验要用到的是 γ 射线穿透土体后的射线强度。所以，自动定标器的读数还要减掉自然界的本底参数 I_e。因此，试验工作正式开始前，本底参数 I_e 值的测量

必不可少，公式(4-15)也相应地变为

$$\Delta\theta = \theta_2 - \theta_1 = \frac{1}{\mu L}\ln\frac{I_1 - I_e}{I_2 - I_e} \tag{4-16}$$

本底参数 I_e 值的测量方法：在不安装^{137}Cs放射源情况下，将自动定标器的计数时间 t 按 1 s、5 s、10 s、20 s、30 s、40 s、50 s、60 s 分成 8 组，每组测 20 个数据。数据处理时，各组测量数据中的坏值的判别及剔除按格布拉斯(Grubbs)方法进行。试验测定的各计数时间对应本底参数值如表 4-2 所示，关系图如图4-32所示。

表 4-2　试验测定不同计数时间的本底参数 I_e 值表

计数时间 t/s	1	5	10	20	30	40	50	60
本底参数 I_e	24	128	244	503	754	986	1 259	1 505

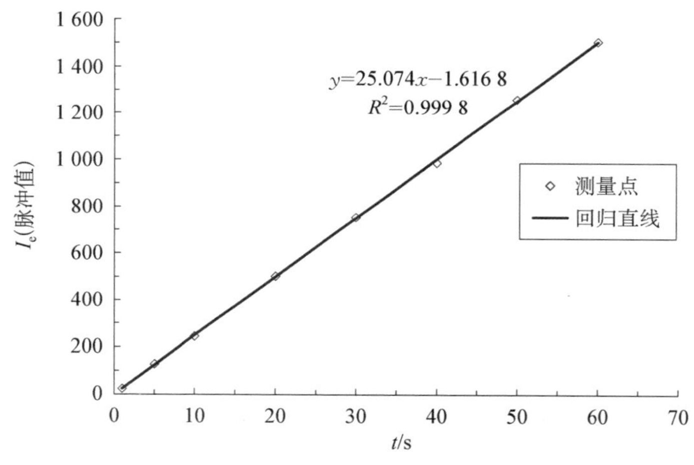

图 4-32　本底参数 I_e 与计数时间 t 的关系图

由此可得，本底参数 I_e 与计数时间 t 的关系表达式为

$$I_e = -1.6 + 25.07t$$

根据这一关系式可以定出试验时各计数时间应采用的本底参数 I_e 值，如表 4-3所示。

表 4-3　试验时各计数时间应采用的本底参数 I_e 值

计数时间 t/s	1	5	10	20	30	40	50	60
I_e 取值	23	124	249	500	751	1 001	1 252	1 503

4.6.2.3 水的质量吸收系数的确定

水的质量吸收系数 μ 作为 γ 射线透射法土壤水分计算公式中一个关键参数，理论上在放射源能量一定的条件下是一个定值，根据康普顿效应等原理计算，由放射源能量的大小求得。但在实际应用时一些文献资料表明，μ 值除取决于放射源的能量外还受到 γ 放射源的强度和探头的屏蔽状况及各种测量条件的影响，因此需要进行实际测量，否则直接引用理论计算值将给土壤含水量测量带来极大的误差。

水的质量吸收系数 μ 一般采用水体法测得。即假设透射空容器 ($\theta_0 = 0\%$) 和该容器盛满水($\theta_v = 100\%$) 条件下 γ 射线强度的计数值分别为 I_1 和 I_2，此时容器内含水量变化值为 100%，将 $\Delta\theta = 1$ 代入式(4－15)反推得到 μ 值的计算公式：

$$\mu = \frac{1}{L}\ln\frac{I_1 - I_e}{I_2 - I_e} \tag{4-17}$$

因此，我们可以通过 γ 射线透射空容器 ($\theta_0 = 0\%$) 和该容器盛满水 ($\theta_v = 100\%$) 后的射线强度的计数值 I_1 和 I_2，再由式(4－17)求出 μ 值。

考虑到 γ 射线透射法层间分辨率及测量边界条件的影响，对于测点在不同水深处，μ 值可能存在差异，我们设计了如下试验。

为了保证 μ 值的测定条件尽可能和试验时的情况相同，取计数时间为 30 s，在模型槽中选取了一个测点(与坡体水分测量时的工作环境一致)，首先空测(未蓄水)取得一个 I_1 值，然后蓄水到测点位于水面以下 5 cm 处，此时开始测量，取得第 1 个 I_2 值，接着分别蓄水至测点位于水面以下 10 cm、15 cm、20 cm、25 cm、30 cm、50 cm 处，依次测得 7 个 I_2 值。测量数据及计算结果如表 4－4 所示，得出的关系图如图 4－33 所示。

表 4－4 不同水深条件下 μ 值的观测数据

水深 H/cm	5	10	15	20	25	30	50
I_1 ($\theta_1 = 0\%$)	1 204 100	1 204 100	1 204 100	1 204 100	1 204 100	1 204 100	1 204 100
I_2 ($\theta_2 = 100\%$)	11 747	4 455	4 194	4 094	4 000	4 065	3 942
μ	0.058 7	0.072 3	0.073 2	0.073 6	0.073 9	0.073 7	0.074 1

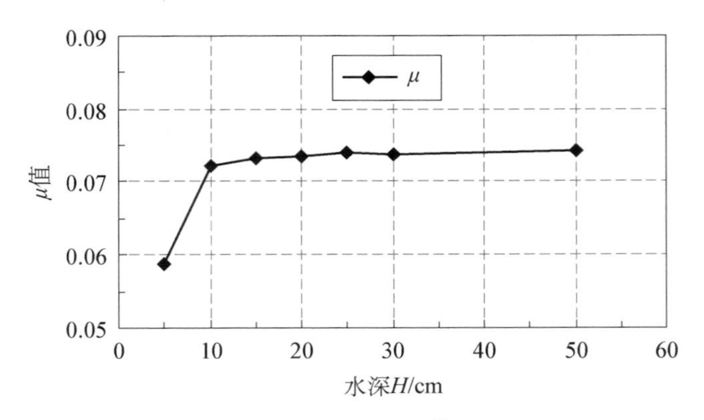

图 4-33 不同水深条件下 μ 值的变化图

由图 4-33 可以看出，μ 值在水深>10 cm 后逐渐趋于稳定。出现这种状况的根本原因是 γ 射线透射厚度较大而导致的层间分辨率偏低。当我们在离水面 10 cm 以内测量 μ 值时，γ 射线发生康普顿散射后有一部分射线穿透水体，有一部分射线直接从水面上的空气中穿过，这样就造成了被水所吸收的 γ 射线能量比实际的要少，探测器探测到的能量偏大，即 I_1 和 I_2 均比实际偏大，且增大的幅度相当。同时含水量越大，计数值 I 越小，即 $I_1 > I_2$。

设在离水面 10 cm 以内测得 γ 射线透射空模型槽（$\theta_0 = 0\%$）和模型槽蓄水（$\theta_v = 100\%$）后的射线强度计数值分别为 $I_{1测}$ 和 $I_{2测}$，在水面 10 cm 以下测得的计数值分别为 $I_{1实}$ 和 $I_{2实}$，则有 $I_{1测} = I_{1实} + \Delta I$，$I_{2测} = I_{2实} + \Delta I$，$I_{1实} > I_{2实}$

由 $\dfrac{A}{B} > \dfrac{A+c}{B+c}$，$(A > B > 0,\ c > 0)$

且 $f(x) = \ln x$，$x > 0$ 为单调递增函数，可知 L 一定时，由式(4-17)

$$\mu = \frac{1}{L}\ln\frac{I_1 - I_e}{I_2 - I_e}$$

算得的 $\mu_{测} < \mu_{实}$。这就是在离水面 10 cm 以内测得 μ 值偏小的原因。

同理，对离滑坡土体表面 10 cm 以内的测点进行观测时，在 μ 和 L 一定的情况下，由式(4-16)

$$\Delta\theta = \frac{1}{\mu L}\ln\frac{I_0 - I_e}{I - I_e}$$

算得的 $\Delta\theta$ 比实际偏小。

因此，对于离滑坡土体表面 10 cm 以内的测点，如果也采用足够水深处测得的 $\mu_{实}$ 来计算含水量，则结果偏小；而按照对应水深处测得的 $\mu_{测}$ 来计算含水量，由于 $\mu_{测} < \mu_{实}$，就能抵消因层间分辨率偏低所引起的部分误差。

4.6.2.4 测量时间的确定

在 L 和 μ 值一定的情况下，用 γ 射线透射法测量土体含水率变化时，为了保证土壤含水率的量测精度达到规定的要求，γ 射线穿透土体后的初始计数值 I_1 应足够大。经误差分析 γ 射线穿透土体后的初始计数值 I_1 所应达到的计数值可由式：

$$I_1 = \frac{\left[\frac{1}{A} + \exp(\Delta\theta\mu L)\right]}{[\sigma(\Delta\theta)\mu L]^2} \tag{4-18}$$

求得。

本试验中放射源的强度一定，试验土体厚度 $L = 80$ cm，与之相对应的水的质量吸收系数 μ 值取最小值 0.062 9（$H = 5$ cm 处对应的 μ 值），本次试验 $\Delta\theta_{max}$ 约为 10%（$\Delta\theta = \theta_s - \theta_0$，这里 θ_s 为饱和含水量），若实际测量中的 I_1 值均大于上式所计算出的 I_1 值，则说明试验中 γ 射线透射法土壤水分测量系统的测量精度能够满足。取测量次数 A 为一次，已知水分测量系统的测量精度 $\sigma(\Delta\theta) = \pm 1.5\%$，结合已知各参数，由式(4-18)可得本次试验土体的最低测量值 I_1 为 735。经测试，$t > 10$ s 可满足要求。对于静态水分测量采集时间越长越好，而动态水分测量要求测量时间尽可能短，综合分析，选定计数时间 $t = 30$ s。

4.6.3 γ射线放射源的安全管理与使用

4.6.3.1 放射源的安全管理

(1) 实验室需配备《中华人民共和国放射性同位素与射线装置放射防护条例》和其他相关法规的书籍供试验人员在试验前学习。

(2) 试验前对进行试验的人员进行登记、培训和体检。

(3) 实验室制定放射源使用及管理、试验规程等一系列规章制度。

(4) 在模型显著位置张贴警示标语，并在模型 2 m 距离设置安全隔离栏。

(5) 实验室购买 γ 射线监测仪器，并划分试验控制区和安全区。

4.6.3.2 放射源的安全使用

(1) 放射源由专业人员装入设定的铅罐，铅罐的一端开空，可产生平行射线。

(2) 实验室专门设计一个约 50 cm×50 cm×50 cm 的混凝土池，用于存放放射源罐。混凝土池的顶端用厚钢板封盖并上锁，钥匙交由专人管理。

(3) 放射源罐用专用铁钳拿放，在拿放源罐过程中注意，源罐应位于膝盖以下，罐口朝外，严禁将放射源罐口对准任何人的任何部位。在拿放放射源之前应先观察周围环境，力求操作迅速、准确，避免源罐颠翻。

（4）放射源的使用和存放应取得管理人员的同意并登记。

（5）管理人员应对源罐进行定期的检查，防止发生意外或被盗。

（6）一旦发生事故应立即上报，并采取控制措施，尽可能减少放射性危害。

5 滑坡模型试验相似材料

相似材料是滑坡模型试验研究的一个难点，它要求模型材料具有低弹模、高容重、低黏聚力、较低的内摩擦角、较低的渗透系数，而且这些参数还需和目标参数之间满足一定的相似比。目前，岩石类与土质类滑坡相似材料满足弹性范围内的静力学问题的材料研究成果较多，而既考虑应力场相似，又考虑渗透场相似的研究很少。要对这样一种相似材料进行研究，具有较大的难度，试验工作量也相当大，必须采用适当的试验设计和数据处理理论以及合理的结果评价方法进行相似材料试验。

5.1 相似材料试验设计理论及评价方法

5.1.1 相似材料试验设计理论

试验设计方法有传统的全面试验法、简单比较法、正交试验设计法和后期发展的均匀试验设计法等。全面实验法是按照因素、水平的全部组合开展试验，其优点是对各因素与水平间的关系剖析得比较清楚，缺点是试验次数太多，特别是当因素数目多，每个因素的水平数也多时，试验量将非常大。简单比较法是使某一个因素变化而其他因素不变的试验方法，其优点就是试验次数少，其缺点也十分明显，其一是该试验方法不全面，试验点代表性差；其次是该方法无法排除误差干扰而造成其结论不稳定。正交设计方法兼顾了上述两种方法的优点，利用根据数学原理制作的规格化表——正交表安排试验，其试验点代表性强，试验次数少；不需做重复试验，可以估计试验误差；可以分清试验因素的主次；可以使用数理统计方法处理试验结果，并对试验结果进行优化分析，是目前使用最广泛的试验设计方法之一。均匀设计方法是在正交设计基础上进一步简化的试验设计方法，其具备了正交设计的各种优点，其最大特点就是其试验次数比正交设计更少，在多因素特别是多水平试验设计中具有较大优势。

由于土质滑坡相似材料试验具有试验工作量大，土工试验速度难以提高等特点，正交试验设计和均匀试验设计是可优先采用的。正交试验设计是最普遍的使用方法，他用正交表进行试验安排，表格具有正交性、代表性和综合可比性，具有“均衡分散，整齐可比”的特点。该方法若不考虑整体可比性，而完全保证实验点在试验范围内充分地均匀分散，就可以减少试验点，且仍能得到反映试验体系主要特征的实验结果。均匀设计正是从这种思想出发的，均匀设计是王元和方开泰于 1978 年提出的[45]，经过几十年的发展和试验验证，它是一种能有效提高试验效率，精度较高的试验设计方法[56-62]；它的主要思想是只考虑试验点在试验范围内均匀散布，去掉了正交试验设计方法中整齐可比的思想，以适当增加试验数据处理的难度来换取试验效率的大幅度提高。

下面以一个试验设计表来对比试验次数的多少。在滑坡的相似材料试验中经常采用的每一组五因素六水平的试验，采用均匀设计表 $U_6(6^4)$（见表 5 - 1）。采用正交设计至少需要 36 次试验，而采用均匀设计只需 6 次。

表 5 - 1　相似材料均匀设计表/%

试验编号	粉质黏土	重晶石粉	粉煤灰	地板蜡	水
1	57	12	9	12	10
2	38	24	18	10	10
3	40	36	6	8	10
4	63	6	15	6	10
5	65	18	3	4	10
6	46	30	12	2	10

每次试验内容包括黏聚力、内摩擦角（直剪或者三轴实验）、渗透系数、弹模、含水率、表观密度等，以每次试验约需要 2d 时间，一组实验可节省时间 60d 左右。但实践表明，均匀设计方法由于实验点过少也会影响实验精度，进而影响结果的可靠性。为了克服这种缺点，采取了以下方法来弥补：①均匀设计只应用于试验精度要求不是很高的初步试验阶段，需要确定精确配合比时在均匀设计结果的基础上再进行正交设计试验；②需加大数据分析力度，如对均匀设计结果应采用直观分析法与大型通用数据分析软件包分析相结合的分析方法；③在必要时增加试验点个数。

5.1.2　相似材料试验数据处理方法

数据处理是指从获得数据开始到得出最后结论的整个加工过程，包括数据记录、整理、计算、分析和绘制图表等。数据处理是试验工作的重要组成部分，其涉及的内容很多，常用的、基本的数据处理方法主要有：

（1）列表法。对一个量进行多次测量或研究几个量之间的关系时，往往借助于列表法把实验数据列成表格，其优点是，使大量数据表达清晰醒目，条理化，易于检查数据和发现问题，避免差错，同时有助于反映出物理量之间的对应关系。

（2）图解法。图线能够直观地表示实验数据间的关系，找出物理规律，因此图解法是数据处理的重要方法之一。

（3）逐差法。当两个变量之间存在线性关系，且自变量为等差级数变化的情况下，用逐差法处理数据，既能充分利用实验数据，又具有减小误差的效果。

（4）最小二乘法。该方法是通过试验数据的误差平方和最小找到一组数据的最佳函数匹配的数学优化和曲线拟合技术，也是目前试验数据处理中最常用的方法。

利用均匀设计减少了实验工作量，但是数据处理难度增加了，我们采用大型统计软件 SPSS 来进行数据处理，它具有强大的数据处理功能，利用它来找到影响结果的各个参数，分析各参数之间的相互关系，对试验进行指导。下面以某一均匀设计试验结果为例，利用最小二乘法分析各参数的敏感材料。

采用 SPSS 软件，利用最小二乘法进行统计分析。如下试验中采用五因素六水平的均匀设计来进行，选用 $U_6^*(6^4)$ 来安排试验，直剪试验采用不饱和快剪，渗透试验采用不饱和变水头，加水量为 10%，含水率需要计算黏土中的水量。均匀设计表如表 5－2 所示。试验结果如表 5－3 所示。

表 5－2　均匀设计配比表/%

编号	粉质黏土	重晶石粉	双飞粉	地板蜡
1	47	22	9	12
2	28	34	18	10
3	30	46	6	8
4	53	16	15	6
5	55	28	3	4
6	36	40	12	2

表 5-3 均匀设计试验结果表

编号	表观密度/(g/cm³)	黏聚力/kPa	内摩擦角/(°)	渗透系数/(cm/s)
1	1.747	1	23	7.45×10^{-6}
2	1.768	2	30	4.11×10^{-6}
3	1.974	2	25	—
4	1.826	27	25	1.38×10^{-5}
5	2.017	28	21	2.09×10^{-5}
6	2.132	16	29	1.14×10^{-5}

计算结果显示重晶石粉是对表观密度起决定性作用，使黏聚力减小程度最高的是双飞粉，渗透系数的敏感材料为地板蜡，内摩擦角的敏感材料暂时未确定，地板蜡可以使它在一定程度上降低，但是地板蜡的掺量不能过大，它会使渗透系数过低。

5.1.3 相似材料择优理论及评价

对于相似材料来说，要做到所有参数都全部相似，几乎是不可能的，对某一参数来说，也许相似材料 A 与实际相似性较好，而对另一参数来说，可能相似材料 B 较为适宜，特别是相似材料和原型材料之间的相似性具有模糊特征，如何在各指标相似性程度不同的相似材料中选择一种最佳材料，Fuzzy 最佳选择方法是理想的选择。

Fuzzy 最佳选择方法的数学模型及隶属函数：

设有 M 种相似材料，表征每种材料特性的指标有 N 个，则 M 种材料的所有指标组成一个 $N\times M$ 维矩阵 $\boldsymbol{X}$。

$$\boldsymbol{X}=\begin{bmatrix} x_{11}\,x_{12}\cdots x_{1m} \\ x_{21}\,x_{22}\cdots x_{2m} \\ \cdots\cdots \\ \cdots\cdots \\ x_{1n}\,x_{2n}\cdots x_{nm} \end{bmatrix}$$

矩阵中的元素 x_{ij} 表示第 j 种相似材料的第 i 个指标值。相似材料和给定原状土关系可通过隶属函数 μ_{ij} 来表示，相似材料和原状土的相似性越好，则相似材料隶属于原状土的程度越高。

根据相似准则，$\mu_{ij}=1-\left|\dfrac{x_i-c_i\cdot x_{ij}}{x_i}\right|$

式中，x_i 为原状土第 i 个指标值，x_{ij} 为第 j 种相似材料的第 i 个指标值，c_i 为按相似准则要求第 i 个指标的相似系数。

隶属函数呈三角形分布，即：

当 $0 \leqslant c_i \cdot x_{ij} < x_i$ 时，$0 \leqslant \mu_{ij} < 1$

当 $c_i \cdot x_{ij} = x_i$ 时，$\mu_{ij} = 1$

当 $x_i < c_i \cdot x_{ij} < 2x_i$ 时，$0 < \mu_{ij} < 1$

当 $c_i \cdot x_{ij} \geqslant 2x_i$ 时，$\mu_{ij} = 0$

也就是说，隶属函数 μ_{ij} 的取值范围为：$\mu_{ij} \in [0,\ 1]$

在计算矩阵的各元素后，根据相似准则，计算出隶属函数，其全体组成隶属函数矩阵 $\boldsymbol{\mu}$ 是一个模糊关系矩阵，

$$\boldsymbol{\mu} = \begin{vmatrix} \mu_{11} & \mu_{12} & \cdots & \mu_{1m} \\ \mu_{21} & \mu_{22} & \cdots & \mu_{2m} \\ \vdots & \vdots & \vdots & \vdots \\ \mu_{n1} & \mu_{n2} & \cdots & \mu_{nm} \end{vmatrix}$$

各指标值并非等权值，而存在各个指标值重要性不同的权值分配问题，设权值的模糊向量为 $\boldsymbol{w} = (w_1 w_2 \cdots w_n)$，式中$(w_1 w_2 \cdots w_n)$ 为因素的权值，并满足归一化，按模糊线性加权变换方法，即得：

$$\boldsymbol{z} = \boldsymbol{w} \cdot \boldsymbol{\mu} = (z_1 z_2 \cdots z_m)$$

$$z_j = \sum_{i=1}^{n} w_i \cdot \mu_{ij}$$

$\sum\limits_{i=1}^{n} w_i = 1,\ w_i \in [0,\ 1],\ j = 1,\ 2,\ \cdots,\ m(z_1,\ z_2,\ \cdots\ z_m)$ 中最大者即为最佳相似材料。

5.2 常用相似材料及其特性

意大利等国家的科研单位采用的地质力学模型材料主要有两类。一类是采用铅氧化物（PbO 或 Pb_3O_4）和石膏的混合物为主料，以砂子或小圆石作为辅助材料。另一类模型材料主要以环氧树脂、重晶石粉和甘油为组分，其强度和弹模均高于第一类模型材料，但是需要高温固化，其固化过程中散发的有毒气体也会危害人体的健康。我国许多科研机构和大学也开展了这方面的研究工作。目前，国内正在使用的地质力学模型材料主要有以下几种：①采用重晶石粉作为主要材料，以石膏或液状石蜡作为胶结剂，其他材料如石英砂、氧化锌粉、铁粉、膨润土粉等作为调节容重和弹模的辅助材料；②采用砂、石膏作为主要材料，其余材料为添加剂；③由加膜铁粉和重晶石粉为骨料，以松香为胶结剂并且使用模

具压制而成；④采用铜粉作为主要材料。

5.2.1 纯石膏材料及其特性

石膏属于气硬性矿物胶结料，这种胶结料通过水化作用的化学反应实现硬化。它的主要特性与石膏粉的磨细度、掺水量、初凝时间和终凝时间等因素有关。所有这些都对相似材料性质具有本质的影响。比如，增大磨细度就会提高相似材料的强度；增大水与石膏的比例就会减慢石膏的凝固，降低相似材料的强度和密实度；缩短初凝和终凝时间就会降低强度，而增大这些指标就会延长相似材料的硬化时间。石膏作为结构模型材料已有60多年历史。它的性质和混凝土比较接近，均属于脆性材料。它的抗压强度大于抗拉强度，泊松比为0.2左右，通过配比调节比较容易得到$E=1\times10^3\sim5\times10^3$ MPa的相似材料。该材料具有成型方便、加工容易、性能稳定的特点，最适宜作线弹性应力模型。此外，石膏材料还具有取材容易、价格低的优点。在我国、苏联、日本和葡萄牙等国，这种材料广泛用于各种水坝及其他混凝土结构模型试验。

石膏材料的主要缺点是：①在天然环境中易吸湿，材料强度会降低；②相似材料强度对石膏用量敏感，在小比例模型中模拟低强度材料时，石膏用量不易控制；一般模型用的石膏为半水石膏（$CaSO_4\cdot(1/2)H_2O$），系天然石膏矿（主要成分为二水石膏$CaSO_4\cdot2H_2O$）煅烧而成。

在与水化合的过程中，生成二水石膏：

$$CaSO_4\cdot(1/2)H_2O+(3/2)H_2O\longrightarrow CaSO_4\cdot2H_2O \tag{5-1}$$

由于半水石膏在水中的溶解度比二水石膏大4倍，所以半水石膏的饱和溶液对于二水石膏来说就是过饱和溶液，于是二水石膏以肢体微粒从水中析出。由于二水石膏的析出，溶液浓度下降，新的半水石膏继续溶解，二水石膏也继续析出，如此溶解-析出-溶解-析出，直至半水石膏全部溶解完。生成的浆体由于水分的蒸发和水化反应，自由水逐渐减少，二水石膏的胶体微粒相对增多，浆体的稠度增大，石膏开始凝结，而后肢体继续变稠并产生晶核，继而晶体逐渐生长、共生和交错，石膏产生强度。在石膏的水化硬化过程中，我们称浆体开始丧失流动性的时间为初凝时间，开始丧失可塑性的时间为终凝时间。一般，初凝时间为2 min左右，终凝时间为7 min左右。

由式(5-1)可知，要使一定量的石膏（半水石膏）完全水化需要拌和水的重量应为石膏重量的18.7%，即理论最小水膏比为0.187。实际上，水膏比一般均在0.5或0.6以上。多余的水分蒸发后，在石膏硬化体内留下大量空隙，使石膏材料的容重、强度和弹性模量等物理力学指标下降。实际应用中，人们正是采用不同的水膏比来调节纯石膏材料的各项参数，如表 5-4 所示。

表 5-4 纯石膏材料的水膏比及其性质

水膏比	抗压强度/MPa	抗拉强度/MPa	弹性模量/MPa	泊松比	容重/(g/cm^3)
0.7	12.93	1.92	6.28	0.197	1.047
1.0	5.33	1.33	3.49	0.198	0.884
1.3	4.03	1.02	2.32	0.169	0.714
1.5	2.91	0.76	1.65	0.200	0.532
2.0	1.58	0.38	1.00	0.204	0.482

在制作模型或进行试验时，有时需要用缓凝剂或速凝剂来调节石膏凝结的时间。常用的缓凝剂有：硼砂、柠檬酸、酒精、动物骨胶等。常用的速凝剂有：氯化钠、水玻璃、硫酸盐等。外加剂的用量必须由试验确定，否则会导致材料强度的下降。

纯石膏材料主要用来模拟岩石或混凝土结构的线弹性阶段的性状。

5.2.2 石膏混合材料及其特性

由于纯石膏材料的弹性模量调节范围不大，压拉强度比过小，仅为 4～7，而一般岩石的压拉强度比为 5～15，混凝土为 10～13。因而使其应用受到一定限制。

近年来，通过在石膏中加入其他原料并变化各种成分相互比例的方法，可使石膏混合材料的弹性模量达到$(0.05\sim10)\times10^3$ MPa，泊松比达到 0.15～0.25，压拉强度比达到 5～12。大大改善了材料的力学和变形模拟性，扩大了它的使用范围。

应用最多的石膏混合材料是在纯石膏中加入砂（如石英砂、标准砂）而配制的砂-石膏材料。砂-石膏材料的物理力学特性通常要经过 14 个昼夜才能稳定。该材料的特点是强度比相当大，其抗压强度与抗弯强度之比为 3～4。抗压强度与抗拉强度之比为 5～8，而强度本身的大小对这些比例关系的影响不大。湿度的增大会导致强度的显著下降。

根据不同的试验目的和要求，可采用不同的外加材料。如要提高材料的容重，可加入重晶石粉、铣粉等；要降低材料的容重，则可考虑加入云母、木屑等；要扩大弹性模量和强度的模拟范围，可加入不同比例的砂、粉煤灰等；而要降低砂-石膏材料的弹性模量，则可在材料中加入磨好的石灰岩和橡胶碎粒。其他常用的外加材料包括碳酸钙、石灰、水泥、硅藻土、乳胶、橡皮屑、可赛银（一种化工涂料）等。

应该指出，一种理想的相似材料通常要用多种原料配制而成。

石膏混合材料由于有较好的模拟性而广泛用于各种结构模型试验。表5-5 为西南交通大学土木学院配制的石膏混合材料的力学指标。

表 5-5 重晶石粉、石英砂、石膏混合材料的力学指标

重晶石粉/g	石英砂/g	石膏/g	水/g	容重/(g/cm³)	抗压强度/MPa	弹性模量/MPa	黏聚力/MPa	内摩擦角/(°)	备注
407	697	14	125	2.2	0.057	61.6	0.034	47.3	浇筑成型
626	1 001	26	191	2.26	0.172	113.3	0.042	38.0	浇筑成型
543	543	14	128	2.43	0.171	87.5	0.076	42.0	浇筑成型
724	362	14	131	2.53	0.183	112.4	0.065	38.2	浇筑成型
591	600	19	124	2.5	0.376	195.6	0.138	51.8	压力成型
637	560	14	122	2.53	0.21	94.8	0.096	54.4	压力成型

注：表中成型压力均为 2 MPa。

5.2.3 以石蜡为黏结剂的相似材料及其特性

这类材料的外加料有重晶石粉、细石英砂、云母、黏土等。该类材料的物理力学性质在很大程度上与沉积岩相似，可模拟 $C_L = 1/150 \sim 1/100$ 的岩体。

以石蜡为黏结剂的相似材料有如下优点：各向同性；由于在受热状态下具有较大塑性，制模时便于各层压（碾）实；模型在最后一层压（碾）实后 2～3 h 即可进行试验；材料性能不受湿度影响；模型加工制作方便；试验后材料可重复使用；材料力学性质稳定。

该材料的缺点为：压、剪和压、拉强度之间的相关性不太好；有时与要求的相似指标相比弹性模量过低；塑性较大；液状石蜡价格较高。

5.2.4 以机油为黏结剂的相似材料及其特性

以机油为黏结剂的相似材料的强度的时间效应比较明显。试件成型的初期，材料一般表现出较低的强度，由于机油有挥发性，随着机油的挥发，材料强度将显著提高（见表 5-6）。同时，材料强度随时间的增长呈明显的非线性，因此较难预期其在某一时段内的强度。

表 5-6 以机油为黏结剂的相似材料的典型配比和性质

配比	γ/(g/cm³)	E/MPa	σ/MPa	C/MPa	φ/(°)	备注
B∶O∶Zn = 12.53∶1.36∶1.0	2.6	28.3	0.116	0.025	35	干燥 21 天
B∶P∶Zn = 12.53∶1.36∶1.0	2.61	43.9	0.166	—	—	干燥 27 天
B∶Q∶O = 1.5∶0.45∶0.1	2.51	10.2	0.065	—	—	干燥 15 天
B∶Q∶O = 1.5∶0.45∶0.15	2.4	6.4	0.049	—	—	干燥 15 天

注：表中 B(Barite)表示重晶石粉，O(Oil)表示机油，Zn(ZnO)表示氧化锌，P(Paraffin)表示液状石蜡，Q(Quartz Sand)表示石英砂。

5.3 国内外几种用于地质力学模型试验的相似材料

5.3.1 MIB 材料

MIB 材料是武汉水利电力学院韩伯鲤(1994)等研制的一种大容重、低弹性模量的地质力学相似材料[34]。该材料由骨料、黏结剂、调和剂和柔性附加剂组成,其中骨料包括铁粉、重晶石粉、红丹粉,黏结剂包括石蜡和松香,酒精为调和剂,柔性附加剂指氯丁胶黏结剂,采用压力成型。

MIB 材料的主要优点是:容重高于 37 kN/m^3,弹性模量<100 MPa,单轴抗压强度约等于 0.55 MPa,基本满足高容重、低弹性模量、低强度相似材料的要求;抗剪强度特性接近天然岩石;通过在铁粉外包裹柔性胶膜可有效降低材料弹性模量;用液状石蜡和松香作黏结剂可调整材料的 σ 和 $\sigma-\varepsilon$ 曲线的形式;可由成型压力控制材料孔隙率和内摩擦角;压模成型后 3～4 天即可试验;材料可重复使用。

但 MIB 材料成本较高,制作工艺复杂。

5.3.2 NIOS 地质力学模型材料

NIOS 相似材料[35]是一种新型的地质力学模型相似材料,是由清华大学水利水电工程系研制的,成分包括主料——磁铁矿精矿粉、河砂,黏结剂——石膏或水泥,拌和用水及添加剂等。试验结果表明,NIOS 地质力学模型材料的弹性模量可在比较大的范围内调整。当采用石膏作为胶凝材料时,通过改变石膏的含量,可以使模型材料的弹性模量在 80～300 MPa 范围内变化,单轴抗压强度在 0.45～3 MPa 范围内变化。当采用水泥作为胶凝材料时,模型材料的弹性模量则可以在 750～3 000 MPa 之间进行调整,其单轴抗压强度的变化范围为 2～55 MPa,并且模型材料表现出更明显的脆性特征。

5.3.3 硅橡胶重晶石粉相似材料

该材料将重晶石粉及重硅粉混合粉末倒入乳胶溶液制成硅橡胶重晶石粉,然后置于压力机上压力成型。所谓重硅粉由硅橡胶、重晶石粉、正硅酸乙酯、有机锡和汽油配制而成。硅橡胶重晶石粉相似材料与 MIB 材料的性质类似(见表 5-7)。

表 5-7　硅橡胶重晶石粉相似材料典型配比和性质

配比 重硅粉：重晶石粉：水	$\gamma/(10\ kN/m^3)$	σ/MPa	E/MPa
1：9：0.6	2.2	0.145	80
1：9：0.6	2.25	0.157	85
1：9：0.6	2.3	0.176	96
1：5：0.6	2.33	0.169	110
1：5：0.6	2.35	0.176	130
1：5：0.6	2.39	0.215	140
2：5：0.6	2.34	0.163	94
2：5：0.6	2.37	0.180	98
2：5：0.6	2.40	0.202	110
3：5：0.6	2.33	0.156	82
3：5：0.6	2.35	0.165	87
3：5：0.6	2.39	0.190	100

5.3.4　其他种类相似材料

此外，R. E. Goodman 建议，可用面粉、食油和砂的混合物作相似材料模拟不连续岩体。

Troupe 提出用预先切割好的塑料块、糖块、木块或软木作相似材料。

Stmpson 指出，在非弹性阶段用来模拟岩石的材料包括：水泥、砂和云母；砂和黏土；石膏与砂、黏土、云母、重晶石粉、铅氧化物、硅藻土、木屑及石灰的混合物。

中科院地理所吴玉庚(1985)提出[63]，模拟断层、破碎带、软弱夹层的相似材料有：黏土和凡士林，黏土和液状石蜡；黏土和滑石粉；砂和凡士林；砂、黏土、凡士林和石膏；石膏、黏土、凡士林和液状石蜡；黏土和水；砂、黏土、液状石蜡和石膏；砂、石膏和凡士林；橘土、凡士林和滑石粉；黏土和甘油等。

长江水利水电科学院研制了以石膏、重晶石粉、砂和甘油为原料的相似材料[4]。

5.4　滑坡模型相似材料选择及配比

5.4.1　配重材料的选择

对于滑坡模型试验，配重材料应满足下列条件：①颗粒表面光滑；②粒径较小；③强度较低；④加入这种材料后对其他参数基本无影响。满足上述要求，可以选定为重晶石粉和滑石粉。

5.4.2　黏结剂的选择

黏结剂应满足以下要求：①具有较弱的黏结力；②在不同含水率情况下具有和土相似的性质；③颗粒粒径较小；④强度和弹模较低。满足上述要求的黏结剂主要有粉质黏土、淤质黏土和膨润土，主要技术指标如表 5－8 所示。

表 5－8　粉质黏土、淤质黏土主要技术指标

编号	含水率	黏聚力/kPa	内摩擦角/(°)	相对密度/(g/cm³)	容重/(g/cm³)	渗透系数 k/(10^{-6} cm/s)
粉质黏土	2.71%风干	12	25.5	2.69	1.78	2.63
淤质黏土	17.95%天然	5	35.8	—	—	2.69

膨润土主要特点是低弹模、低强度、低渗透性及适度的黏结性。

5.4.3　容重的敏感材料

如上所述为重晶石粉、滑石粉。调整范围为 1.5～2.7 g/cm³。

5.4.4　黏聚力的敏感材料

相似材料要求黏聚力很小，这要求我们既要选择黏结剂的黏聚力小，又要选择黏聚力敏感的材料，这种敏感材料可以是一种黏聚力为零的材料，也可以是和水发生反应，生成一种没有黏聚力的成分。按照这种要求，我们初步选择了标准砂、滑石粉、灰钙及双飞粉等，通过配比选择，发现滑石粉的加入对内摩擦角有十分不良的影响，而且这种影响是通过其他的措施不可改变的；双飞粉、灰钙两种材料都可以满足要求。黏聚力调整范围为 0.1～35 kPa。

5.4.5　内摩擦角的敏感材料

与其他参数相比较而言，内摩擦角是一个相对稳定的量，采取各种措施都对它的影响较小。而相似材料对它的要求很高，我们主要从这几个方面来进行选材：①材料本身遇水很滑；②材料的保水性强，在颗粒之间形成水膜。按照这种要求我们选择了石墨、膨润土、粉质黏土、滑石粉等，结果显示，膨润土和滑石粉综合使用的内摩擦角调整范围为 0.42°～35°之间。

5.4.6 渗透系数的敏感材料

渗透系数与其他参数相比是比较容易调整的，主要途径有调整材料的击实功，添加其他材料有两种途径。经过配比选择，击实功从 0～20 次，添加地板蜡、粉煤灰等，可以把渗透系数控制在 10^{-7}～10^{-3} cm/s 之间。

5.4.7 弹模和泊松比的敏感材料

通过采用均匀设计试验(见表 5-9 和表 5-10)，结果显示弹性模量、泊松比及内摩擦角可以利用河砂和膨润土进行调节，河砂的加入可以增大渗透系数、弹性模量和内摩擦角，也可以作为配重材料；膨润土可以大幅度降低弹性模量、渗透系数和内摩擦角。

表 5-9 均匀设计配合比表/%

编号	重晶石粉	河砂	标准砂	双飞粉	滑石粉	地板蜡	黏土	膨润土	水
1	50	45	—	—	—	—	—	—	5
2	50	—	—	—	—	—	45	—	5
3	—	50	—	—	—	—	45	—	5
4	60	—	—	10	20	—	—	0.5	9.5
5	20	—	60	—	—	—	10	—	10
6	10	60	—	20	—	5	—	—	5
7	10	50	—	20	—	—	10	—	10
8	20	50	—	20	—	—	—	—	10
9	30	40	—	20	—	—	—	—	10
10	40	30	—	20	—	—	—	—	10
11	45	30	—	15	—	—	—	—	10
12	45	20	—	15	10	—	—	—	10
13	45	15	—	15	15	—	—	—	10

表 5-10 均匀设计试验结果表

编号	表观密度/(g/cm^3)	黏聚力/kPa	内摩擦角/(°)	弹性模量/kPa	泊松比 μ	渗透系数 k/(cm/s)
1	1.662	0.98	16.92	1 020	0.51	5.75×10^{-6}
2	1.431	7.38	23.26	1 980	0.44	5.72×10^{-6}
3	1.650	9.98	20.1	2 150	0.69	5.80×10^{-6}

(续表)

编号	表观密度/(g/cm^3)	黏聚力/kPa	内摩擦角/(°)	弹性模量/kPa	泊松比 μ	渗透系数 k/(cm/s)
4	1.430	3.64	19.3	1 560	0.47	6.57×10^{-6}
5	1.765	0.72	27.4	3 720	0.534	7.07×10^{-6}
6	2.020	0.23	36.6	4 970	0.445	0.97×10^{-6}
7	2.050	1.42	34.74	7 390	0.499	11.70×10^{-6}
8	1.990	0.55	39.2	5 079	0.493	10.43×10^{-6}
9	1.918	0.985	35.1	3 063	0.310	17.50×10^{-6}
10	1.821	0.876	25.6	1 600	0.432	8.75×10^{-6}
11	1.850	0.519	36	1 634	0.313	14.3×10^{-6}
12	1.834	0.459 3	32.78	2 243.72	0.39	1.78×10^{-6}
13	1.723	0.120	35.1	3 280	0.504 8	1.63×10^{-6}

5.4.8 三峡库区滑坡模型试验相似材料物理力学性质

表 5-11 列出了三峡库区滑坡地质力学模型相似材料试验研究中重晶石粉系列相似材料物理力学性质表,以供滑坡模型试验参考。

表 5-11 三峡库区滑坡模型重晶石粉系列相似材料性质

材料成分	表观密度/(g/cm^3)	黏聚力/kPa	内摩擦角/(°)	说　明
重晶石粉、粉质黏土、粉煤灰、石蜡	1.775～1.996	2～44	19～28	击实成型
重晶石粉、粉质黏土、双飞粉、液状石蜡	1.747～2.132	1～28	21～30	击实成型,遇水略有收缩
重晶石粉、粉质黏土、机油、标准砂	2.59～2.71	4～46	26～31	击实成型

6 水库滑坡的环境条件及其相似模拟

6.1 滑坡发生的主要动力条件

引起滑坡发生的主要动力条件有自然因素和人类活动因素。自然因素主要包括大气降雨、水库蓄水和地震等因素。人类活动是指不合理的工程活动，如开挖切脚、不合理堆载、不合理排放水等。

就三峡水库滑坡而言，三峡水库蓄水前，降雨是三峡地区库岸滑坡发生的主要动力条件。三峡水库蓄水后，在一定程度上改变了岸坡原有地质环境的平衡状态，使原本复杂的地理地质条件更加复杂化，库水位的变化将成为水库滑坡发生的又一主要的动力条件。下面重点对这两种动力条件的特征进行分析。

6.2 三峡水库蓄水、运行特征及其与滑坡的关系

长江三峡库区自然水位 70～100 m，水库建成后，使大坝上游的水位抬高约100 m，坝前最高水位达 175 m，且每年又从 145 m 抬升到 175 m 水位，又从 175 m 回落到 145 m水位的周期性波动，这将对库岸边坡产生周期性的作用力，江水的入渗将增大滑坡体自重，同时又降低抗滑面的强度，并对软弱面起到软化作用，另外江水冲刷坡脚，进一步降低坡体稳定性，因此，在这种新的环境条件下，边坡的变形和失稳将是不可避免的。从国外一些水库滑坡的统计数据，可以直观地看出水库运行对库岸的影响：琼斯(Jones)等调查了在 Hoosevelt 湖附近地区1941—1953 年发生的一些滑坡，结果发现，有 49%发生在 1941—1942 年的蓄水初期，30%发生在水位骤降 10～20 m 的情况下，其余为发生在其他时间的小型滑坡。在日本，大约 60%的水库滑坡发生在库水位骤降时期，其余 40%发生在

水位上升时期，包括初期蓄水。瓦依昂水库滑坡事件是滑坡研究史上的重要里程碑。该滑坡在1960年初次蓄水至652 m高程时首先出现一个小崩塌，同时在上部平台上发生裂缝。于是降低水位，对滑坡的稳定性进行各种调查。1963年第2次蓄水时，从正常水位下降之后，2.4×10^8 m^3 的滑体突然滑入水库，溢出的水流袭击了与Piave河汇合处的Longarone镇，造成灾难性的后果，使2 600多人丧生。

在三峡地区，随着1981年葛洲坝的蓄水，秭归地区水位仅上升16 m左右，附近库区就相应发生了几处边坡失稳，形成了一系列滑坡。比如，蛤蟆石滑坡、王家坝滑坡、盐关滑坡、八字门古滑坡复活(1982年水位骤跌时变形加剧)等一系列滑坡。

1961年3月6日，湖南柘溪水库在初期蓄水29天后，发生了著名的塘岩光滑坡；四川的宝珠寺水库，1998年蓄水至正常水位，1999年出现 10^4 m^3 以上滑坡11处；2003年7月13日，三峡水库在初期135 m高程蓄水30天后，在秭归县青干河发生了千将坪滑坡，死亡24人，经济损失严重。塘岩光滑坡和千将坪滑坡的发生与水库初期蓄水的对应关系惊人的相似。

千将坪滑坡发育在侏罗系中-下统聂家山组碎屑岩中，岩性为中-厚层粉砂岩夹粉砂泥岩、页岩，岩层倾向与斜坡坡向基本一致，成顺向坡。滑坡前缘高程100 m左右，后缘高程450 m，前缘在三峡水库蓄水前是不涉水的，整体是稳定的，在蓄水后1个月的时间里，由于库水浸泡泥岩页岩软弱夹层，降低了其力学性质，同时岩土干容重也变为浮容重，减弱了前缘的阻滑力，进而形成了大规模的滑坡。

长江干流上形成的秭归砚包滑坡和多处涉水边坡发现变形情况，以及一些老滑坡在蓄水后发生的变形和复活，比如，卡子湾滑坡变形达1 m以上、老蛇窝滑坡变形1 m以上、树坪滑坡变形0.2 m、白水河滑坡变形0.2 m，石榴树包滑坡变形达1 m以上等(2005年7月数据)。也印证了蓄水和滑坡的内在关联。

这些库区库岸斜坡随着三峡库区水位的变化稳定性发生改变，都表明了水位变化和库岸稳定性变化的直接的内在相关性。

6.2.1 三峡水库蓄水情况

三峡水库在建设期间分3期蓄水，分期蓄水时间与坝前水位如表6-1所示。

表 6-1　三峡水库分期坝前水位与蓄水时段表

分项	时　段	洪水频率/%	坝前水位/m	坝前最低水位/m
天然状态		20	71.1	
		5	74.2	
三期导流	2003 年 6 月—2006 年汛期	20	135.0	135
		5	135.0	
初期运行	2006 年汛后—2008 年汛前	20	156.0	135
		5	156.0	
后期运行	2008 年(2013)汛后	20	175.0	145
		5	175.0	
	水库最高洪水位		180.4	

三峡水库从 2003 年 6 月 1 日 9 时开始蓄水，到 6 月 10 号 22 时三峡水库水位达到蓄水的预定目标水位 135 m，水库水位 135 m 回水末端位置在涪陵上游，距大坝约 500 km。135 m 蓄水过程如图 6-1 所示。

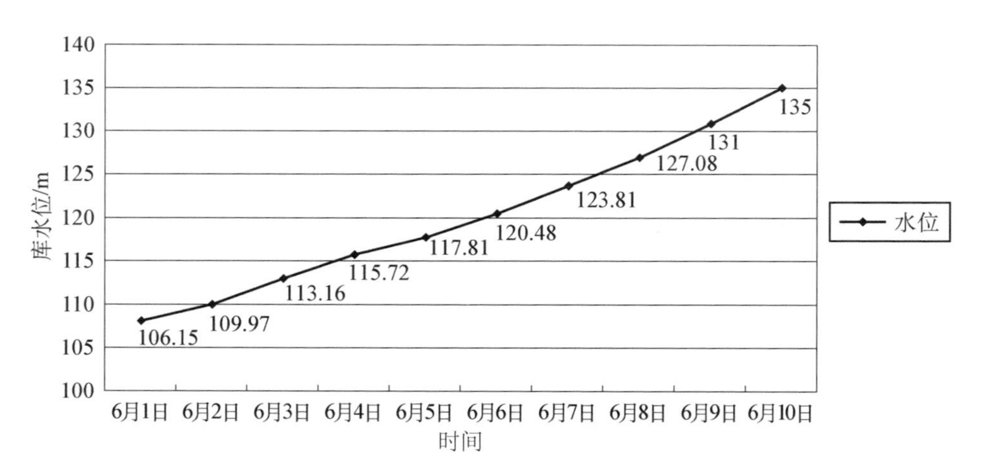

图 6-1　135 m 蓄水过程

三峡工程原定 2007 年蓄水至 156 m 高程。国务院三峡建委第 13 次全会上决定：三峡工程将于 2006 年汛后提前 1 年蓄水至 156 m 高程。蓄水自 2007 年 9 月 20 日 22 时启动。历经 36 个日日夜夜，中国长江三峡工程开发总公司总经理李永安 10 月 27 日 9 时 50 分在三峡总公司工程建设部宣布，三峡水库成功实现 156 m 蓄水目标。156 m 蓄水过程如图 6－2 所示。

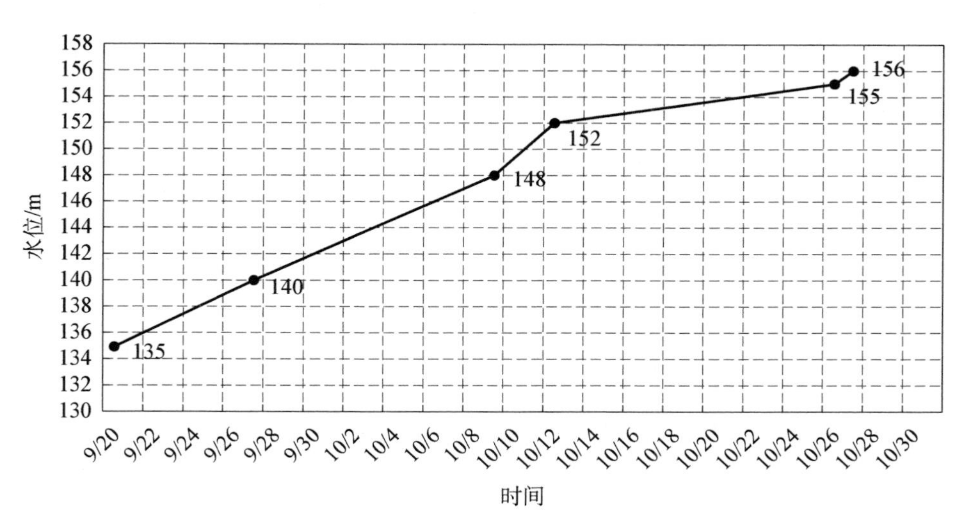

图 6－2　三峡水库 156 m 蓄水过程线

6.2.2　三峡水库运行情况

水库运行期的库水位周期性升降，年变化过程如图 6－3 所示。水库水位有两种不同的消落方式：第 1 种是汛前大幅度缓慢消落方式，水库水位从 175 m 缓慢下降至 145 m，平均下降速度为 0.2 m/d，时间在每年的 1—5 月，该期间为枯水期，降雨量较小，一般不发生暴雨。第 2 种是汛期消落方式，水库水位从

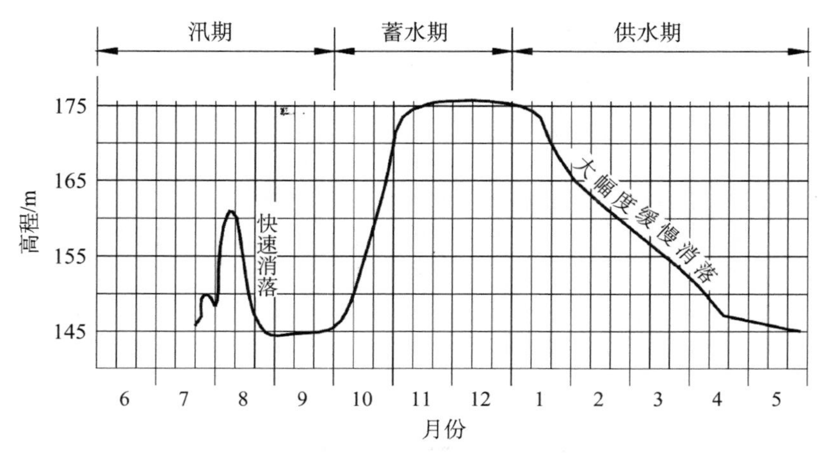

图 6－3　三峡水库运行水位曲线图(摘自长江水利委员会)

162 m快速下降至 145 m，最大消落深度为 17 m，平均日消落速度为 1.2～2.0 m/d。由于三峡库区特大暴雨与特大洪水往往同期出现，第 2 种消落方式对滑坡稳定不利。

三峡水库的调度过程大体上是：自 9 月 30 日至 10 月 30 日，库水位自 145 m回升至 175 m，历时约 30 天，水位回升速率为 1 m/d；自 11 月 1 日至 12 月 30 日为满库运行期，历时 60 天，水位 175 m；然后，自 12 月 30 日开始水位下降，至 6 月 10 日水位 145 m，历时 161 天，下降速率约 0.186 m/d。

汛期遇百年一遇、千年一遇洪水，坝前水位上升速率为 3～4 m/d，千年一遇洪水控制坝前水位不高于 175 m（百年一遇控制坝前水位不高于 166.7 m，20 年一遇坝前水位为 157.5 m），洪水后坝前水位下降速度不大于 3 m/d。

三峡水库在运行期间，长江三峡河道水位变幅高度达 30 m 的现象，在未建库以前约为百年一遇，而水库建成后，30 m 的水位变幅几乎每年一遇，这频繁的高水位变化，必将严重影响岸坡的稳定性，诱发大量的新生滑坡。

6.2.3 三峡水库风浪对库岸形态的改变

三峡库区盛行风向因受地形影响，季节性变化不大。重庆至奉节以偏北风为主，巴东至宜昌以东南风为主。库区内平均风速 9.5 m/s，设计风速 11 m/s。但历史上有过多次异常大风，如 1976 年 4 月 3 日重庆出现 22.9 m/s 风速，万州在 1973 年 8 月 27 日出现 33.0 m/s 风速，坝区 1965 年 7 月 5 日出现 20 m/s 风速。

三峡库区顺风向吹程不长，一般在 1～4 km。当同时考虑风浪及行船波浪时浪高可达 1～2.5 m 左右。

6.2.4 三峡水库水流对库岸的冲刷与淤积

水库蓄水后水库水流速度降低，即使当考虑水库淤积后在水库最低水位情况下水库水流速度也将小于 1 m/s，其水库水流对岸坡的冲刷能力不大，可以忽略不计。因水流进库后流速变小，从上游带来的泥沙将淤积在水库。水库泥沙淤积分析结果表明，从库首至库尾均有不同程度的淤积。因水库淤积对滑坡的稳定只会产生有利影响，因此在进行三峡水库库区水库滑坡稳定性评价时可不考虑其影响。

6.2.5 三峡水库诱发地震

水库诱发地震最早发现于希腊的马拉松水库，伴随该水库蓄水，1931 年库区就产生了频繁的地震活动。1935 年美国的胡佛坝截流蓄水，1936 年 9 月库区产生频繁的地震活动，主要震级达 5 级，地震活动一直持续到 20 世纪 70 年代。

最早发生震级大于 6 级的水库诱发地震是我国的新丰江水库的 6.1 级地震(1962 年 3 月 19 日)，极震区房屋严重破坏几千间，死伤数人，水库边坡发生地裂崩塌和滑坡，大坝右侧坝体发生裂缝。到 1995 年我国已经有 19 座水库发生了诱发地震。

三峡水库诱发地震问题一直是人们关注的问题，经过多年论证认为，从三峡工程所处的地质环境分析，不排除局部地段产生水库诱发地震的可能，从最不利的情况分析，即使在距坝址最近的九湾溪断裂处产生较强的水库诱发地震，影响到坝区的地震烈度不超过 6 度。坝址区基本烈度为 6 度，设计烈度为 7 度。

6.3 三峡库区降雨特征及其与滑坡的关系

长江三峡库区属亚热带季风气候，年降水量多，降水强度大，是我国山地灾害的频发区和重灾区。特别是近几年，库区山地灾害对三峡工程建设和库区人民生命财产安全的影响日益增加，库区几乎每年都发生较严重的山地灾害。

大量研究表明，地质灾害除了地形地貌、地质发育、人为活动外，降水特别是强降水是诱发地质灾害的主要因素之一。陈正洪(2005)对三峡库区降雨特征及其与崩塌滑坡的关系进行了深入研究[64]。

6.3.1 三峡库区降水特征分析

6.3.1.1 三峡库区年降水量

三峡库区多年平均降水量分布图如图 6－4 所示。

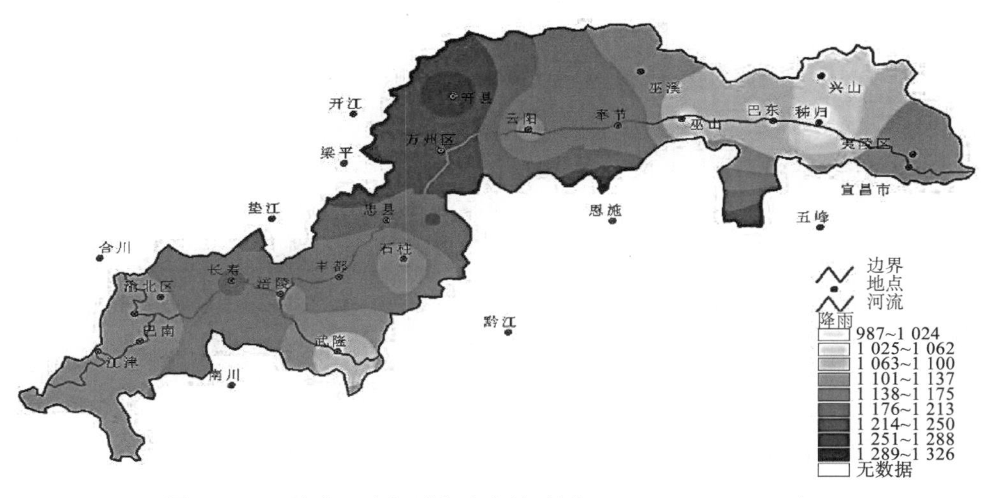

图 6－4 三峡库区多年平均降水量(单位：mm，1971—2000 年)

三峡库区降水量空间分布以中部地区较多，东北部和西南部地区较少，且重庆东部年降水量多于湖北西部。

三峡库区除了秭归、兴山年降水量1 000 mm左右，其余地方年降水量均在1 000 mm以上。三峡库区中心地带忠县到云阳一带是整个三峡库区多雨区，年降水量1 200 mm以上，巫山到秭归是少雨区，年雨量1 100 mm以下，其他地区年雨量1 100～1 200 mm之间。

平均降水量变差系数为东大西小，表明三峡库区西部（重庆段）降水比东部（湖北段）相对稳定，即宜昌、巴东、秭归年际之间降水变化幅度大。换句话说，湖北段容易发生干旱洪涝，洪涝年地质灾害发生也较频繁。

6.3.1.2 三峡库区降水日数

三峡库区年降水日数130～200天，库区中南部雨日最多，有180～200天，其次为西南部，有160天左右，北部和东北部雨日最少，一般不足140天。四季的雨日空间分布上除夏季雨日分布与年雨日稍有不同外，其他三季雨日分布与年雨日相似，最多雨日区位于中南部，除中南部地区外，库区降水日数自东北向西南逐渐增多。夏季雨日也以中南部为最多，为45～50天，但库区其他地区雨日数相差不多，多在40天左右。大部分站点春、秋两季各季雨日都在35～50天左右，即季内约有1/3到1/2的时间都在下雨，雨日相当频繁。库区中南部的鄂西、咸丰，西部的垫江、重庆等地秋季雨日都超过45天。雨日的年内变化呈双峰型分布，5月雨日最多，10月为雨日次多月，由此也可见春、秋季连雨特征明显。

6.3.1.3 三峡库区暴雨分析

（1）三峡库区暴雨日数。

重庆至宜昌沿江地区每年平均有暴雨日数2～4天，东部略多于西部，涪陵以西为2～3天，涪陵以东为3～4天。

三峡库区西段（重庆段）各地平均出现暴雨3.1天。暴雨在4—11月份均有发生，6月和7月份发生次数最多，分别占总次数的22.2%和26.4%。年平均暴雨多发区在东北部开县、梁平地区及东南部黔江、酉阳等地区，暴雨最多的区县是开县，平均每年5.2天。涪陵等中部以及重庆市西部地区暴雨相对较少，最少是江津，暴雨日数平均每年2.2天。

三峡库区东段（湖北段）各地年平均出现暴雨3.0天。暴雨在4—11月份均有发生，主要出现在6—8月份。6—8月份暴雨日数占全年的77.2%。大坝下游的宜昌全年平均有3.3天，坝区乐天溪3.8天，大坝上游的巴东、归州暴雨日数仅2天。

（2）三峡库区强降水分析。

三峡库区湖北段1 h最大降水量在55～110 mm范围。

三峡库区一日最大降水量(见图6－5)都在120 mm以上，大部分地方在160～200 mm范围，说明该区降水强度较大。空间分布有两个高值区和两个低值区。两个高值区，一个是万州的开县，一个是宜昌，一日最大降水量在220 mm以上。其次是万州、渝北区、巴南和东南部的恩施等地，一日最大降水量在200 mm以上。江津、长寿、忠县、云阳、巴东一日最大降水量在180 mm以上。两个明显的低值区，一个是西部的涪陵，一个是东部的秭归，一日最大降水量在120～140 mm之间。

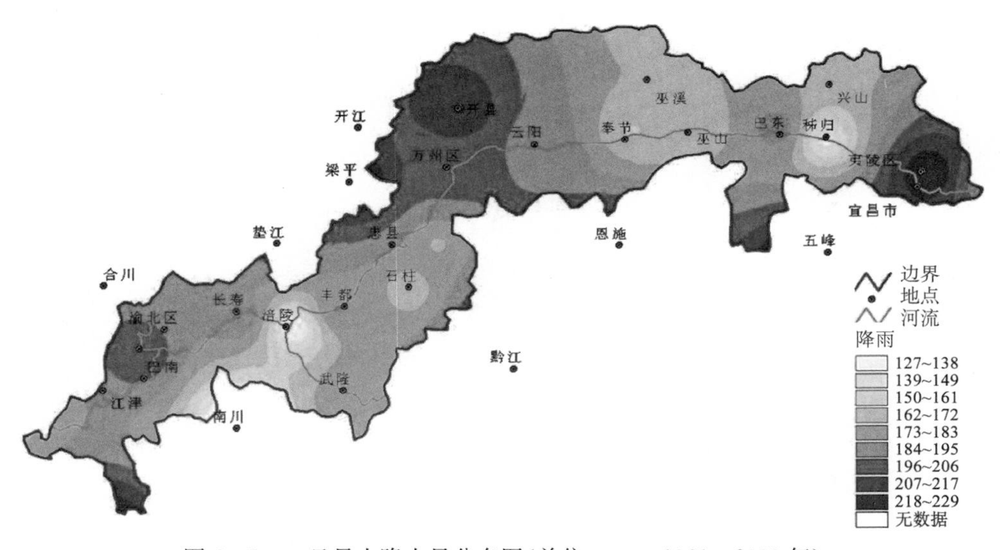

图6－5　一日最大降水量分布图(单位：mm，1961—2000年)

用气候统计方法可以推算出三峡库区湖北段30年一遇、50年一遇的一日最大雨量(见图6－6)。三峡库区湖北段30年一遇的一日最大雨量北部沿长江

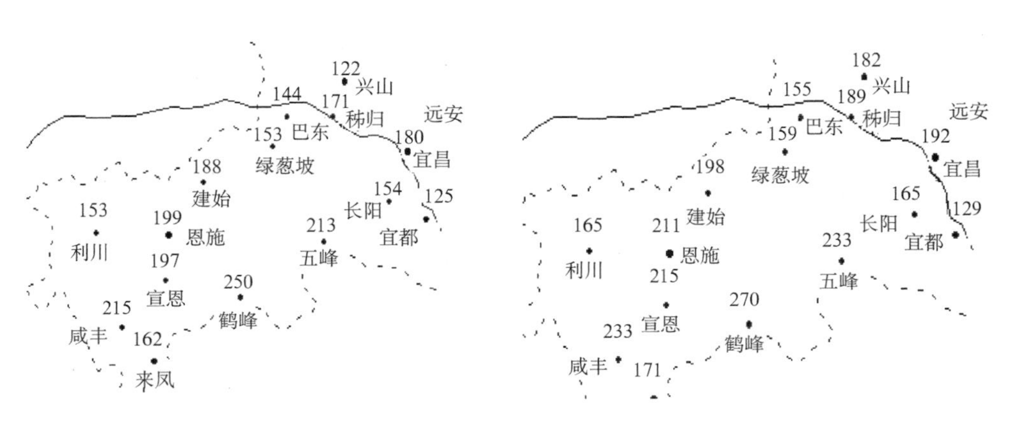

图6－6　三峡库区湖北段30年一遇(左)、50年一遇(右)一日最大雨量(单位：mm，1961—2000年)

一带 120～180 mm 之间，南部为 150～250 mm 之间。三峡库区湖北段 50 年一遇的一日最大雨量北部沿长江一带 150～200 mm 之间，南部多为 170～270 mm 之间。

从图 6－7 可以看出，三峡库区三日最大降水量都在 160 mm 以上，大部分地方在 240～340 mm，其分布特征为中部大，两头小，东部小于西部。空间分布有一个高值区和两个低值区。一个高值区是万州，三日最大降水量在 360 mm以上，其次是开县、云阳、忠县等地，三日最大降水量在 340～360 mm。两个低值区，一个是西部的涪陵，三日最大降水量 160～180 mm，一个是东部的秭归、兴山和西部的武陵，三日最大降水量在 180～210 mm 之间。

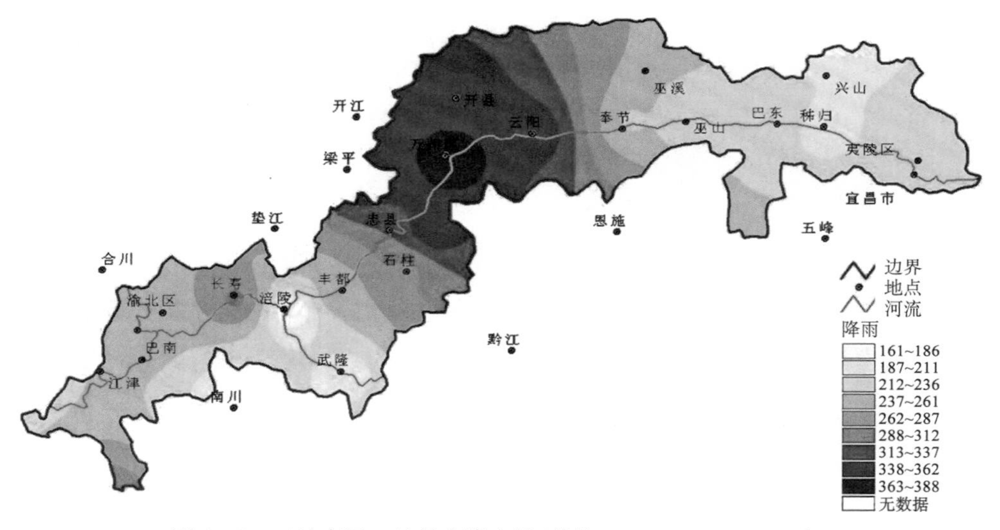

图 6－7　三峡库区三日最大降水量（单位：mm，1971—2000 年）

从图 6－8 可以看出，三峡库区连续最大降水量都在 210 mm 以上，大部分地方在 250～400 mm 之间，其分布特征为中部大，两头小。空间分布有一个高值区和两个低值区。一个高值区是开县，连续最大降水量在 500 mm 左右，其次是万州和云阳的北部，连续最大降水量在 360～400 mm。两个低值区，一个是西部的涪陵，一个是东部的秭归，连续最大降水量 220 mm。东部的兴山、巫山和西部的丰都为次低值，连续最大降水量 250～290 mm。石柱到江津一带的大部分地方连续最大降水量在 280～320 mm 之间。

6.3.1.4　三峡库区连阴雨分析

除了强降水对滑坡有较强的诱发作用外，连阴雨对诱发三峡库区滑坡也有一定的作用。连阴雨是指连续数日甚至十几日出现阴雨的天气，主要出现在春

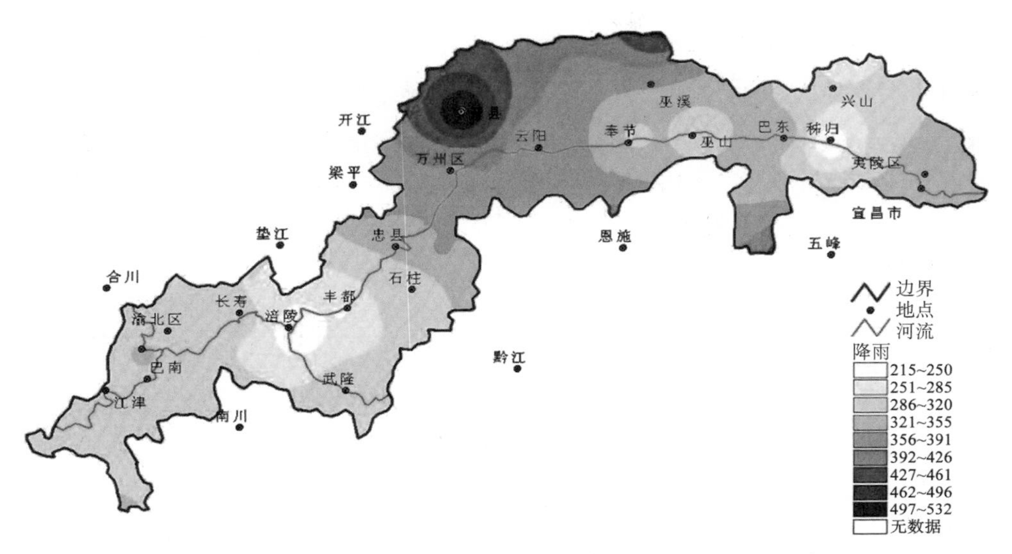

图 6-8 三峡库区连续最大降水量(单位：mm，1961—2000 年)

秋季。华西秋雨是三峡库区秋季降水的一个显著特点，主要是指发生在该区的秋季连阴雨。

三峡库区各地年平均发生连阴雨的频次为 7～13 次，空间分布上与春、秋季降水日数的分布相似，库区中南部的咸丰、鄂西、鹤峰等地连阴雨频次最频繁，平均每年发生 11～13 次，库区西南部次之，每年平均约有 10 次，北部和东北部最少，每年只有 7～8 次。

库区春季和秋季平均连阴雨发生总频次相差不大，春、秋季连阴雨频次各季平均出现 2～4 次，地区分布上与年连阴雨频次相似，中南部较多，西南部次之，北部和东北部最少。三峡库区连阴雨天气几乎每年都有发生。

三峡库区的连阴雨天气以秋季出现最多，冬季最少。平均而言，库区大部分站点连阴雨的过程持续时间多在 9～11 天，秋季的连阴雨过程一般较长，春季大部分连阴雨过程持续时间稍短于秋季。连阴雨的平均持续时间长短的地区分布特征与连阴雨频次的空间分布相似，中南部地区连阴雨持续时间最长，平均为 11 天左右；西南部次之，平均也可达 9～10 天；东北部阴雨持续时间最短，为 8～9 天。

6.3.2 三峡库区湖北段诱发地质灾害的降水分析

一般而言，诱发地质灾害的可能性与暴雨强度和降水量的大小成正比；与前期阴雨长度和累计雨量的大小成正比。

对三峡库区湖北段230个滑坡个例，统计滑坡前10天累计降水量，得出滑坡前累计降水量（$\sum R$）与滑坡发生的累计概率。由图6-9可以看出，当累计雨量30 mm以下时，几乎无滑坡发生。前期累计雨量增加，滑坡发生概率增加。当前期累计降水达70 mm时，滑坡可能发生概率达30%；前期累计降水达100 mm时，滑坡可能发生概率达60%以上。由此可见，前期降水对滑坡发生有重要影响（见表6-2）。

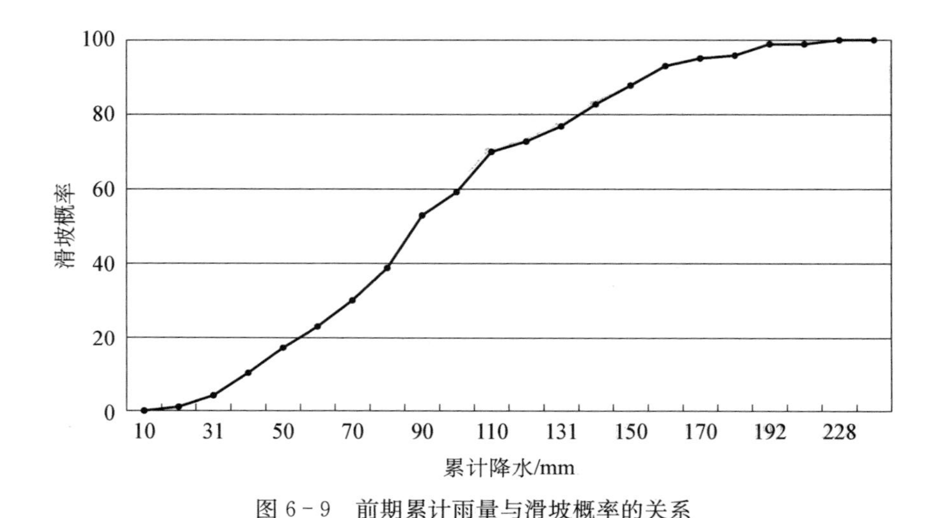

图6-9　前期累计雨量与滑坡概率的关系

表6-2　三峡库区湖北段滑坡发生在不同保证率下的累计降水量阈值(mm)

保证率/%	10	20	30	40	50	60	70	80	90	100
累计降水量/mm	40	60	70	80	86	100	110	140	160	192

叶殿秀等按群发性地质灾害、单发性地质灾害和大中小型滑坡分别统计了不同保证率下诱发群发性滑坡的累计降水阈值：三峡库区相同规模相同保证率下诱发滑坡发生的降水量阈值湖北段均低于重庆段，这可能与库区湖北段同重庆段地质环境不同有关。在同类地质环境条件下，滑坡发生相同保证率下的降水阈值，库区西段出现中型及其以上规模滑坡高于小型规模。库区湖北段，滑坡发生概率50%以下时，大中型规模发生的降水阈值明显高于小型规模滑坡的降水阈值，随着保证率的提高，降水阈值相差不大。

三峡库区湖北段，在不考虑地质条件的情况下，一般当前期10天累计雨量达到70 mm时，就应该加强地质灾害的防御工作。

6.4 水库滑坡主要动力条件的相似模拟

滑坡的发生是滑坡体本身地质结构、滑坡岩土体物理力学性质及外界动力条件(水库蓄水、降雨等)综合作用的结果。滑坡的地质结构及岩土体物理力学性质是控制滑坡是否发生的内在因素,在滑坡物理模型试验中通过相似材料的配置来模拟滑坡岩土体的物理力学性质,通过模型材料的分区砌筑来模拟滑坡地质结构。滑坡外界动力条件是诱发滑坡发生的外部因素,在滑坡物理模型试验中如何实现对其进行模拟,是环境相似条件研究的重要内容。

三峡库区滑坡外界动力条件的模拟,主要是对大气降雨和水库蓄水这两个环境因素相应相似系数的确定和模拟。

降雨因素可以通过降雨过程来描述,降雨过程由降雨强度和降雨历时两个参数来表征,因此,通过研究降雨强度和时间的相似条件并确定降雨强度和降雨历时的相似系数就可以模拟降雨因素。根据相似第一定理和第二定理,用量纲分析的方法确定了模拟降雨强度和降雨历时的相似比分别为 $C_q = \sqrt{n}$ 和 $C_t = \sqrt{n}$(详见第 2.2 节)。

库水位变化因素可以通过库水位的升降过程来描述,库水位升降过程由库水位高程变化和库水位变化历时两个参数来表征。因此,通过研究库水位高程变化和时间的相似条件并确定库水位变化和库水位升降历时的相似系数就可以模拟库水位变化因素。同样根据相似第一定理和第二定理,用量纲分析的方法可以确定模拟库水位的升降变化仅仅与几何比尺有关,即 $C_l = n$,而库水位升降历时的相似系数与时间 t 的相似比相同即为 $C_t = \sqrt{n}$,相关推导可以参考第 2.2 节。

7　滑坡模型试验系统在千将坪滑坡稳定性研究中的应用

以相似理论和用于处理滑坡地质力学模型试验应用中难以保证模型与原型主要物理力学参数严格相似而产生的畸变问题的模型畸变修正方法为基础，通过在大型滑坡模型试验台上对千将坪滑坡地质结构和地质环境的模拟，再现千将坪滑坡发生和发展的整个动态过程，探索千将坪滑坡在三峡水库 135 m 蓄水过程中并遭遇 2003 年 6 月 21 日至 7 月 11 日降雨的情况下滑坡变形破坏机制和失稳的机制。对千将坪滑坡后续水库蓄水至 175 m 水位和库水位骤降条件下滑坡的变形破坏进行试验，预测千将坪滑坡在 135 m 水位蓄水后的后续蓄水与骤降过程中的变形与失稳状态。

7.1　千将坪滑坡模型试验方案

7.1.1　模型概化及其参数确定

1）模型概化

为了探索三峡库区典型顺层岩质水库新生型滑坡在水库蓄水和降雨条件下的变形破坏规律，选取千将坪滑坡为研究对象，根据试验目的、试验方法和试验条件对原型进行必要的概化。概化内容分为地质结构概化和环境条件概化。

对于地质结构概化而言，首先对千将坪滑坡试验剖面进行选取。由于千将坪滑坡的变形破坏在空间上表现出三维特征，但为研究问题的方便，同时又能反映千将坪滑坡的变形破坏特征，将千将坪滑坡三维地质模型转化为适于进行模型试验的二维平面模型。二维平面模型的选取遵循的原则是能够反映千将坪滑坡整体变形破坏特点和运动特征。根据该原则，结合千将坪滑坡地质勘查成果可以看出，$I-I'$ 剖面离牵引区最远，受牵引区的阻力最小，其失稳下滑的运动过程受边界条件的影响最小，同时该剖面又是主滑动面之一，其运动方向代表千将坪滑坡整体运动方向，因而选取 $I-I'$ 剖面作为千将坪滑坡物理模型试验的代表剖面进行模型试验研究，$I-I'$ 剖面图如图 7－1 所示。其次，对试验剖面地质结构进行概化，将复杂的地质结构概化为几个特征的材料分区进行模拟，图 7－2 是在 $I-I'$ 剖面基础上对地质结构进行概化后得到的滑坡岩土材料分区图。最后根据现有滑坡模型试验系统中模型槽的尺寸，确定试验剖面模型长度和原型长度的相似比为 1：150。

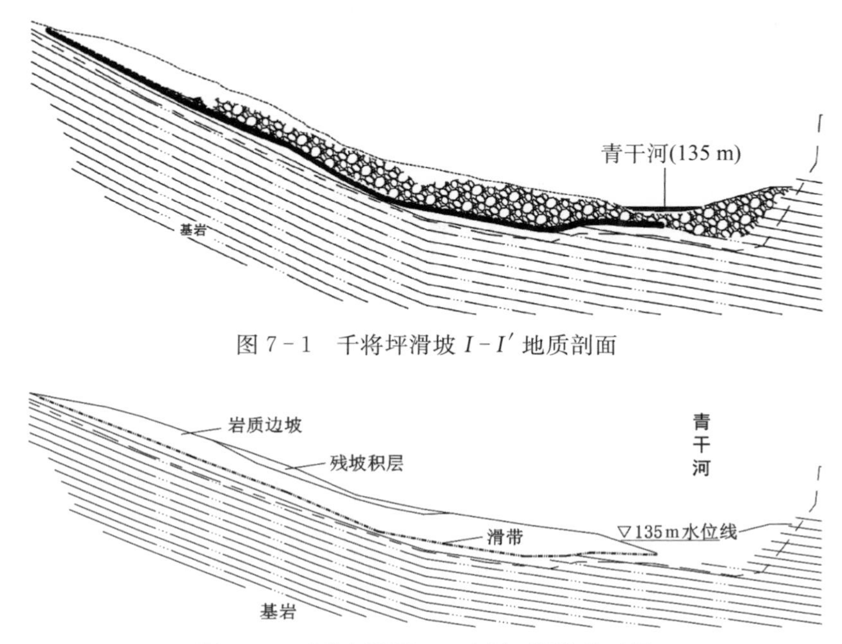

图 7－1　千将坪滑坡 $I-I'$ 地质剖面

图 7－2　千将坪滑坡 $I-I'$ 剖面概化分区图

环境条件的概化实际上就是将复杂的滑坡的外部环境条件概化为人为控制的模型边坡的边界条件。本次试验考虑两个主要影响千将坪滑坡变形破坏的外界环境因素——水库蓄水和大气降雨。水库蓄水对千将坪滑坡变形破坏的影响概化为水库水位变化对滑坡前缘水位边界条件的变化；大气降雨对千将坪滑坡变形破坏的影响概化为降雨过程（降雨强度和降雨历时）的变化对坡面入渗和产流边界的影响。

2）参数确定

表 7－1 和表 7－2 分别是根据岩石物理、力学试验成果结合现场地质勘查综合确定的滑坡力学参数建议值。这些建议值主要是在滑坡的稳定计算中使用，若在模型材料中对所有参数都追求相似，模型材料的配比试验将无法完成。

因此，在表 7－1 及表 7－2 所列滑坡物理力学参数的基础上，根据千将坪滑坡模型试验概化地质结构的特点，综合确定千将坪滑坡原型物理力学参数，各参数取值如表 7－3 所示。

表 7－1　滑坡土体物理力学参数建议值表

土体部位	天然物理指标						力学性指标			
							抗剪强度系数			
	湿密度 ρ/(g/cm^3)	干密度 ρ/(g/cm^3)	含水率 ω/%	比重 Gs	孔隙比 E	饱和度 Sr/%	直接快剪		反复剪	
							C/kPa	φ/(°)	c'/kPa	φ'/(°)
滑带土	1.63	1.36	19.89	2.63	0.93	56.0	28.3	18.2	13.8	17.6
滑体土	2.02	1.75	15.76	2.70	0.55	78.0	23.2	20.1	7.3	19
层间剪切带	1.92	1.68	14.59	2.69	0.60	65.0	20.5	19.0	5	18.4

表 7－2　岩石物理力学参数建议值表

岩石名称	物理性质指标				力学性质指标				
	比重	饱水率/%	孔隙率/%	软化系数	单轴抗压强度/MPa	抗剪强度		弹性模量/×10^4 MPa	泊松比 μ
						C/MPa	φ/(°)		
长石石英砂岩	2.70	2.30	4.44	0.87	74.1～85.6	9.8	42.5	2.92	0.25
粉细砂岩	2.71	2.08	5.54	0.66	28.6～43.4	3.8	37.2	1.37	0.28
泥质粉砂岩	2.72	4.10	12.13	0.34	7.7～22.3	1.3	32.0	0.42	0.34

表 7－3　原型概化参数表

<table>
<tr><th rowspan="3">模拟部位</th><th colspan="2">物理性质指标</th><th colspan="5">力学性质指标</th></tr>
<tr><th rowspan="2">比重</th><th rowspan="2">软化系数</th><th rowspan="2">单轴抗压强度/MPa</th><th colspan="2">抗剪强度</th><th rowspan="2">弹性模量/×10^4 MPa</th><th rowspan="2">泊松比 μ</th></tr>
<tr><th>C/MPa</th><th>φ/(°)</th></tr>
<tr><td>滑带</td><td>2.63</td><td rowspan="3">0.66</td><td rowspan="3">43.4</td><td>13.8</td><td>17.6</td><td rowspan="3">1.37</td><td rowspan="3">0.28</td></tr>
<tr><td>滑坡岩体</td><td>2.70</td><td>3.8</td><td>37.2</td></tr>
<tr><td>残坡积层</td><td>2.72</td><td>7.3</td><td>19</td></tr>
</table>

3）千将坪滑坡相似材料试验

滑坡剖面的概化分区如图 7－2 所示，模型中有 4 个材料分区，分别是滑床、滑带（顺层滑带、切层滑带）、岩质坡体和浅层坡积物，其中基岩比较稳定，因此没有对基岩的模型材料进行配比试验，而以砖石砌体构筑坡体，砂浆抹面并辅以石膏薄层构成一个坚固、光滑且透水性较弱的表面，这样直接构筑基岩的方式在受力和对地下水位的影响方面与原型都是相似的，且简单而易于实现。另外浅层坡积物范围很小，且仅仅提供重力，因而进一步简化将其与岩质坡体合为一个材料分区。

根据相似理论，模型试验所采用的模拟材料要求与原型材料在主要的物理、力学性质方面具有较好的相似性，所选用的模型材料一般应当符合下列要求：①透水性、变形性质和强度性质符合相似原理的要求；②物理、力学性质是稳定的，在大气温度、湿度变化下不致发生大的影响；③制作方便、成型容易，且在成型时没有大的收缩、膨胀等变形；④在考虑坡体的自重影响时，模型材料有相应的容重；⑤在进行破坏试验时，模型材料具有类似的结构和相似于原型材料的破坏特性；⑥符合经济易行的原则。

如前所述，要选择一种材料来满足所有这些要求是不现实的。但是，对于某一材料而言，可以满足上述原则中的主要条件，而忽略一些次要因素。

相似材料配比试验中针对特定相似参数的配比较易设计，满足多种相似比要求较难实现，具体而言，对于模型材料与原型材料之间分别满足渗流相似要求、满足应力场相似要求和满足破坏相似要求的材料相互之间难以统一。

结合以上的选取原则，在试验阶段，根据现场滑带、滑体的土体特性及相应的强度指标选用砂、滑坡土体作为骨料进行相似材料试验。相似材料的原料为：①河砂，模数为 2.7 的中砂，作为容重、渗透系数及黏聚力、内摩擦角的调节材料；②山砂、中砂，作用同河砂；③千将坪滑体土，过 2 mm 筛，作为滑体相似材料配比的主体骨料，同时具有黏结剂和调节内摩擦角的作用；④千将坪滑带土，过 2 mm 筛，作用同滑体土；⑤少量膨润土，作为影响弹模的敏感材料，同时对内摩擦角起调整作用；⑥自来水。

另外，击实功从 0～20 次，可以把渗透系数控制在 10^{-7}～10^{-2} cm/s 之间。考虑到这一影响，在室内试验备样时，采用和整体模型试验同样的成型方法，即在模型架中采用与模型成型同样的击实方法及击实次数，控制成型土体的含水率及密实度，然后再在成型的土体中进行取样，进行室内试验。

通过进行多组模型材料试验，并考虑土体黏聚力、内摩擦角、渗透系数、弹性模量及成型过程因素，模型试验相似材料具体配比及试验结果如下：

顺层滑带土材料配比：80%河砂，过 2 mm 筛，洗砂，去掉淤泥；20%棕黄色滑带土，过 2 mm 筛。含水率 14.6%，密度 1.68 g/cm³。

切层滑带土材料配比：20%河砂，过 2 mm 筛，洗砂，去掉淤泥；80%黏土（棕黄色滑带土，过 2 mm 筛），含水率 14.6%，密度 1.68 g/cm³。

滑体材料配比：20% 河砂，20% 标准砂，59% 黏土，1% 膨润土，含水率 15.7%，密度 1.75 g/cm³。

表 7-4～表 7-7 分别列出了千将坪滑坡顺层剪切带、切层剪切带、滑体和滑床原型材料与模型相似材料物理力学参数的对比值。

表 7-4 顺层剪切带原型材料与相似材料物理力学参数对比表

实验项目		原型材料	相似材料
比重	G	—	—
相对密度	$\rho/(\mathrm{g/cm^3})$	13.6～16.3	16.8
液限	W_l	—	—
塑限	W_p	—	—
塑性指数	I_p	—	—
渗透系数	$K/(\mathrm{cm/s})$	$2\times10^{-3}\sim2\times10^{-2}$	1.24×10^{-2}
变形模量	E/MPa	—	—
强度参数	C/kPa	20～40	1.3
	$\varphi/(°)$	20～30	23.2

表 7-5 切层剪切带原型材料与相似材料物理力学参数对比表

实验项目		原型材料	相似材料
比重	G	—	—
密度	$\rho/(\mathrm{g/cm^3})$	24～24.5	16.8
液限	W_l	—	—
塑限	W_p	—	—
塑性指数	I_p	—	—
渗透系数	$K/(\mathrm{cm/s})$	$2\times10^{-3}\sim2\times10^{-2}$	3.63×10^{-4}
变形模量	E/MPa	—	—
强度参数	$\mathrm{C/kPa}$	10～20	7.7
	$\varphi/(°)$	20～30	20.6

表 7-6 滑体原型材料与相似材料物理力学参数对比表

实验项目		原型材料	相似材料
比重	G	—	—
密度	$\rho/(\mathrm{g/cm^3})$	24.5～25.0	17.5

（续表）

实验项目		原型材料	相似材料
液限	W_l	—	—
塑限	W_p	—	—
塑性指数	I_p	—	—
渗透系数	$K/(cm/s)$	$2\times10^{-4}\sim2\times10^{-3}$	7.13×10^{-3}
变形模量	E/MPa	0.5×10^4	6.7
泊松比	μ	0.32	—
强度参数	C/kPa	3 800	10.97
	$\varphi/(°)$	37	29.3

表 7-7　滑床原型材料与相似材料物理力学参数对比表

实验项目		原型材料	相似材料
比重	G	—	—
密度	$\rho/(g/cm^3)$	25～25.5	—
液限	W_l	—	—
塑限	W_p	—	—
塑性指数	I_p	—	—
渗透系数	$K/(cm/s)$	2×10^{-6}	—
变形模量	E/MPa	1.37×10^4	—
泊松比	μ	0.28	—
强度参数	C/kPa	3 800	—
	$\varphi/(°)$	37	—

7.1.2　模型成型

模型成型过程应最大限度的满足相似三定理所推导出的相似条件的要求，如相似比、单值条件。这一过程对于用模型预测原型，反映原型的形变和破坏过程至关重要。但是成型既要考虑科学性，还要考虑可操作性，所以存在一定程度的难度。对于物理模型的成型问题，根据研究的对象、侧重点及相似材料的不同，有以下几种制作模型的方法：

（1）砌筑法成型。该法主要用于模拟节理岩体的地质力学模型试验。成型时用一定形状的预制小块体砌筑成试验模型。

（2）浇注成型。主要用于纯石膏材料。其步骤为：浇注—自然干燥—拆模一烘干(温度不宜超过 60℃)或自然干燥。这种成型法,渗水较多,不易干燥,成型周期长,但一般而言模型表面较平整,易于粘贴应变片。

(3) 碾压成型。此法尤其适合于以油脂、石蜡类材料为黏结剂的相似材料。碾压时每层厚度不宜大于 30 mm,碾压次数以 15 次为宜。

(4) 压力机压实成型。在原材料配比难以有更大潜力可控时,采用压力机压力成型可提高材料的容重和内摩擦角。

(5) 夯实成型。适用于除纯石膏材料以外的几乎任何其他材料,特别是在以材料容重为控制参数时,夯实成型(及上面提到的压力机压实成型)是较好的成型方式。为保证在夯实过程中模型各部分密实程度的均匀性,最好制作专门的夯实工具,使每次夯击时槌的下落高度一致。

千将坪滑坡模型试验材料的弹模较低,不便于用砌筑法成型。一是因为弹模低时砌块刚度小、强度低,施工时搬运和挪动都容易破碎;二是因为砌块间的黏结强度不易控制,黏结材料低于砌块时形成软弱的节理或夹层,高于砌块时则会局部产生尺寸效应,对整体的变形协调起到一定的阻碍作用,总之会改变模型的特性,使得到的模型可能变成一个完全不同于理论设计时的模型,产生不可控制的畸变,所以该法不可行;另外浇注成型、碾压成型等方法也都有其适合的特定范围;压力机压实成型虽然对于模型整体性等都比较好,但是需要设计专门的机械设备,耗资较大。

结合试验的特点和理论分析中确定的关键控制因素,考虑选取密度控制人工分层填筑夯实成型的方法,其关键技术是模型薄层条块划分和相应击实功的确定。该方法把模型从空间上划分成若干等厚薄层条形区域,在该区域内根据模型材料预期达到的密度确定其填入模型材料量,并按照一定的击实功进行击实,以保证在薄层内模型材料击实后达到预期的高度和预期的密度。

为此我们进行了针对性的击实试验。试验采用手动击实仪或木槌施加击实功两种击实方法,并将结果进行分析比较。击实时在模型架内把模型材料平摊到一定厚度,在其上面搁置一块特制的木质垫块使模型材料受力均匀,在垫块上方通过手动击实仪或木槌施加击实功使土体击实,在反复的击实操作中,可以获取模型材料初始厚度与达到预期密度的击实功(击实次数)之间的对应关系,之后通过击实样的室内渗透试验,可以得到密度与渗透系数 k 之间的一个近似对应关系。再通过密度在两个关系式或关系曲线之间的代换,可以得到击实次数与渗透系数 k 值之间的关系式,这样,模型试验一系列关键控制参量在成型过程中,通过对密度的控制得到体现。

(1) 手动击实仪击实方法。在宽 80 cm 的模型框架内,分段成型,每段上再分层填筑击实。采用南京土壤仪器厂生产的 WJ-1 型手提击实仪进行击实(见图 7-3)。将击实仪放在长 76 cm、宽 8.5 cm、厚 8.6 cm 的木垫块上,以分散击实过程中的应力。击实时先将击实仪放在木垫块的中间部位,让击实锤从固定高度落下一定次数,再将击实仪依次移动到垫块左右端击实一定次数。如此一次操作完成后,顺坡体长度方向移动垫块,并保证该次垫块位置与上次垫块位置有 1/3 垫块宽度的搭接。当一次击实完成后,即用环刀在击实面上随机取样,并即时称量,计算密度,当密度不够时继续按前面的流程补充击实,直至达到要求的密度。试验结果如表 7-8 所示。从击实结果可以看出,密度与击实次数存在较为明显的对应关系。击实次数与密度关系图如图 7-4 所示。

图 7-3 采用的 WJ-1 型手提击实仪

表 7-8 模型成型击实数据表

成型击实试验数据 2006-7-9				
环刀重量:43 g 环刀体积:59.96 cm^3				
层 数	击实次数	环刀样重量/g	土净重	密度/(g/cm^3)
第 1 层	5	—	—	—
	10	140.2	101.7	1.70
	15	147.8	104.8	1.74
第 2 层	5	136.3	93.3	1.62
	10	139.9	96.9	1.62
	15	147.1	104.1	1.74

（续表）

层　数	击实次数	环刀样重量/g	土净重	密度/(g/cm³)
第 3 层	5	134.2	91.2	1.52
	10	143.6	100.6	1.68
	15	148.3	105.3	1.76
平均值	5	135.3	92.25	1.54
	10	141.2	99.7	1.67
	15	147.7	104.7	1.75

注：土每层厚度为 9 cm，击实次数是指在垫块的中间和左右两端分别击实的次数。

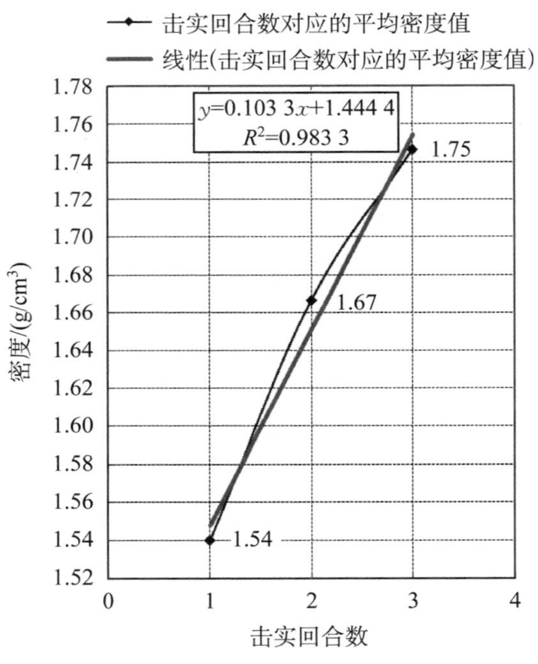

图 7－4　击实回合数与密度关系曲线

（2）木槌击实仪击实方法。用击实槌进行击实，虽然易于量化控制，但是施工速度较慢，且在模型架的有限空间不便于击实操作，于是进行了木槌击实试验（见图 7－5）。通过多次的实践，获得如下合理的木槌击实方案：①减少每次对垫块在一个部位的敲击次数，增加垫块沿坡体倾向方向往复移动的次数，在一定程度上增加水平向的均匀性；②每层土的厚度为 6 cm，保证土体在竖直向的均匀性。木槌击实试验的具体数据如表 7－9 所示。

图 7-5 木槌击实操作试验

表 7-9 木槌击实数据表

木槌击实试验数据 2006-7-13						
环刀重量：43 g 环刀体积：59.96 cm^3						
试验层次数	击实操作组合数	环刀样重量/g	土净重	密度/(g/cm^3)	击实说明	备注
第 1 层次	①	134.17	91.17	1.52	在垫块上左中右各击 1 次，往复 3 次，向前移动 2/3 垫块宽度，作用完一个工作面，算一次击实操作组合	每次取样是在工作面完成一次击实操作组合之后进行
	②	143.37	100.37	1.67		
	③	147.12	104.12	1.74		
第 2 层次	①	132.98	89.98	1.50	在垫块上左中右各击 1 次，向前移动 2/3 宽度垫块，作用完一个工作面，往复一次，算一次击实操作组合	
	②	135.19	92.19	1.54		
	③	139.61	96.61	1.61		
	④	143.98	10098	1.68		
	⑤	145.24	102.24	1.71		
	⑥	147.74	104.74	1.75		
第 3 层次	①	133.56	90.56	1.51	在垫块上左中右各击一次，往复 3 次，向前移动 2/3 宽度垫块，作用完一个工作面，算一次击实操作组合	
	②	141.98	98.98	1.65		
	③	148.07	105.07	1.75		

由表 7-9 可以看出，用木槌进行击实是可控的，其中的 1、3 次为同一种击实方法，两次误差远远低于 1%，且两次的平均值具有较好的线性(见图 7-6)，是一种可行的操作方法，至于第 2 种击实方法，也有较好的线性(见图 7-7)，但

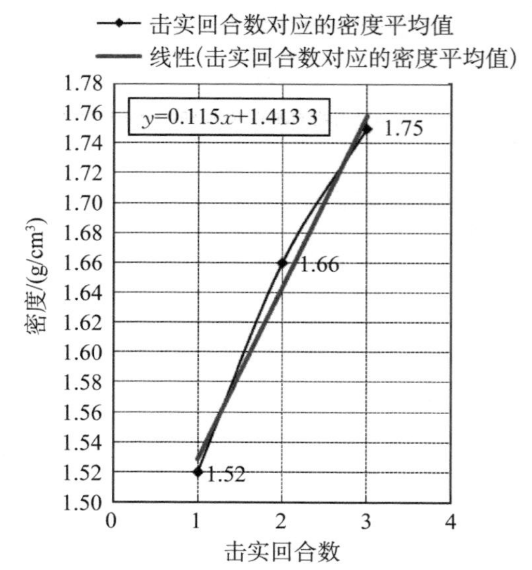

图 7－6　第 1、3 层击实回合数与密度关系曲线

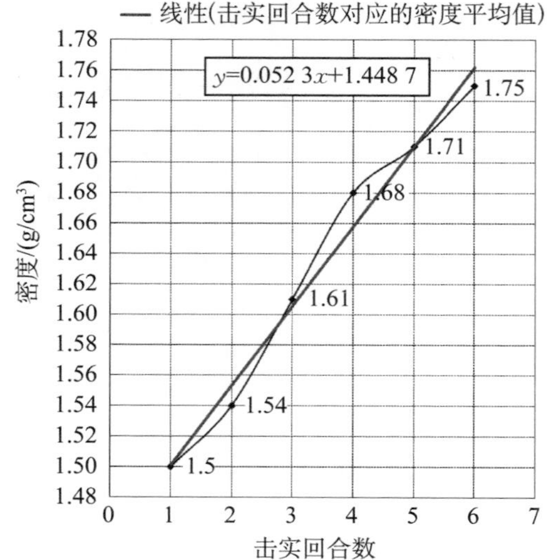

图 7－7　第 2 层击实回合数与密度关系曲线

是没有第 1 种操作方便，因此可选择第 1 种击实方法为最终击实方案。

模型分段施工时，还必须考虑每段之间的连接问题，考虑到击实时挡板的影响，挡板前一定范围内的土体可能达不到试验要求，为此挡板不可设得太高，以保证击实时有足够的施力空间；另一方面，在撤下挡板后，应该用铲刀将原挡板附近大约一击实锤宽度范围内的土体清理掉，并将此范围向上一定范围内(建议 1/2 竖柱间距)土体清理出一个下凹弧面，以增大两次施工段的连接面积，减小施工和尺寸效应的影响，处理过程如图 7－8 所示。

此施工过程应有专业人员操作，并应该连续施工，尽快完成。成型完毕后，应使模型土体有足够的固结时间，固结过程是模型成型的一个重要步骤，所以在此期间应该采取在滑坡底部进行支挡，固结期间对坡体进行一定的保湿防护，确保成型的模型的各物理力学参数能够满足模型试验设计的要求。

7.1.3　试验方案

根据三峡水库 135 m 蓄水日志(李学贵，2003)，历时 9 天零 13 个小时蓄水至 135 m 水位，及三峡水库保持在 135 m 水位并遭遇 2003 年 6 月 21 日—7 月 11 日期间降雨过程，模拟千将坪滑坡在 2003 年 6 月 1 日至 2003 年 7 月 13 日时间段内滑坡的变形破坏过程。三峡水库蓄水与千将坪滑坡区降雨过程如图 7－9 所示。

根据降雨与水库水位变化两个环境因素的相似条件，结合千将坪滑坡遭遇

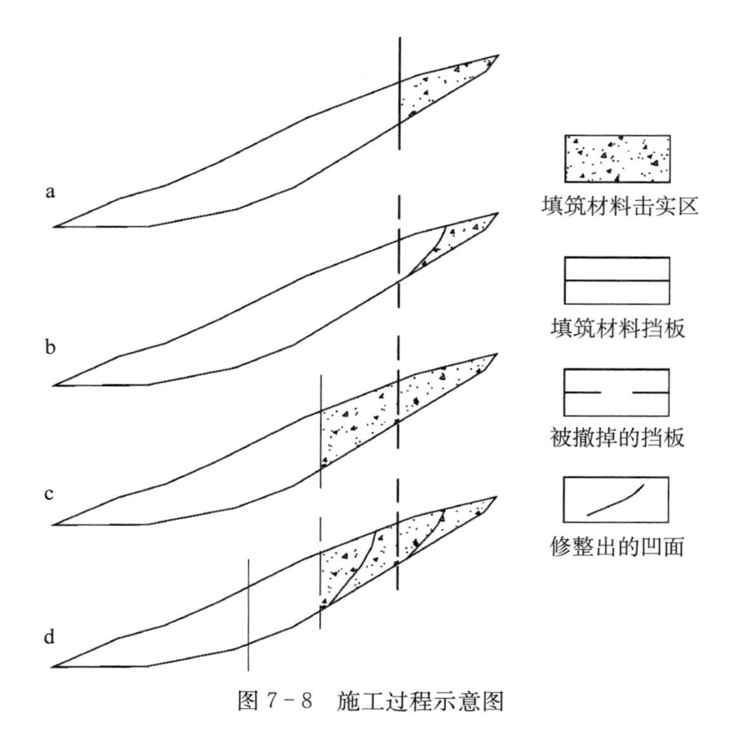

图 7－8　施工过程示意图

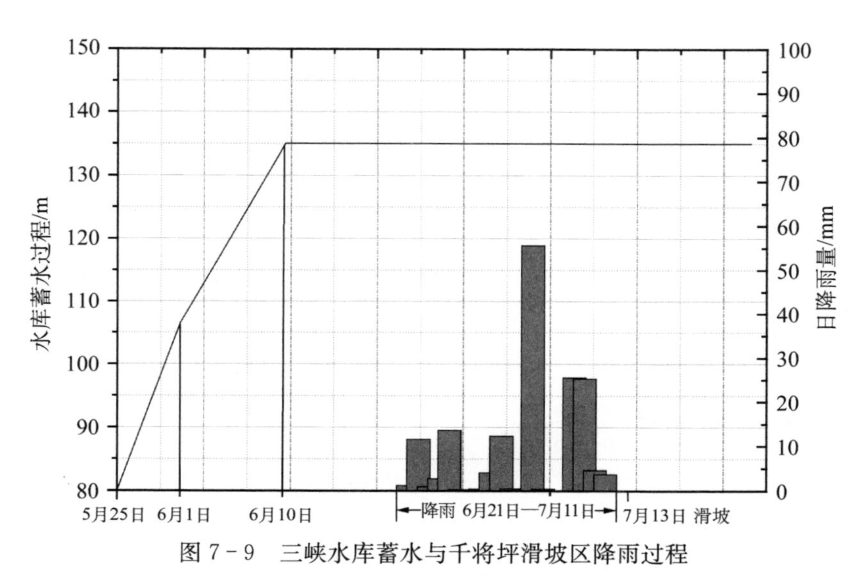

图 7－9　三峡水库蓄水与千将坪滑坡区降雨过程

三峡水库 135 m 蓄水和 2003 年 6 月 21 日—7 月 11 日期间降雨过程，得到千将坪滑坡物理模型试验的降雨与蓄水过程，具体如图 7 - 10 所示。

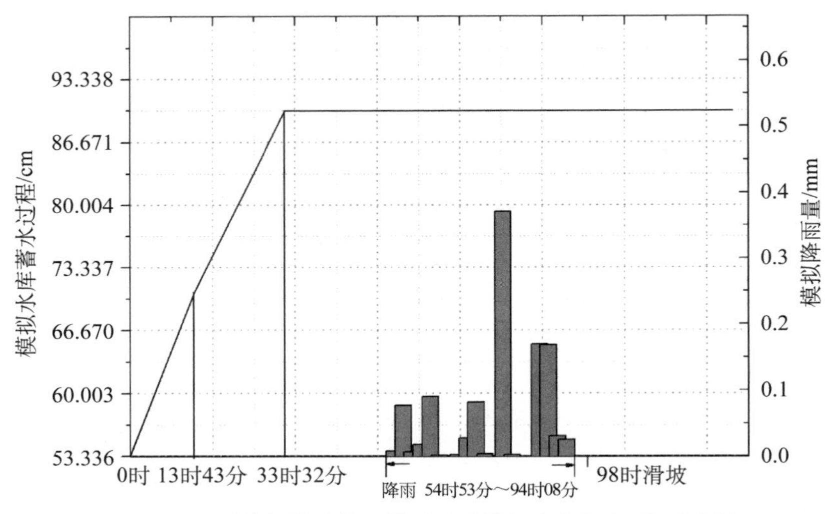

图 7 - 10　千将坪滑坡物理模型试验模拟水库蓄水、降雨过程

7.1.4　测点布置

为了分析千将坪滑坡在水库蓄水和降雨条件下应力场、渗流场和位移场的变化特征，在滑坡的不同位置布置 4 个观测剖面，并在这些剖面上共布设 8 个土压力传感器、8 个孔隙水压力传感器、4 个表面位移传感器和 12 个位移光学测量点分别观测土压力、孔隙水压力和位移的变化，同时在这 4 个剖面上分别布设 12 个土壤含水量测点（γ 射线法）。

剖面Ⅰ埋设的两个部位的土压力传感器和孔隙水压力传感器位于滑坡后缘滑带附近，其对应的高程为 287 m；位移传感器布置在剖面表层处，其高程为 316 m；布置两个土壤含水量测点高程分别为 294 m 和 279 m；布置 4 个非接触式位移测量点，其高程从高到低分别为 320 m、310 m、300 m 和 290 m。

剖面Ⅱ埋设的两个部位的土压力传感器和孔隙水压力传感器位于滑坡中后部滑带附近，对应的高程约为 224 m；位移传感器布置在剖面表层处，其高程约 256 m；布置 3 个土壤含水量测点，其高程分别为 249 m、234 m 和 219 m。

剖面Ⅲ埋设的两个部位的土压力传感器和孔隙水压力传感器位于滑坡中前部滑带附近，其对应的高程约为 128 m；位移传感器布置在剖面表层处，其高程约 176 m；布置 3 个土壤含水量测点，其高程分别为 174 m、159 m 和 144 m；布置 5 个非接触式位移测量点，其高程从高到低分别为 175 m、165 m、155 m、145 m 和 135 m。

剖面Ⅳ埋设的两个部位的土传感器和孔隙水压力传感器位于滑坡前缘滑带附近，其对应的高程约为 118 m；位移传感器布置在剖面表层处，其高程约为 154 m；布置 1 个土壤含水量测点，其高程为 144 m；布置 3 个非接触式位移测量点，其高程从高到低分别为 150 m、140 m 和 130 m。

所有测点布置具体如图 7-11 所示。

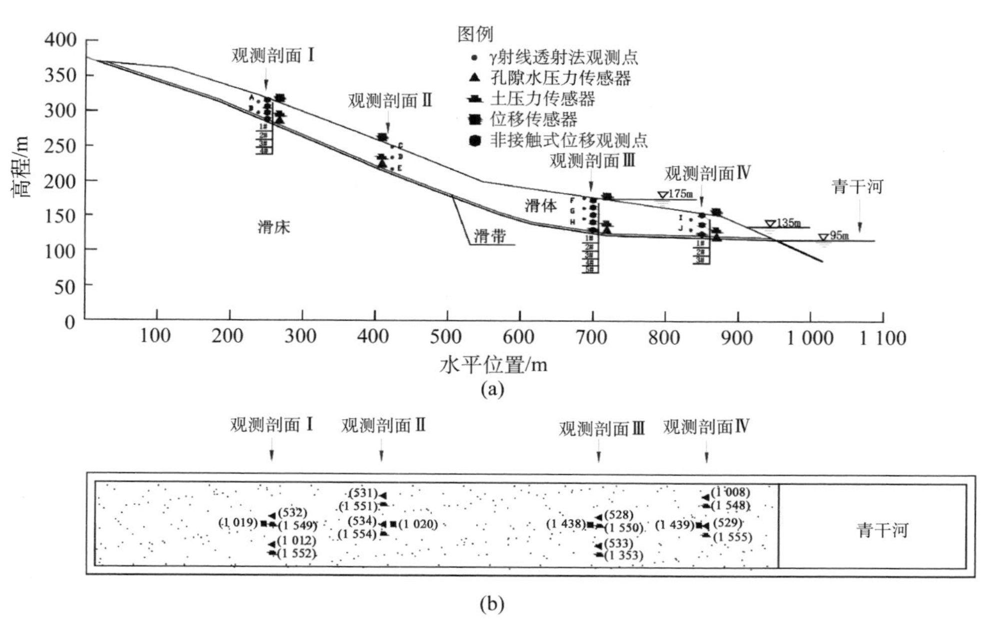

图 7-11 传感器布设位置示意图

(a) 千将坪滑坡模型侧视图；(b) 千将坪滑坡模型俯视图

7.2 千将坪滑坡模型试验成果

通过千将坪滑坡在三峡水库 135 m 蓄水并遭遇 2003 年 6 月 21 日—7 月 11 日期间降雨过程的物理模型试验，获得了滑坡模型观测剖面Ⅰ～剖面Ⅳ量测点的含水量变化过程线、孔隙水压力变化过程线、土压力变化过程线和位移变化过程线。根据所获得的试验数据，分别对千将坪滑坡物理模型的含水量变化特征、孔隙水压力变化特征、土压力变化特征进行分析；在上述分析基础上，结合模型位移变化过程线及破坏图片信息，分别对千将坪滑坡模型的变形和破坏特征进行综合分析。

7.2.1 数据采集

对千将坪滑坡物理模型试验整个过程的测点数据进行采集，将采集的试验数据按相似理论还原成原型对应的物理力学参量，采集的数据如下所述。

7.2.1.1 滑坡含水量数据采集

图 7－12～图 7－18 为观测剖面Ⅰ～剖面Ⅳ上滑坡土体含水量随蓄水及降雨过程变化的过程线及各剖面含水量分布过程图。

7.2.1.2 孔隙水压力传感器数据采集

图 7－19～图 7－22 为观测剖面Ⅰ～剖面Ⅳ上孔隙水压力测点所测得的孔隙水压力随试验蓄水和降雨过程变化的过程线。

7.2.1.3 土压力传感器数据采集

图 7－23～图 7－26 为观测剖面Ⅰ～剖面Ⅳ上土压力测点所测得的土压力随试验蓄水和降雨过程变化的过程线。

7.2.1.4 位移数据采集

图 7－27～图 7－30 为观测剖面Ⅰ～剖面Ⅳ上地表位移量测点位移随试验蓄水和降雨过程变化的过程线；图 7－31～图 7－33 分别为剖面Ⅰ、剖面Ⅲ和剖面Ⅳ光学测点位移变化过程线。

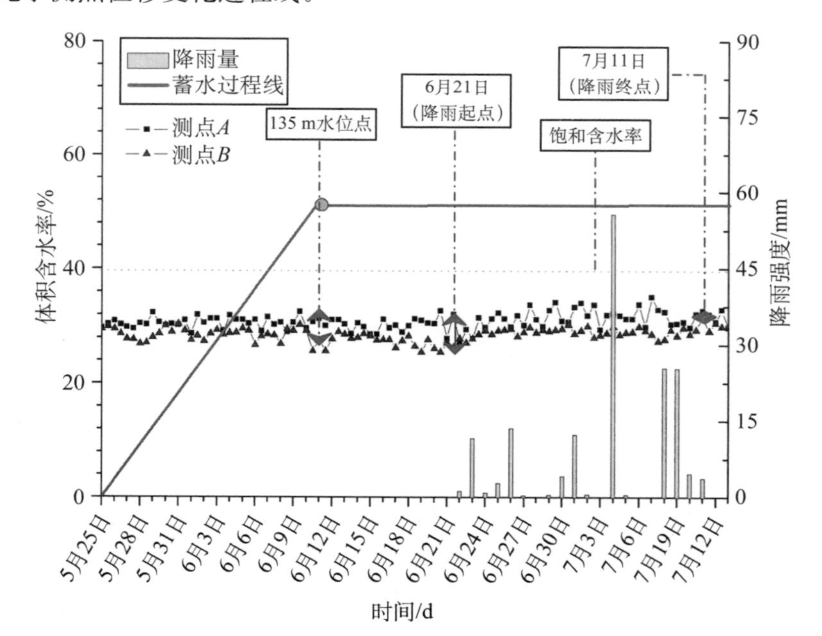

图 7－12　剖面Ⅰ测点含水量变化过程线

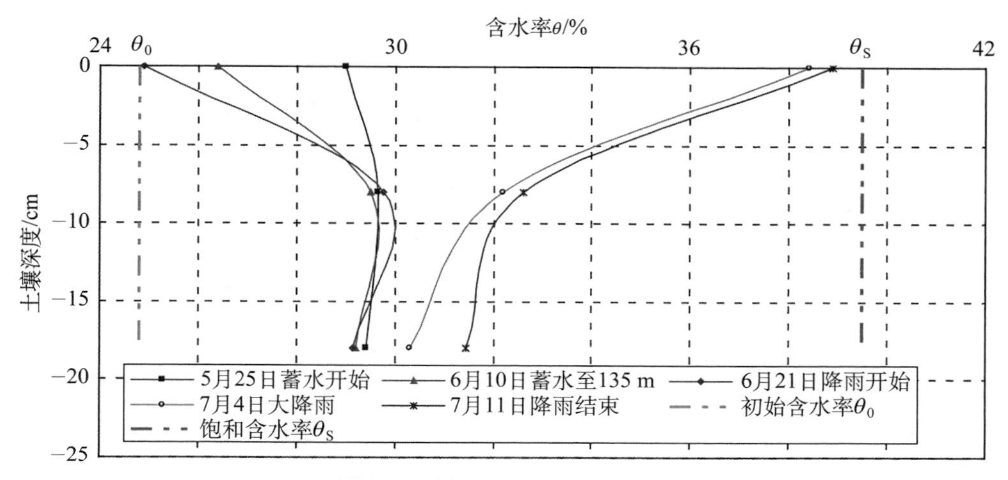

图 7－13　剖面Ⅰ含水量分布过程图

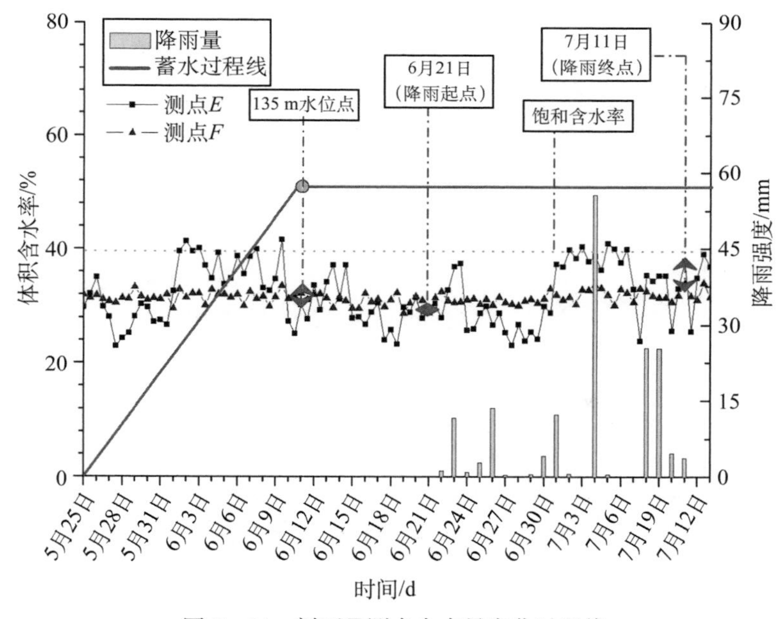

图 7－14　剖面Ⅱ测点含水量变化过程线

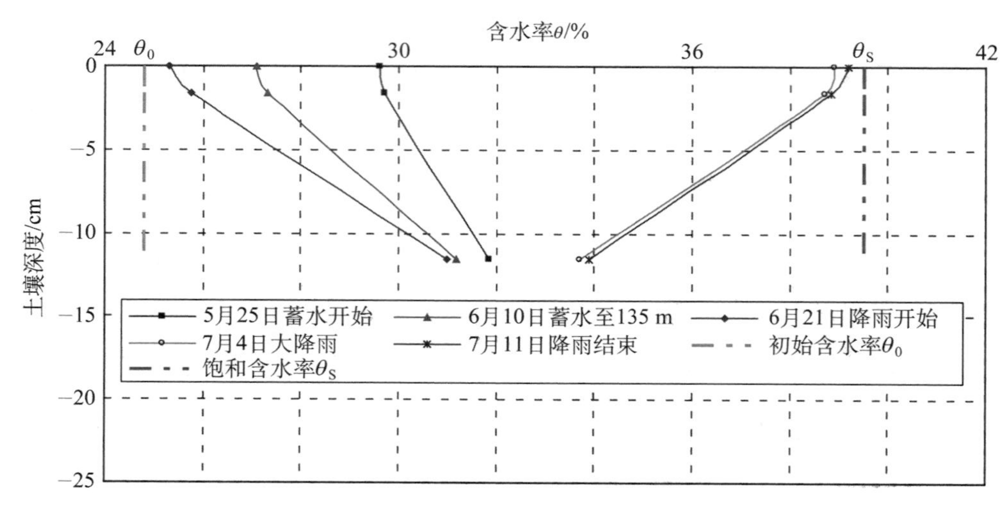

图 7 - 15　剖面Ⅱ含水量分布过程图

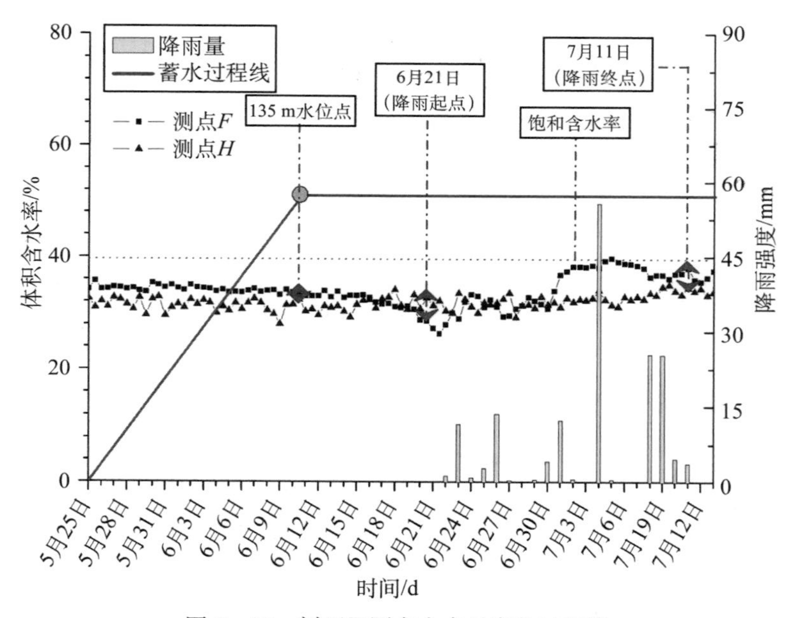

图 7 - 16　剖面Ⅲ测点含水量变化过程线

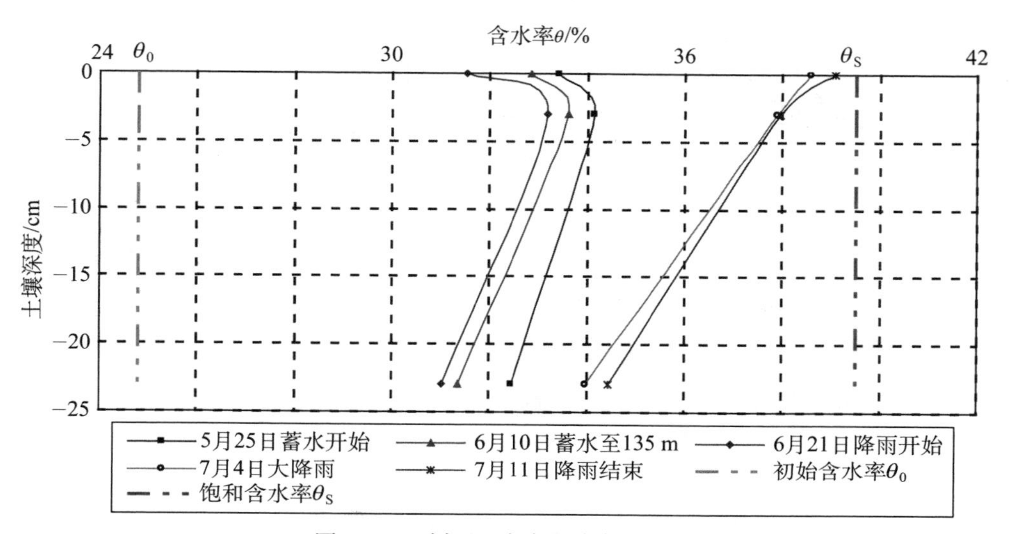

图 7－17　剖面Ⅲ含水量分布过程图

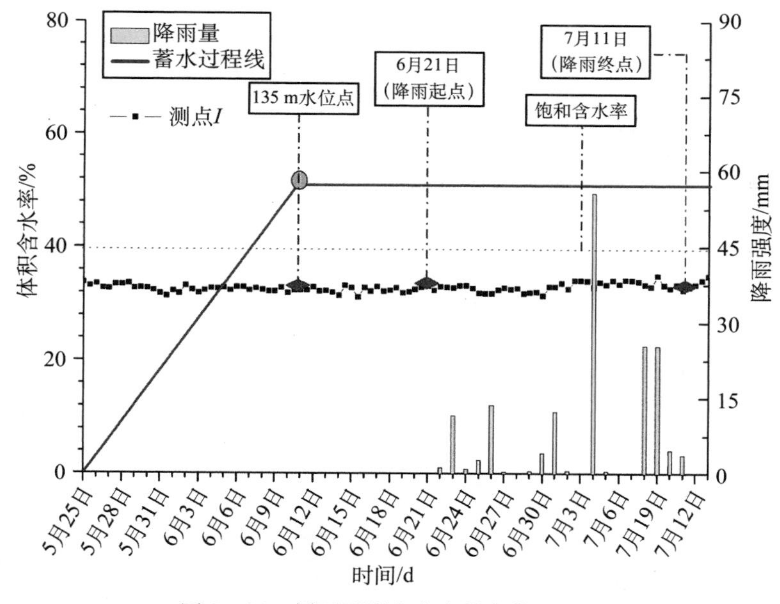

图 7－18　剖面Ⅳ测点含水量变化过程线

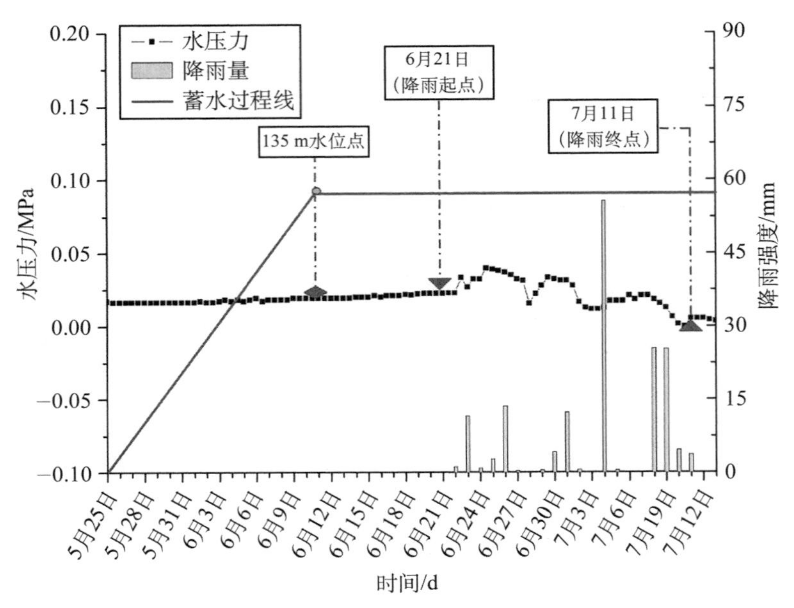

图 7-19 剖面Ⅰ水压力测点水压力变化过程线

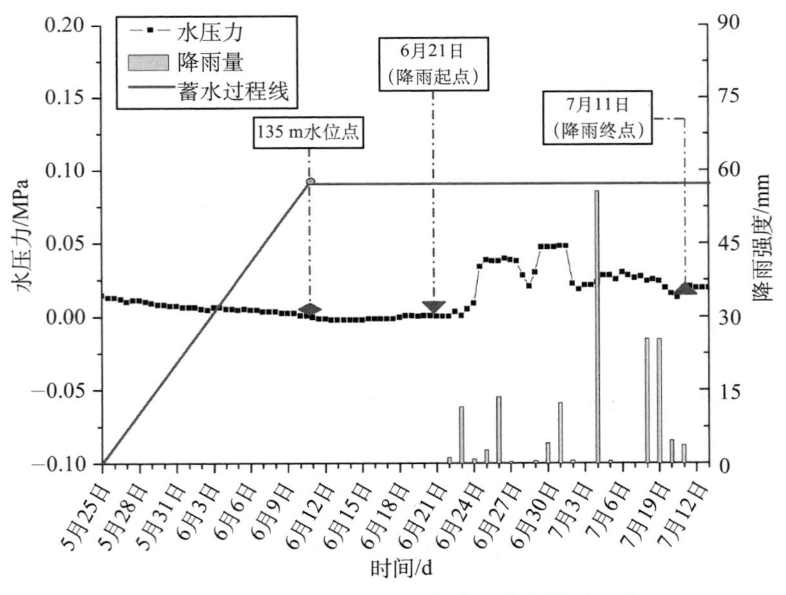

图 7-20 剖面Ⅱ水压力测点水压力变化过程线

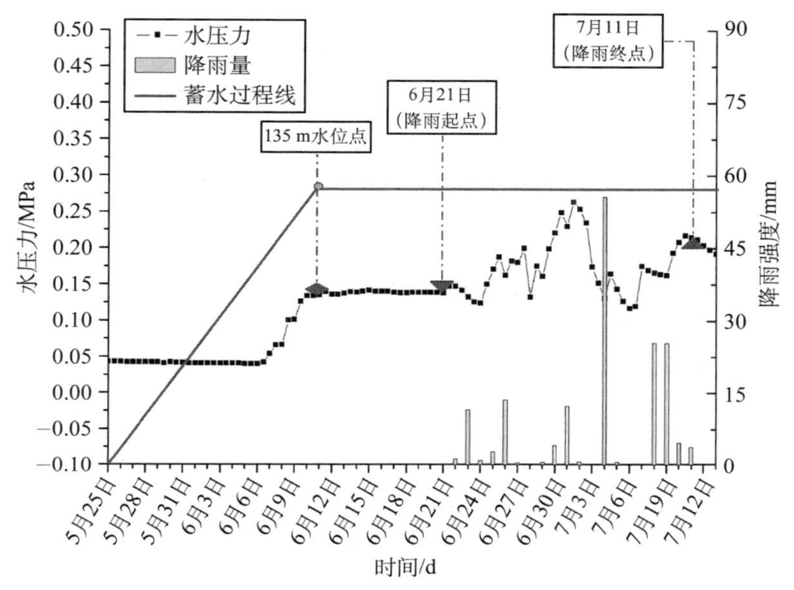

图 7-21 剖面Ⅲ水压力测点水压力变化过程线

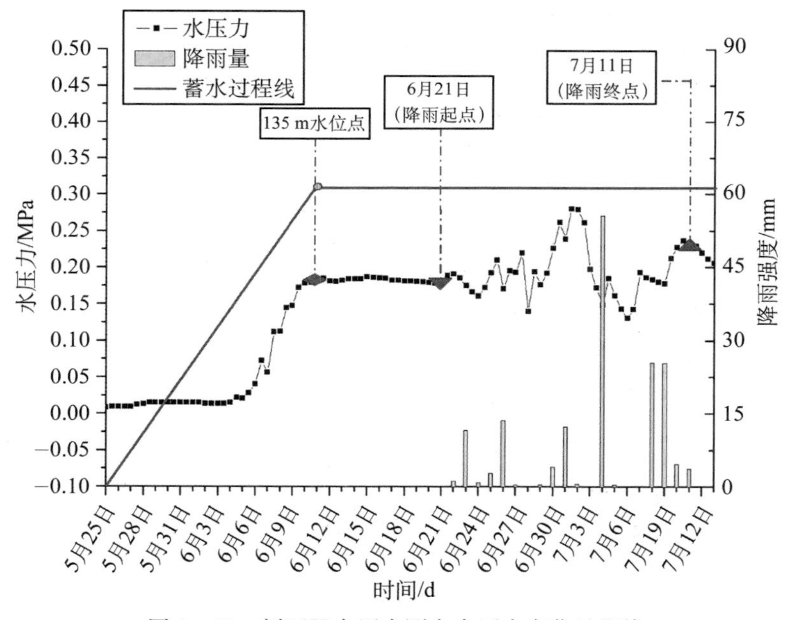

图 7-22 剖面Ⅵ水压力测点水压力变化过程线

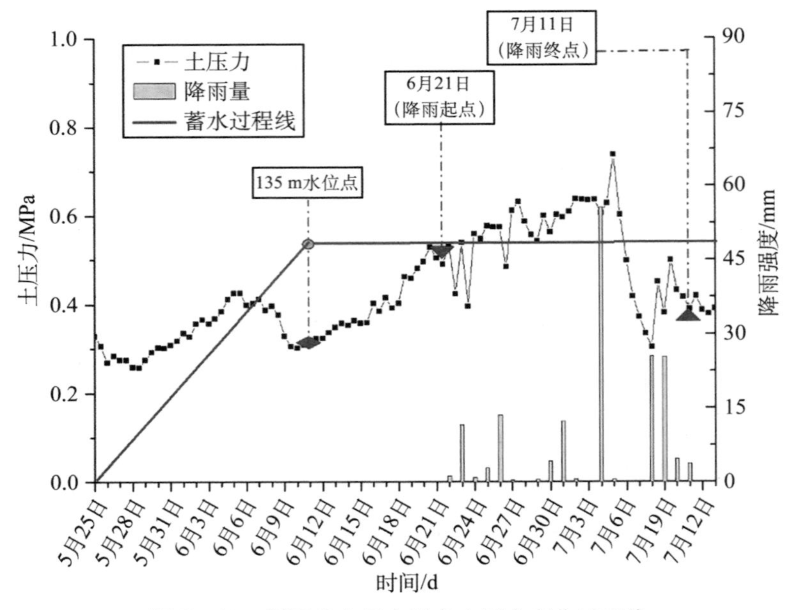

图 7－23　剖面Ⅰ土压力测点土压力变化过程线

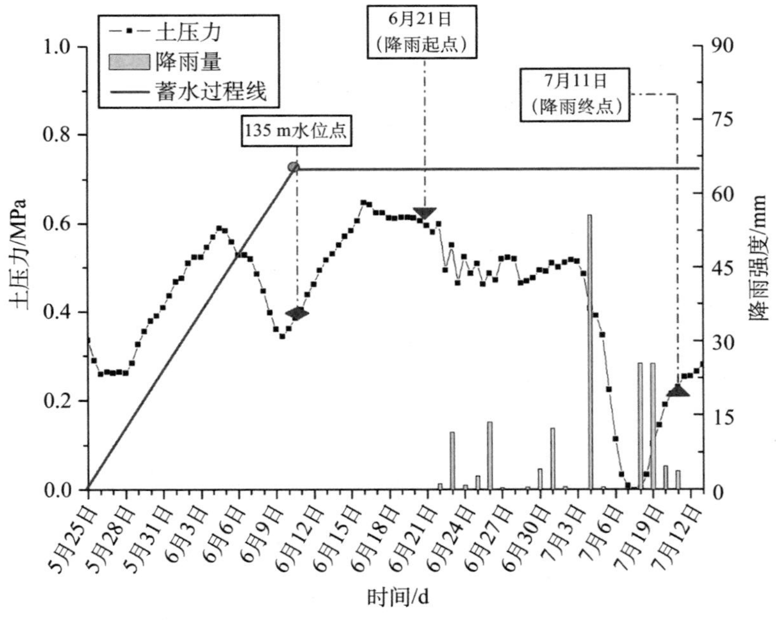

图 7－24　剖面Ⅱ土压力测点土压力变化过程线

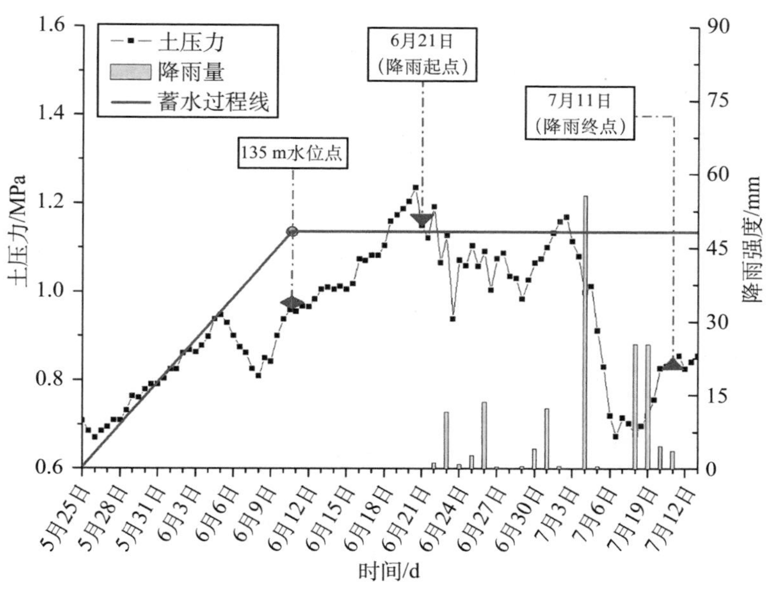

图 7-25　剖面Ⅲ土压力测点土压力变化过程线

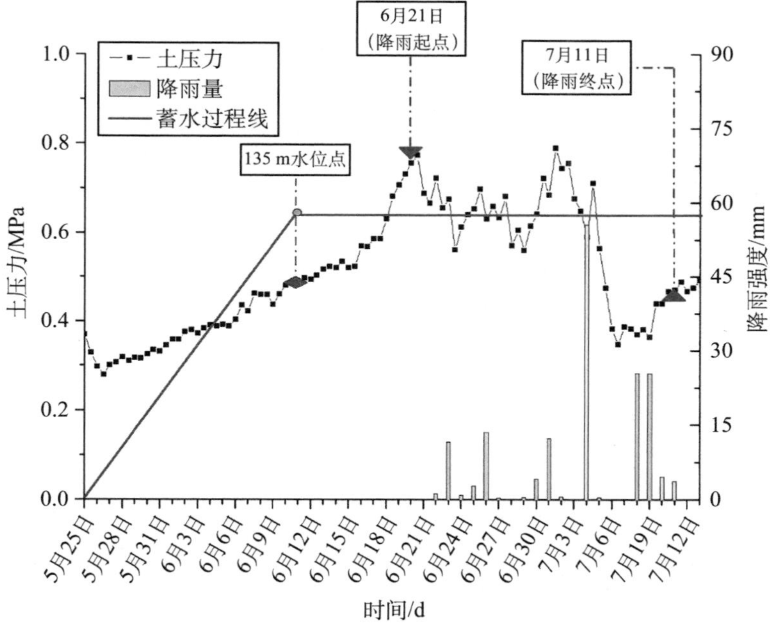

图 7-26　剖面Ⅵ土压力测点土压力变化过程线

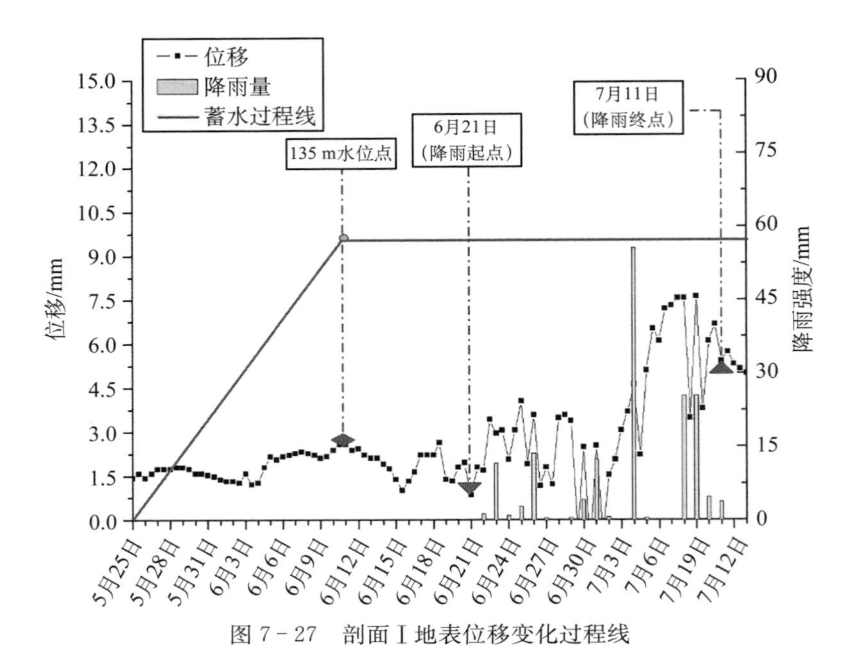

图 7－27　剖面Ⅰ地表位移变化过程线

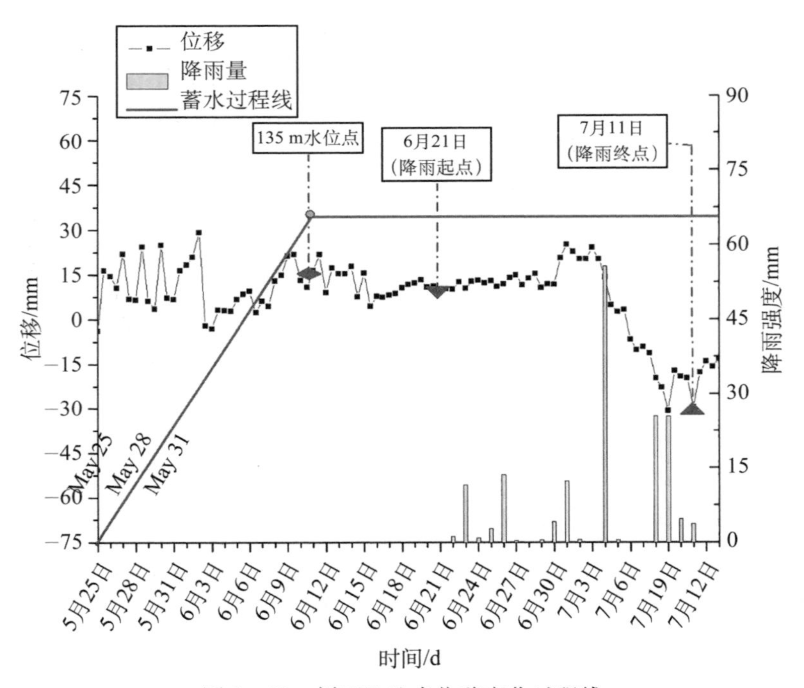

图 7－28　剖面Ⅱ地表位移变化过程线

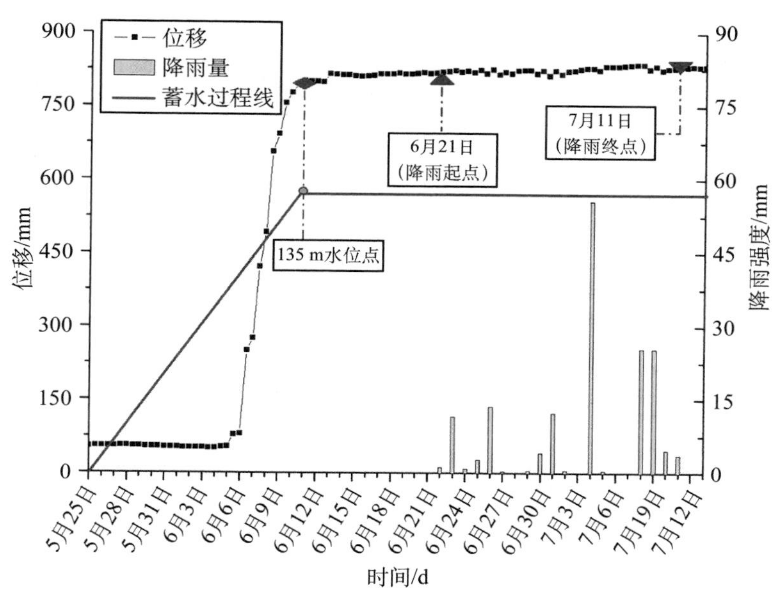

图 7－29　剖面Ⅲ地表位移变化过程线

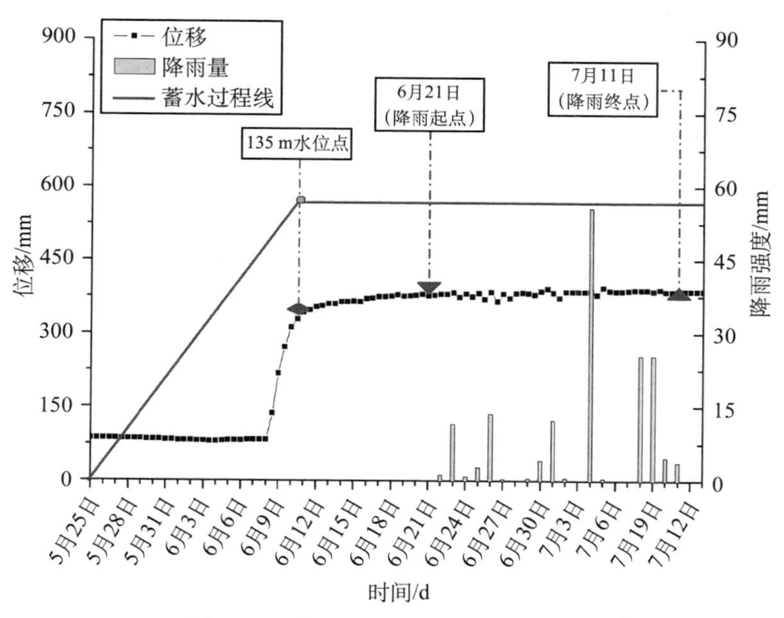

图 7－30　剖面Ⅳ地表位移变化过程线

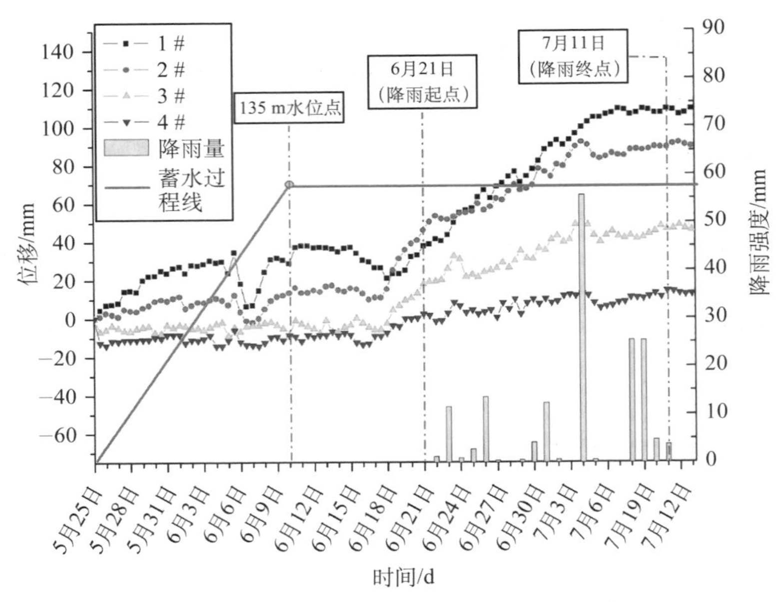

图 7 - 31　剖面Ⅰ光学测点位移变化过程线

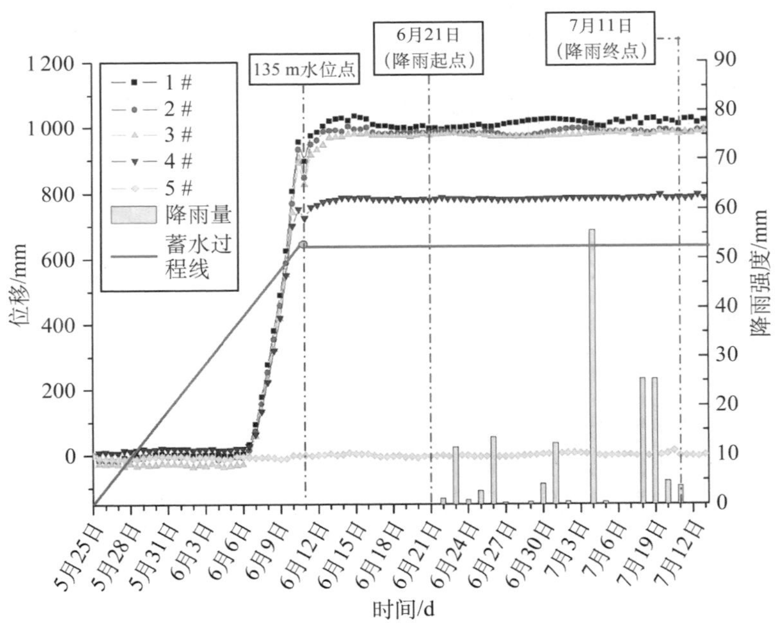

图 7 - 32　剖面Ⅲ光学测点位移变化过程线

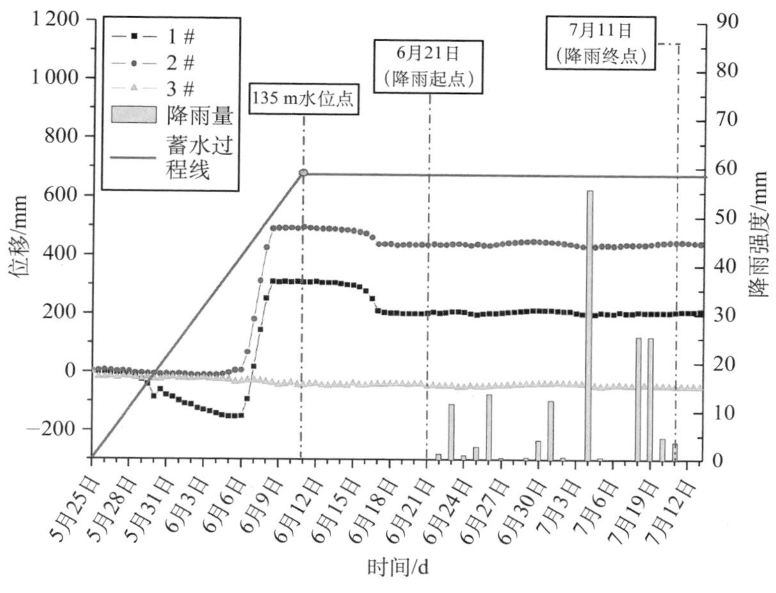

图 7－33　剖面Ⅳ光学测点位移变化过程线

7.2.1.5　滑坡破坏后在后续水库蓄水与骤降条件下的试验数据采集

滑坡破坏后在后续水库蓄水与骤降条件下的试验数据如图 7－34～图 7－36所示。

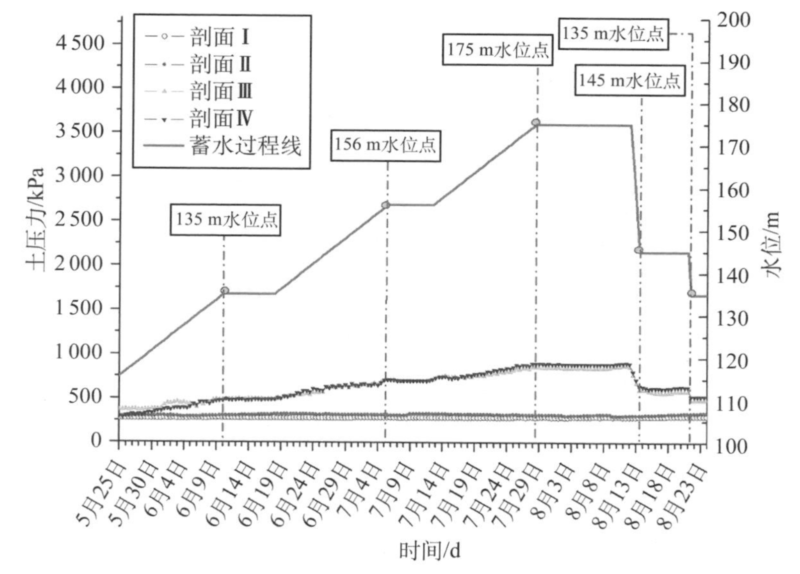

图 7－34　土压力与时间 t 变化图

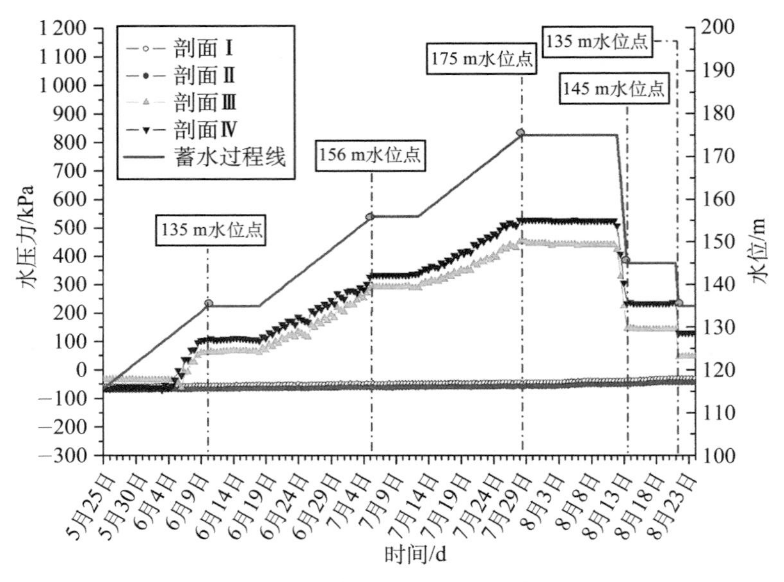

图 7-35　水压力与时间 t 变化图

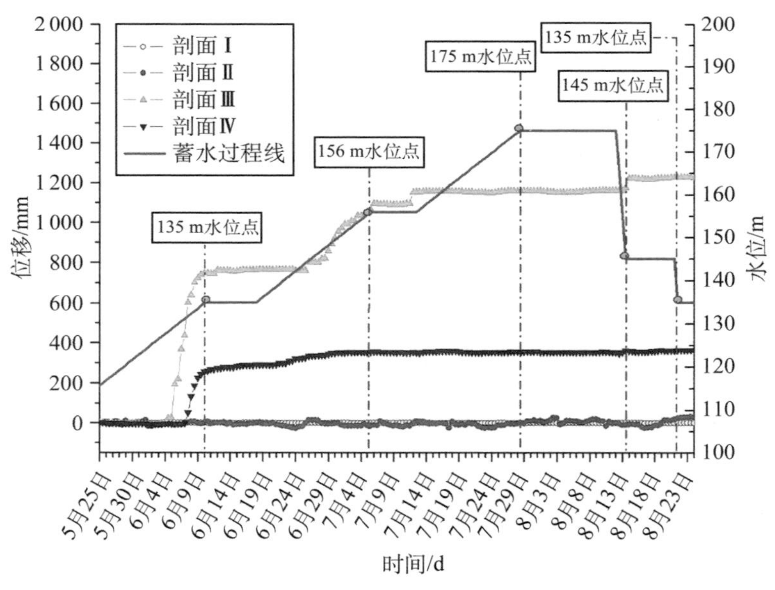

图 7-36　位移与时间 t 变化图

7.2.2　成果分析

7.2.2.1　滑坡含水量变化特征分析

从图 7-12 剖面Ⅰ测点含水量变化过程线可以看出，测点 A 和测点 B 土体含水量在 135 m 水库蓄水过程中基本保持不变，且略有下降，说明 135 m 水库蓄水对两测点土体含水量基本无影响，这是由于剖面Ⅰ所处位置距库水很远且该剖面土体的最低高程约 270 m(远大于 135 m 水位)，库水浸润线无法到达，而由于蒸发作用，两测点含水量均小幅降低；随着 6 月 21 日开始遭遇降雨，测点 A 和测点 B 土体含水量逐渐增大。对比 A、B 测点含水量变化过程线可以看出，位于 A 测点下方的 B 测点土体含水量变化滞后于 A 测点土体含水量的变化，且含水量值也较 A 测点小，整体上两测点含水量变化趋势一致。

从图 7－13 剖面Ⅰ含水量分布过程图可以看出，从 5 月 25 日开始蓄水到 6 月21 日开始降雨，剖面Ⅰ表层土体含水量减小较大，而中下层土体含水量基本保持不变，这是由于表层土体受蒸发影响较大而中下层土体受蒸发影响较小。6 月 21 日降雨开始，剖面Ⅰ表层土体含水量迅速增大，而中下层土体因渗透路径较长，含水量缓慢增大。7 月 4 日遭遇了一场大雨，剖面Ⅰ表层土体达到饱和，之后几天仍有降雨，表层土体保持饱和状态，而中下层土体由于表层土体的渗透补给含水量则持续增大；在整个降雨过程中，剖面Ⅰ中下层土体含水量由 6 月21 日的约 29%增大到降雨结束后的约 32%。

从图 7－14 剖面Ⅱ测点含水量变化过程线可以看出，测点 D 土体含水量在 135 m 水库蓄水过程中基本保持不变，说明 135 m 水库蓄水对测点 D 土体含水量基本无影响，这是由于剖面Ⅱ所处位置距库水远且该剖面土体的最低高程约 210 m(远大于 135 m 水位)，库水浸润线无法到达。随着 6 月 21 日开始遭遇降雨，测点 D 土体含水量逐渐增大，到 7 月 11 日增大到 34%左右。由于测点 C 位于滑坡土体表面(离坡体表面约 1.5 cm)，受 γ 射线层间分辨率的影响，其变化出现异常，但还是可以看出，在整个降雨过程中测点 C 土体含水量增幅较大，且受 7 月 4 日大降雨及其前期降雨的影响，坡体表面测点 C 土体达到饱和。

从图 7－15 剖面Ⅱ含水量分布过程图可以看出，剖面Ⅱ含水量分布变化规律与图 7－13 所示剖面Ⅰ含水量分布规律是相同的。只不过剖面Ⅱ中下层土体含水量较剖面Ⅰ的大，在整个降雨过程中，剖面Ⅱ中下层土体含水量由 6 月 21 日的约 29%增大到降雨结束后的约 34%，这是由于在坡面渗流过程中，剖面Ⅱ中下层土体不但接受来自上层土体的垂直渗流补给，还接受来自剖面Ⅱ以上坡体的水平渗流补给。

从图 7－16 剖面Ⅲ测点含水量变化过程线可以看出，测点 F 和测点 H 土体含水量在 135 m 水库蓄水过程中基本保持不变，135 m 水库蓄水对剖面Ⅲ两测点土体含水量基本无影响，这是由于剖面Ⅲ所处位置距库水较远且该剖面土体的最低测点 H 高程约 144 m(大于 135 m 水位)，库水浸润线无法到达，受蒸发的影响 F 测点土体含水量略有下降。随着 6 月 21 日开始遭遇降雨，位于剖面Ⅲ

上层的F测点土体含水量增长较快，受7月4日大降雨及其前期降雨的影响，测点F土体出现饱和；而位于剖面Ⅲ下层的H测点，受到坡体的水平渗流和垂直渗流双重补给，在135 m蓄水过程中，其含水量也缓慢小幅增大，6月21日降雨开始后，含水量增大更加明显，至降雨完成后的第2天7月13日达到最大，约35%。

从图7-17剖面Ⅲ含水量分布过程图可以看出，剖面Ⅲ含水量分布变化规律与图7-13所示剖面Ⅰ及图7-15所示的剖面Ⅱ含水量分布变化规律是相同的。只不过位于剖面Ⅲ中下层土体的含水量较剖面Ⅰ和剖面Ⅱ的大，在整个降雨过程中，剖面Ⅲ中下层土体含水量由6月21日的约31%增大到降雨结束后的约35%，这是由于在坡面渗流过程中，剖面Ⅲ中下层土体不但接受来自上层土体的垂直渗流补给，还接受来自剖面Ⅲ以上坡体的水平渗流补给。

从图7-18剖面Ⅳ测点含水量变化过程线可以看出，位于坡体剖面Ⅳ中上层的测点Ⅰ土体含水量在135 m水库蓄水过程中基本保持不变，说明135 m水库蓄水对剖面Ⅳ中上层土体含水量基本无影响，这是由于位于剖面Ⅳ所处位置距库水还有一段距离，且该剖面土体中部测点Ⅰ高程约144 m(大于135 m水位)，库水浸润线无法到达；随着6月21日开始遭遇降雨，剖面Ⅳ土体含水量逐渐缓慢增大，整个降雨过程中测点Ⅰ土体含水量由6月21日的约32%增大到7月11日的35%左右。

从剖面Ⅰ～Ⅳ整体来看，滑坡体剪出口的高程为116 m，坡体前缓后翘，且前缘缓部不足滑坡体总长的1/4，真正受到135 m库水浸润的滑坡土体很少，4个剖面上各观测点含水量在135 m蓄水过程中均基本无变化，135 m蓄水过程对整个滑坡体含水量变化基本无影响；从滑坡体后缘到前缘，位于坡体中层土体含水量分布呈梯级上升，靠近后缘坡体中层土体的最大含水量约32%，坡体中部中层土体的最大含水量约34%，靠近前缘坡体中层土体的最大含水量约35%；7月4日大降雨相近几天内，位于滑坡体中下部的剖面Ⅲ表层约5 cm厚的土体出现了饱和。

7.2.2.2 滑坡孔隙水压力变化特征分析

从图7-19剖面Ⅰ孔隙水压力观测点孔隙水压力随水库蓄水和降雨过程变化过程线可以看出：接近滑带位置的观测点在135 m水库蓄水过程中孔隙水压力几乎保持平缓趋势并略有增长，导致孔隙水压力在该阶段保持平稳的原因是剖面Ⅰ孔隙水压力观测点离水库水面距离很远，库水位的上升对该位置的含水量变化几乎没有影响。导致孔隙水压力增大的原因是孔隙水压力观测点附近的土体自身固结变形将土中自由水从高程较高的位置往高程较低的位置排，致使孔隙水压力传感器上面水体自由面抬高，引起孔隙水压力增大；随着6月21日开始遭遇降雨，孔隙水压力的变化随降雨过程的波动也呈现波动的特征，并表现出孔隙水压力与降雨过程存在同步且略微滞后的特征，导致孔隙水压力随降雨过程呈波动变化并滞后于降雨过程的主要原因是：降雨从坡体表面入渗会引起孔隙水压力传感器上覆水柱高度增加，导致孔隙水压力增大，但这种增大滞后于降雨过程，这主要是由于降雨入渗需要一定的时间才能渗入到滑带位置。当降雨停止后，由于地表的蒸发作用，使得孔隙水压力传感器附近的上覆水柱高度降低，导致孔隙水压力减小。

从图 7－20 剖面Ⅱ孔隙水压力观测点孔隙水压力随水库蓄水和降雨过程变化过程线可以看出：接近滑带位置的观测点在 135 m 水库蓄水过程中孔隙水压力几乎保持平缓趋势并略有减弱，导致孔隙水压力在该阶段保持平稳的原因是剖面Ⅱ孔隙水压力观测点离水库水面有一定距离，库水位的上升对该位置的含水量变化影响较小，导致孔隙水压力减小的原因是孔隙水压力测点附近的土体自身变形将土中自由水沿渗流通道排出，致使水压力传感器上面水体自由面降低，引起孔隙水压力减小；随着 6 月 21 日开始遭遇降雨，孔隙水压力的变化随降雨过程的波动也呈现波动的特征，并表现出孔隙水压力与降雨过程存在同步且略微滞后的特征，导致孔隙水压力随降雨过程呈波动变化并滞后于降雨过程的主要原因是：降雨从坡体表面入渗会引起孔隙水压力传感器上覆水柱高度增加，导致孔隙水压力增大，但这种增大滞后于降雨过程，这主要是由于降雨入渗需要一定的时间才能渗入到滑带位置。当降雨停止后，由于地表的蒸发作用，使得孔隙水压力传感器附近的上覆水柱高度降低，导致孔隙水压力减小。

从图 7－21 剖面Ⅲ孔隙水压力观测点孔隙水压力随水库蓄水和降雨过程变化过程线可以看出：接近滑带位置的孔隙水压力观测点(高程为 125 m)在水库水位从 100 m 蓄水至 125 m 的过程中，孔隙水压力基本保持不变，导致孔隙水压力在该阶段保持平稳的原因是观测点的高程为 125 m，尚未受到库水位的影响，随着库水位的继续上升，孔隙水压力开始出现直线上升，并在蓄到 135 m 水位后保持相对的稳定，该过程孔隙水压力变化与水库蓄水保持完全的同步，这主要是由于水库水位的上升，库水位渗入土体，并在孔隙水压力观测点附近出现地下水位与库水位同步上升的过程；随着 6 月 21 日开始遭遇降雨，孔隙水压力的变化随降雨过程的波动也呈现波动的特征，并表现出孔隙水压力与降雨过程存在同步且略微滞后的特征，导致孔隙水压力随降雨过程呈波动变化并滞后于降雨过程的主要原因是：降雨从坡体表面入渗会引起孔隙水压力传感器上覆水柱高度增加，导致孔隙水压力增大，但这种增大滞后于降雨过程，这主要是由于降雨入渗需要一定的时间才能渗入到滑带位置。当降雨停止后，由于地表的蒸发作用，使得孔隙水压力传感器附近的上覆水柱高度降低，导致孔隙水压力减小。

从图 7－22 剖面Ⅳ孔隙水压力观测点孔隙水压力随水库蓄水和降雨过程变

化过程线可以看出：接近滑带位置的孔隙水压力观测点(高程为 116 m)在水库水位从 100 m 蓄水至 116 m 的过程中，孔隙水压力基本保持不变，导致孔隙水压力在该阶段保持平稳的原因是观测点的高程为 116 m，尚未受到库水位的影响，随着库水位的继续上升，孔隙水压力开始出现直线上升，并在蓄到 135 m 水位后保持相对的稳定，该过程孔隙水压力变化与水库蓄水保持完全的同步，这主要是由于水库水位的上升，库水位渗入土体，并在孔隙水压力观测点附近出现地下水位与库水位同步上升的过程；随着 6 月 21 日开始遭遇降雨，孔隙水压力的变化随降雨过程的波动也呈现波动的特征，并表现出孔隙水压力与降雨过程存在同步且略微滞后的特征，导致孔隙水压力随降雨过程呈波动变化并滞后于降雨过程的主要原因是：降雨从坡体表面入渗会引起孔隙水压力传感器上覆水柱高度增加，导致孔隙水压力增大，但这种增大滞后于降雨过程，这主要是由于降雨入渗需要一定的时间才能渗入到滑带位置。当降雨停止后，由于地表的蒸发作用，使得孔隙水压力传感器附近的上覆水柱高度降低，导致孔隙水压力减小。

从图 7-19～图 7-22 各观测剖面的孔隙水压力观测点的孔隙水压力变化过程线可以看出：水库水位蓄水至 135 m 过程中，在滑坡的前缘 135 m 涉水区，滑坡岩土体的孔隙水压力变化与库水位上升保持同步升高，而非涉水区的岩土体孔隙水压力几乎保持不变；在 6 月 21 日～7 月 11 日降雨过程中滑体孔隙水压力的变化主要呈现波动的特征，并表现出孔隙水压力与降雨过程存在同步且略微滞后的趋势。

7.2.2.3　滑坡土压力变化特征分析

从图 7-23 剖面Ⅰ土压力观测点土压力随水库蓄水和降雨过程变化过程线可以看出：接近滑带位置的观测点在 135 m 水库蓄水过程中土压力呈现先线性增长后下降的趋势，导致土压力在该阶段出现增长原因不是库水位上升的影响(此处离库水距离很大)，而是土压力观测点附近的土体自身固结压密，致使土压力传感器上覆土体容重增大，引起土压力增大；随着 6 月 21 日开始遭遇降雨，土压力的变化随降雨过程的波动也呈现波动的特征，并表现出土压力与降雨过程存在同步且略微滞后的特征，导致土压力随降雨过程呈波动变化并滞后于降雨过程的主要原因是：降雨从坡体表面入渗会引起土压力传感器上覆土体容重增加，导致土压力增大，但这种增大滞后于降雨过程，这主要是由于降雨入渗需要一定的时间。当降雨停止后，由于地表的蒸发作用，使得土压力传感器附近的上覆土体容重降低，导致土压力减小。

从图 7-24 剖面Ⅱ土压力观测点土压力随水库蓄水和降雨过程变化过程线可以看出：接近滑带位置的观测点在 135 m 水库蓄水过程中土压力呈现先线性增长后下降的趋势，导致土压力在该阶段出现增长原因不是库水位上升的影响(此处离库水距离较大)，而是土压力观测点附近的土体自身固结压密，致使土压力传感器上覆土体容重增大，引起土压力增大；随着 6 月 21 日开始遭遇降雨，土压力的变化随降雨过程的波动也呈现波动的特征，并表现出土压力与降雨过程存在同步且略微滞后的特征，导致土压力随降雨过程呈波动变化并滞后于降雨过程的主要原因是：降雨从坡体表面入渗会引起土压力传感器上覆土体容重增加，导致土压力增大，但这种增大滞后于降雨过程，这主要是由于降雨入渗需要一定的时间。当降雨停止后，由于地表的蒸发作用，使得土压力传感器附近的上覆土体容重降低，导致土压力减小。

从图 7－25 剖面Ⅲ土压力观测点土压力随水库蓄水和降雨过程变化过程线可以看出：接近滑带位置的观测点(高程 125 m)在 100 m 蓄水至 125 m 过程中，土压力呈线性增长的趋势，导致土压力在该阶段出现增长原因不是库水位上升的影响(此处离库水距离较大)，而是土压力观测点附近的土体自身固结压密，致使土压力传感器上覆土体容重增大，引起土压力增大；随着库水位上升至 135 m 水位，由于库水的入渗，使得土压力测点附近部分土体饱和，导致土压力传感器上覆土体容重增大，使得土压力继续增大；水库蓄水过程中随着 6 月 21 日开始遭遇降雨，土压力的变化随降雨过程的波动也呈现波动的特征，并表现出土压力与降雨过程存在同步且略微滞后的特征，导致土压力随降雨过程呈波动变化并滞后于降雨过程的主要原因是：降雨从坡体表面入渗会引起土压力传感器上覆土体容重增加，导致土压力增大，但这种增大滞后于降雨过程，这主要是由于降雨入渗需要一定的时间。当降雨停止后，由于地表的蒸发作用，使得土压力传感器附近的上覆土体容重降低，导致土压力减小。

从图 7－26 剖面Ⅳ土压力观测点土压力随水库蓄水和降雨过程变化过程线可以看出：接近滑带位置的观测点(高程 116 m)在 100 m 蓄水至 116 m 过程中，土压力呈线性增长的趋势，导致土压力在该阶段出现增长原因是库水位上升的影响和土压力测点附近的土体自身固结压密，致使土压力传感器上覆土体容重增大，引起土压力增大；随着库水位上升至 135 m 水位，由于库水的入渗，使得土压力测点附近部分土体饱和，导致土压力传感器上覆土体容重增大，使得土压力继续增大；水库蓄水过程中随着 6 月 21 日开始遭遇降雨，土压力的变化随降雨过程的波动也呈现波动的特征，并表现出土压力与降雨过程存在同步且略微滞后的特征，导致土压力随降雨过程呈波动变化并滞后于降雨过程的主要原因是：降雨从坡体表面入渗会引起土压力传感器上覆土体容重增加，导致土压力增大，但这种增大滞后于降雨过程，这主要是由于降雨入渗需要一定的时间。当降雨停止后，由于地表的蒸发作用，使得土压力传感器附近的上覆土体容重降低，导致土压力减小。

从图 7－23～图 7－26 各观测剖面的土压力观测点的土压力变化过程线可以看出：水库水位蓄水至 135 m 过程中，在滑坡的前缘 135 m 涉水区，滑坡岩土体的土压力变化与库水位上升保持同步升高，而非涉水区的土压力也呈增加趋势，这主要是由于土体自身的固结压密，使得土压力传感器上覆土体容重增大所致；在6月21日—7月11日降雨过程中滑体土压力的变化主要呈现波动的特征，并表现出土压力与降雨过程存在同步且略微滞后的趋势。

7.2.2.4　滑坡位移场变化特征综合分析

从图7-27剖面Ⅰ地表位移观测点随水库蓄水和降雨过程可以看出：地表位移观测点在135 m水库蓄水过程中位移变化较小，约为1.5 mm；导致地表位移在该阶段变化较小的原因是地表位移观测点离库水距离很大，受库水的影响小。随着6月21日开始遭遇降雨，地表位移的变化随降雨过程的波动也呈现波动的特征，并表现出地表位移变化与降雨过程存在同步且略微滞后的特征，导致地表位移随降雨过程呈波动变化并滞后于降雨过程的主要原因是：降雨从坡体表面入渗会引起孔隙水压力增大，孔隙水压力增大导致地表附近非饱和土的基质吸力降低，这就容易导致土体变形，但这种增大滞后于降雨过程，这主要是由于降雨入渗需要一定的时间。当降雨停止后，由于地表的蒸发作用，使得孔隙水压力减小，这就致使地表附近非饱和土体基质吸力升高，提高土体的抗剪强度，使得土体的变形受到制约。

从图7-28剖面Ⅱ地表位移观测点随水库蓄水和降雨过程可以看出：地表位移观测点在135 m水库蓄水过程中位移变化较小；导致地表位移在该阶段变化较小的原因是地表位移观测点离库水距离很大，受库水的影响小。随着6月21日开始遭遇降雨，地表位移的变化随降雨过程的波动也呈现波动的特征，并表现出地表位移变化与降雨过程存在同步且略微滞后的特征，导致地表位移随降雨过程呈波动变化并滞后于降雨过程的主要原因是：降雨从坡体表面入渗会引起孔隙水压力增大，孔隙水压力增大导致地表附近非饱和土的基质吸力降低，这就容易导致土体变形，但这种增大滞后于降雨过程，这主要是由于降雨入渗需要一定的时间。当降雨停止后，由于地表的蒸发作用，使得孔隙水压力减小，这就致使地表附近非饱和土体基质吸力升高，提高土体的抗剪强度，使得土体的变形受到制约。

从图7-29剖面Ⅲ地表位移观测点随水库蓄水和降雨过程变化过程线可以看出：地表位移观测点在水库水位从100 m蓄水至125 m水位过程中，导致地表位移在该阶段变化较小的原因是库水对滑坡前缘涉水区岩土体的弱化作用尚未表现出来。在125 m蓄水至135 m水位过程中位移呈线性趋势急剧变化并于135 m水位后一直趋于稳定，导致地表在该阶段出现位移急剧上升的原因是位移传感器附近岩土体在水库水位的作用下出现局部失稳，导致该地表变形观测点位移急剧增大。由于观测点附近的岩土体已经出现破坏，所以该点位移在后续的6月21日—7月11日降雨过程中，位移测值保持不变。

从图7－30剖面Ⅳ地表位移观测点随水库蓄水和降雨过程变化过程线可以看出：地表位移观测点在水库水位从100 m蓄水至116 m水位过程中，导致地表位移在该阶段变化较小的原因是库水对滑坡前缘涉水区岩土体的弱化作用尚未表现出来。在116 m蓄水至135 m水位过程中位移呈线性趋势急剧变化并于135 m水位后一直趋于稳定，导致地表在该阶段出现位移急剧上升的原因是位移传感器附近岩土体在水库水位的作用下出现局部失稳，导致该地表变形观测点位移急剧增大。由于该观测点附近的岩土体已经出现破坏，所以该点位移在后续的6月21日—7月11日降雨过程中，位移测值保持不变。

从图7－31剖面Ⅰ的4个光学测点位移观测点随水库蓄水和降雨过程变化过程线可以看出：各测点位移在135 m水库蓄水过程中位移变化较小，滑带附近的测点(3＃和4＃测点)位移几乎保持不变，而离地表较近的测点(1＃和2＃测点)略呈增大趋势；导致地表位移在该阶段变化较小的原因是地表位移观测点离库水距离很大，受库水的影响小。随着6月21日开始遭遇降雨，剖面各测点位移的变化随降雨过程变化呈现增大趋势。导致地表位移随降雨过程呈波动变化并滞后于降雨过程的主要原因是：降雨从坡体表面入渗会引起孔隙水压力增大，孔隙水压力增大导致地表附近非饱和土的基质吸力降低，这就导致土体容易变形，但这种降雨引起的位移变化随着滑体厚度的增大而减小。

从图7－32剖面Ⅲ的5个光学测点位移观测点随水库蓄水和降雨过程变化过程线可以看出：位移观测点在水库水位从100 m蓄水至125 m水位过程中，位移几乎保持不变，导致地表位移在该阶段变化较小的原因是库水对滑坡前缘涉水区岩土体的弱化作用尚未表现出来。在125 m蓄水至135 m水位过程中，滑带附近的测点(5＃测点)位移几乎保持不变，而其他测点(1＃、2＃、3＃和4＃测点)呈急剧增大趋势；导致地表在该阶段出现位移急剧上升的原因是位移传感器附近岩土体在水库水位的作用下出现局部失稳，导致该地表变形观测点位移急剧增大。由于观测点附近的岩土体已经出现破坏，所以该点位移在后续的6月21日—7月11日降雨过程中，位移测值保持不变。

从图7－33剖面Ⅳ地表位移观测点随水库蓄水和降雨过程变化过程线可以看出：地表位移观测点在水库水位从100 m蓄水至116 m水位过程中，导致地表位移在该阶段变化较小的原因是库水对滑坡前缘涉水区岩土体的弱化作用尚未表现出来。在116 m蓄水至135 m水位过程中滑带附近的测点(3＃测点)位移几乎保持不变，而其他测点(1＃和2＃测点)呈急剧增大趋势，各观测点位移于135 m水位后一直趋于稳定，导致地表在该阶段出现位移急剧上升的原因是位移传感器附近岩土体在水库水位的作用下出现局部失稳，导致该地表变形观测点位移急剧增大。由于该观测点附近的岩土体已经出现破坏，所以该点位移在后续的 6 月 21 日—7 月 11 日降雨过程中，位移测值保持不变。

从图 7－27～图 7－33 及图 7－37～图 7－39 可知，千将坪滑坡失稳历程经历了两级台阶孕育过程，第 1 级台阶为 0～20 天期间，即从蓄水到接近 135 m 时，滑坡前部发生一次较大的滑移（见图 7－27 和图 7－28）、滑坡后部变形较小（见图 7－29 和图 7－30），滑坡此时滑带没有贯通，没有发生整体滑坡；第 2 阶段发生在 20～40 天期间，即 135 m 蓄水后一段时间的 2003 年 6 月底，该滑坡发生第 2 次整体滑移，此次滑移属爆发式的，表现特征为滑带完全贯通，滑动位移小，速度高（见图 7－37、图 7－38 和图 7－39），是滑坡能量整体释放的形式，属于整体滑坡。综合以上两点，该滑坡属于早期牵引后期推移式混合式滑坡。

7.2.2.5　滑坡破坏现象综合分析

1）水库蓄水作用下滑坡的破坏现象分析

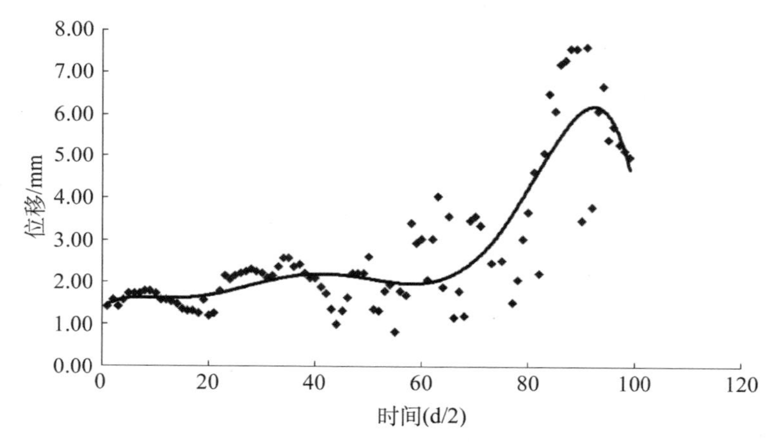

图 7－37　剖面Ⅰ地表位移时间曲线放大图

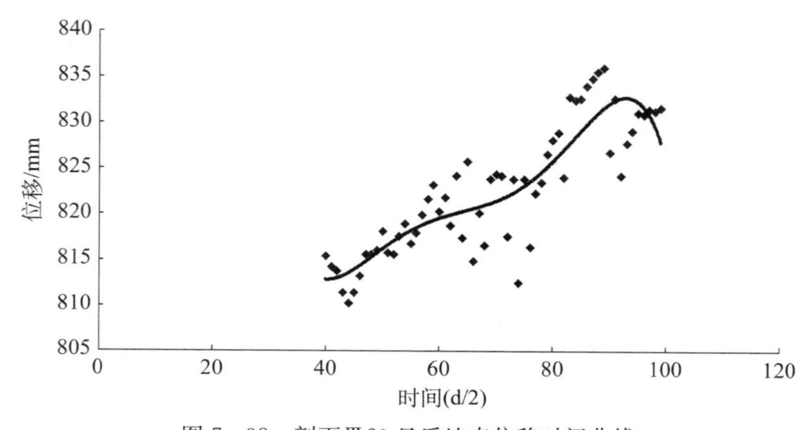

图 7－38　剖面Ⅲ20 日后地表位移时间曲线

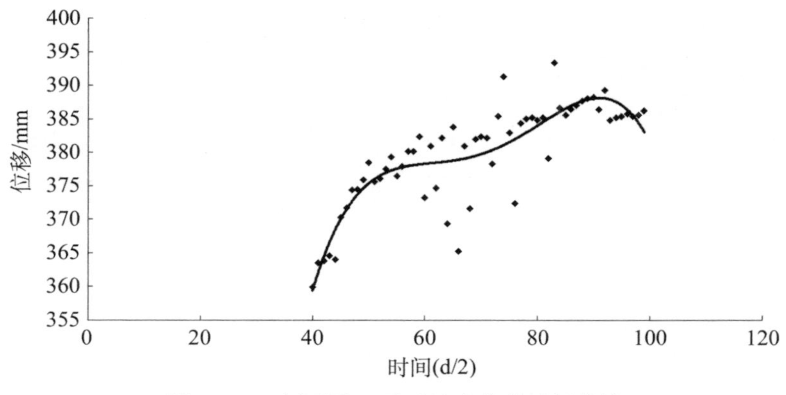

图 7-39 剖面Ⅳ20 日后地表位移时间曲线

通过千将坪滑坡模型试验，根据试验所采集的水库蓄水过程观测剖面水压力、土压力和位移变化数据，结合滑坡前缘在库水位作用下的破坏现象，对水库蓄水对千将坪滑坡的破坏现象进行分析。

水库蓄水作用只对滑坡的前缘涉水区及库水位附近区域土体的结构及受力状态产生影响，而对滑坡中后部土体的结构和力学状态几乎不影响。

滑坡前缘的土体在库水的作用下，其土体结构逐渐发生了变化，主要表现在土体内部土颗粒之间的胶结物质逐渐被水融解，土骨架发生改变，表现得最明显的为土骨架的崩解，发生在库水附近地表区域的沉陷(见图 7-40)，该现象在水库蓄水至 125 m 水位之前还不明显，但在水库水位从 125 m 上升至 135 m 水位及保持 135 m 水位不变的过程极为明显。

在水库水位上升过程中，滑坡前缘土体的力学状态发生改变，主要表现为孔隙水压力 u 的增大，前缘被库水淹没土体的有效应力降低。同时由于库水的浸泡作用使得土体软化造成内摩擦角 φ' 降低，c 值由于土体中胶结物质的减少而降低，从而使得滑坡前缘土体在库水作用下抗剪强度降低，刚度减少，使得滑体前缘出现局部破坏现象，如图 7-40 所示。

2) 降雨作用下滑坡的破坏现象分析

通过千将坪滑坡模型试验，根据试验所采集的降雨过程观测剖面水压力、土压力和位移变化数据，对降雨对千将坪滑坡的破坏现象进行分析。

降雨作用首先表现为对千将坪滑坡滑体浅层土体的破坏产生影响。随着降雨在坡体表面发生入渗与产流，相应地发生两种形式的破坏，其一表现为坡面产流将坡体表面土体的细颗粒带走，使坡体表面受到不同程度的侵蚀破坏(见图 7-41)；其二表现为部分入渗的雨水在坡体浅部形成局部饱和渗流区域，将土体中的细颗粒带走，形成局部管涌渗透破坏(见图 7-42)。其次表现为入渗

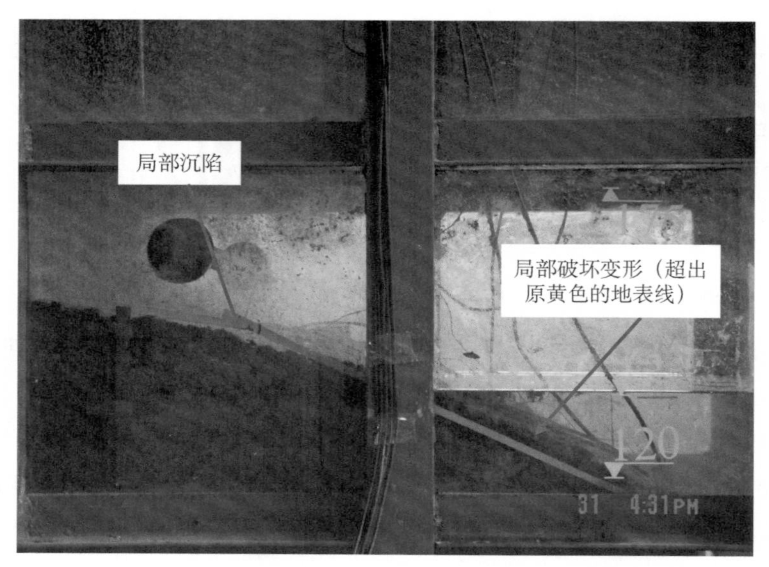

图 7-40　滑坡前缘在水库蓄水条件下出现的局部土体破坏

水流对土体及滑带的软化、滑体容重增大和渗透力引起的下滑力对滑坡变形破坏产生的影响。其破坏形式如图 7-43 所示。

图 7-41　降雨引起的地表侵蚀破坏

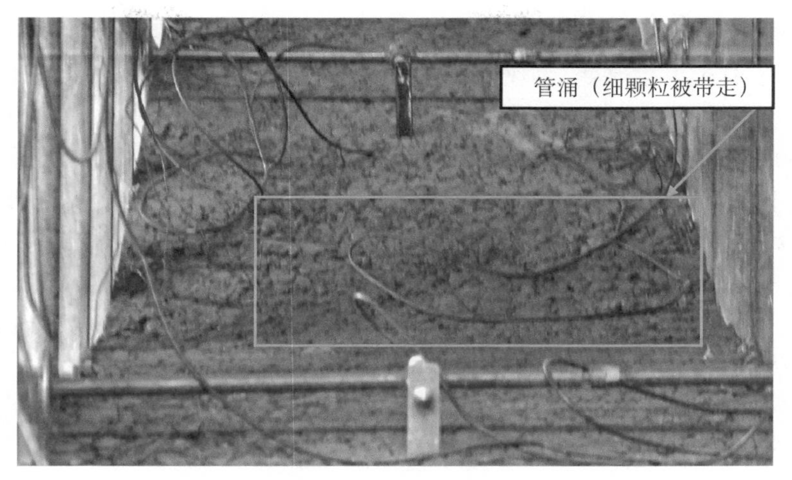

图 7-42 降雨形成的浅层土体局部管涌破坏

图 7-43 降雨结束后滑坡前缘出现的局部松垮破坏

3）降雨和蓄水联合作用下滑坡的破坏现象分析

通过千将坪滑坡模型试验，根据试验所采集的水库蓄水和降雨过程观测剖面水压力、土压力和位移变化数据，结合滑坡水库蓄水和降雨作用下的破坏现象，对水库蓄水和降雨作用下千将坪滑坡的破坏现象进行分析。

千将坪滑坡在 2003 年 6 月 1 日—2003 年 6 月 10 日 135 m 水位蓄水过程及保持 135 m 水位到 2003 年 6 月 21 日期间，滑坡的前缘涉水区及库水位附近区域土体的结构及受力状态都发生改变。土体内部土颗粒之间的胶结物质逐渐被水融解，土骨架发生改变，表现得最明显的为土骨架的崩解，库水附近地表区域发生沉陷；滑坡前缘土体在库水作用下抗剪强度降低，使得滑体前缘出现局部破坏。2003 年 6 月 21 日至 2003 年 7 月 11 日期间的连续降雨，不仅对千将坪滑坡体浅层土体的破坏产生影响，同时对滑带强度、滑体滑动力均产生不利影响。表现为坡体表面受到不同程度的侵蚀破坏、形成局部管涌渗透破坏和滑体下滑、滑带连通等破坏形式。图 7－43 为滑坡经历三峡水库 135 m 蓄水和 2003 年 6 月 21 日至 2003 年 7 月 11 日期间的连续降雨后出现的滑坡前缘形成局部松垮破坏并在缓倾角裂隙性断层附近形成滑动面。

7.2.2.6　*滑坡失稳后在后续库水位变化过程中的变形破坏分析*

1）滑坡失稳后在后续库水位变化过程中土压力变化过程分析

在水库水位蓄到 135 m 水位后土压力保持相对的稳定，在随后的 135～156 m、156～175 m 两个蓄水过程以及 175 m 降至 145 m 和 145 m 降至 135 m 两个水位骤降过程的土压力增大与减小和库水位升高与降低保持同步，而对于滑坡后部的剖面Ⅰ和剖面Ⅱ，测点离水库水面距离很远，库水位的变化对该位置的土压力几乎没有影响。

2）滑坡失稳后在后续库水位变化过程中孔隙水压力变化过程分析

后续的 135～156 m、156～175 m 两个蓄水过程的孔隙水压力增长与水库蓄水过程水位上升保持完全的同步，这主要是由于水库水位的上升，库水位渗入土体，并在孔隙水压力测点附近出现地下水位与库水位同步上升的过程；在 175 m 降至 145 m 和 145 m降至 135 m 两个水位骤降过程中，测点孔隙水压力呈阶梯形下降趋势，这主要是由于水库水位的骤降，在孔隙水压力测点附近出现地下水位与库水位同步下降的过程。而对于滑坡后部的剖面Ⅰ和剖面Ⅱ，水压力测点位置高程均大于 175 m，测点离水库水面距离很远，库水位的变化对该位置的孔隙水压力几乎没有影响。

3）滑坡失稳后在后续库水位变化过程中的变形分析

在后续的 135～156 m、156～175 m 两个蓄水过程中由于位移传感器附近岩土体在水库水位的作用下出现局部失稳，导致该地表变形观测点位移急剧增大，表面测点的位移相应的发生了两次急剧上升的情况。在 175 m 降至 145 m 和 145 m 降至 135 m 两个水库水位骤降过程中，测点的表面位移相应的发生了两次增大的情况，这是由于库水的骤降，使滑坡涉水部位土体内部孔隙水未来得及排出，而形成较大的水头差，该水头差引起的渗透力将使该部分岩土体有指向坡体外面滑向水中运动的趋势。而对于处于滑坡中后部的剖面Ⅰ和剖面Ⅱ，测点离水库水面距离很远，库水位的变化对该位置的位移几乎没有影响。

4）滑坡失稳后在后续库水位变化过程中的破坏分析

滑坡失稳后在后续库水位变化过程孔隙水压力、土压力和表面位移随三峡水库水位而波动，没有表现整体滑移的现象。在水库水位骤降过程中，由于库水作用，使滑坡涉水部分土体内部形成较大的水头差，该水头差引起的渗透力将使该部分岩土体有指向坡体外面向江中运动的趋势，这就使得涉水区域已经破坏的松散的土体在动水压力的作用下，土体中细颗粒从孔隙中被带出，使得该部分土体继续出现渗透变形和破坏。

7.3 千将坪滑坡模型畸变修正

7.3.1 模型畸变原因分析

滑坡模型试验因相似材料、环境条件等因素未能严格满足相似，模型在一定程度上产生畸变是必然的，为了提高模型试验结果精度，使其结果能更好地应用到滑坡防治及预测预报工作中，须对畸变模型进行修正。

1）千将坪滑坡模型理论相似比

千将坪滑坡物理模型试验中，相似材料主要相似指标应采用如下相似判据理论值：

长度相似比：

$$C_l = 150 \tag{7-1}$$

介质物理力学性质相似比：

$$C_\rho = 1,\ C_g = 1,\ C_\mu = 1,\ C_\varphi = 1,\ C_\varepsilon = 1;$$

$$C_k = \sqrt{150},\ C_c = 150,\ C_p = 150,\ C_E = 150,\ C_\sigma = 150,\ C_u = 150 \tag{7-2}$$

相似环境指标相似比：

$$C_t = \sqrt{150},\ C_q = \sqrt{150},\ C_v = \sqrt{150} \tag{7-3}$$

2）千将坪滑坡模型实际相似比

对于模型试验环境条件，模型试验开展了降雨和库水时间、降雨量、降雨强度模拟。

对滑坡软弱夹层相似材料模拟，只考虑其抗剪强度相似。对滑体相似材料模拟考虑抗剪强度、密度、渗透系数、变形模量相似。滑床不做相似材料模拟。

在此基础上形成了千将坪滑坡相似材料物理力学性质试验结果，其实际相似比如表7-10～表7-12所示。

表7-10　顺层剪切带原型材料与相似材料物理力学参数对比表

实验项目		原型材料	相似材料	实际相似比	理论相似比
强度参数	C/kPa	30.0	1.3	23.08	150
	φ/(°)	25.0	23.2	1.078	1

表7-11　切层剪切带原型材料与相似材料物理力学参数对比表

实验项目		原型材料	相似材料	实际相似比	理论相似比
强度参数	C/kPa	15	7.7	1.94	150
	φ/(°)	25	20.6	1.21	1

表7-12　滑体原型材料与相似材料物理力学参数对比表

实验项目		原型材料	相似材料	实际相似比	理论相似比
密度	ρ/(g/cm^3)	24.75	17.5	1.41	1
渗透系数	K/(cm/s)	1.1×10^{-3}	7.13×10^{-3}	0.15	$\sqrt{150}$
变形模量	E/MPa	0.5×10^4	6.7	746	150
强度参数	C/kPa	1300	10.97	118.5	150
	φ/(°)	32	29.3	1.10	1

3）畸变来源

从上述滑坡模型理论相似比和实际相似比对比中可见，上述相似材料虽然是采用模糊综合评判法确定的最优相似材料，但其仅仅是综合指标在相似材料配合比中的最佳，就单独某个指标而言，其相似比并不能严格满足，甚至个别指标与理论相似比差距较大，这就成为模型畸变产生的重要原因之一。

上述相似材料参数相似比是纳入到相似理论体系的成果，还有一些次要因素未考虑其相似问题，这也将使模型发生畸变，而其产生畸变的程度无法从理论上评价，这需要我们在模型试验结果中采用一定的修正方法和手段。

7.3.2　模型畸变的修正方法

基于上述畸变产生的机制，对模型畸变进行修正宜引入一定的标准值或理论值，使模型试验成果融入我们认为准确的滑坡失稳滑动的信息，使模型试验成果和多种成果交叉融合，这是模型畸变修正的基本出发点。

要开展模型畸变的修正方法研究，首先应开展相似比修正方法研究，结合相似第二定理内涵获得如下相似比修正方法。

1）模型畸变修正的机理及存在的问题

根据相似第二定理，对于滑坡模型试验，假设材料为各向同性，涉及的主要参数的相似比分别为C_l、C_ρ、C_g、C_c、C_φ、C_E、C_μ、C_σ、C_ε、C_u、C_k、C_t、C_p、C_s、C_θ、C_q、C_p共17个。

其中重力加速度g和密度ρ相似比为1，几何相似比$C_l=n$，φ、μ、ε、θ为无量纲量，l、u、τ为相同量纲量，p、c、E、σ为相同量纲量，k、v、q为相同量纲量，由于无量纲量相似比等于1，相同量纲量具有相同的相似比，于是方程中只有6个独立量，取l、ρ、g 3个量为基本量，根据相似第二定理即"π定理"，把与问题相关的参数表达在同一方程式中

$$F(l,\ \rho,\ g,\ c,\ \varphi,\ E,\ \mu,\ \sigma,\ \varepsilon,\ u,\ k,\ t,\ v,\ s,\ \theta,\ q,\ p)=0 \tag{7-4}$$

$$\pi_1=\frac{c}{l\rho g},\ \pi_2=\frac{k}{(lg)^{1/2}},\ \pi_3=\frac{t}{l^{1/2}g^{-1/2}} \tag{7-5}$$

此时若3个π项相乘，除了无量纲量和重力加速度相似为1之外，17个参数中其余参数相似比信息可用该式表达，即：

$$\pi_{123}=\frac{ckt}{l^2\rho} \tag{7-6}$$

利用同量纲量置换，还可获得其他类似的π项，如可增加考虑弹性模型，则有：

$$\pi_{13}=\frac{E}{l\rho g} \tag{7-7}$$

即可形成新的π'项表征c、k、t、l、ρ、E的相似比关系，即

$$\pi'=\pi_{123}\times\pi_{13}=\frac{cktE}{l^3\rho^2 g} \tag{7-8}$$

该式表征了c、k、t、l、ρ、E 6个相似量实际相似比之间的关系为

$$C_l=\sqrt[3]{\frac{C_cC_kC_tC_E}{C_\rho^2C_g}} \tag{7-9}$$

上述实际相似比关系式是根据模型试验中纳入相似体系考虑量之间的相似关系，其他未考虑量的信息需从其他方法融入，如本课题所采用的实际相似比即为

将表 7－12 的对应数据代入上式可得(修正滑体相似材料带来的畸变)：

$$C_l = \sqrt[3]{\frac{118.5 \times 746 \times 0.15 \times \sqrt{150}}{1.41^2 \times 1}} \approx 43 \qquad (7-10)$$

即模型试验长度理论相似比为 $C_l = 150$，考虑模型畸变后其长度实际相似比应为 43，通过长度相似比的畸变来修正其他参数理论相似比与实际相似比的差异所带来的畸变。

上述方法可很好的修正模型畸变，但也存在以下几个问题：

(1) 式(7－9)相似量如何选择？对于不同材料情况，选用哪种材料的相似比？

(2) 修正后的长度相似比为 $C_l = 43$，该相似比较大，在模型试验中无法实现如此大的相似模型试验。

(3) 其他未纳入相似体系的其他物理量所造成畸变需要采用其他途径修正。

基于上述存在的问题，可采用补充试验法、原型监测数据、数值计算等手段完成，上述方法中原型监测数据的融入是最佳方式，因为其可带入滑坡第一手精确信息，对于大多数无监测资料的滑坡，可优先采用数值计算方法。

2) 模型畸变修正方法

(1) 模型试验修正法。该方法是根据修正后的长度相似比制作试验模型，试验结果即为修正后的模型试验数据，该方法一般是模型修正的最佳方法，但因修正后的长度相似比一般较大，使实际的模型制作与实施不可实现。

(2) 原型监测数据修正法。该方法仅适用于有原型监测数据资料的模型试验。就是按照模型试验的方法进行模型试验，对取得的试验结果，根据相似理论对应还原到原型上去，得出相关数据的曲线。再用原型监测数据对根据模型结果得到的曲线进行分析比较，从而得到修正系数，对其他数据进行相应的处理。

这种方法直接运用原型数据，所以具有很高的可信度，但是由于不是每个试验对象都有完整的监测资料，所以有较大的局限性。

(3) 数值分析修正法。采用修正后的模型长度相似比，确定计算模型的相应尺寸，通过数值模拟获得修正后的相似比模型的相关信息，但由于数值计算本身也存在一些难以准确模拟滑坡本身的问题，使其试验结果也无法直接反馈到原型滑坡，但其结果还是带来一些有价值的信息，利用数值计算结果修正物理模型试验，可进一步丰富物理模型试验结果信息和内涵。

7.3.3 畸变修正模型的数值分析

根据前面的分析，取几何比尺为 $C_l = 43$ 用 GEO/SLOPE 建模，模型剖面参照图 7－11，对该滑坡模型在三峡水库 135 m 蓄水并遭遇 2003 年 6 月 21 日至 7 月11 日期间降雨过程进行计算，获得滑坡计算模型与试验模型相对应的剖面Ⅰ、剖面Ⅲ、剖面Ⅳ量测点的时间-位移变化过程线。

计算模型是物理模型的畸变修正后的模型，所有力学参数直接参考表 7－10、表 7－11、表 7－12 中相似材料一栏取值。计算工况：2003 年 5 月 26 日至 7 月 13 日期间的三峡水库蓄水和千降坪滑坡区降雨过程，按 1/43 进行缩放。

在模型尺寸和参数都确定的基础上，用 GEO/SLOPE 软件建模，模拟计算千将坪滑坡在水位蓄水和降雨条件下，位移的发展变化情况，计算模型网格如图 7－44 所示。

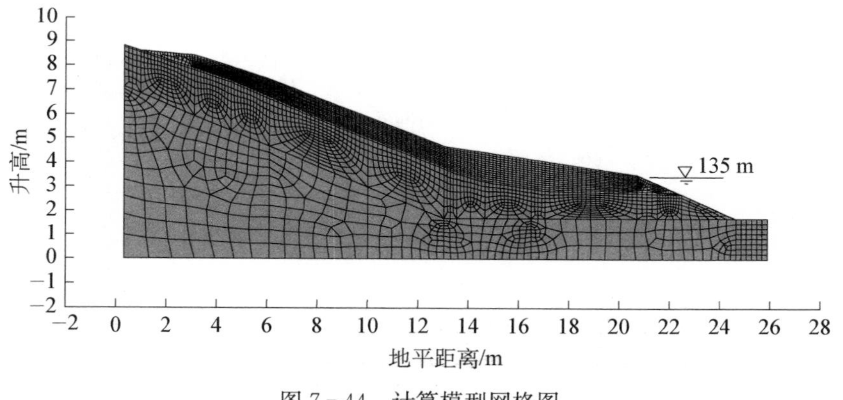

图 7－44　计算模型网格图

首先采用 seep/w 进行渗流分析。然后将渗流分析后的孔隙水压导入 sigma/w，进行应力应变分析。对应于模型各剖面的量测数据，整理出计算模型上相应剖面的位移的变化过程曲线，如图 7－45、图 7－46 和图 7－47 所示。

图 7－45～图 7－47 分别为剖面Ⅰ、Ⅲ、Ⅳ采用 GEO/SLOPE 软件计算的地表位移随时间变化曲线，其中Ⅱ剖面由于物理模型试验结果离散性较大，数值计算结果未考虑，剖面Ⅲ、Ⅳ因模型试验结果显示早期有滑动现象，而数值计算却未能反应，所以只选取了 20 天之后的位移时间曲线。图 7－48、图 7－49 和图 7－50为剖面Ⅰ、Ⅲ、Ⅳ物理模型试验的地表位移与时间曲线：

通过计算获得，Ⅰ剖面计算值与实验值之差的平均值为 165.32 mm。

通过计算获得，Ⅲ剖面计算值与实验值之差的平均值为－477.97 mm。

通过计算获得，Ⅳ剖面计算值与实验值之差的平均值为－227.69 mm。

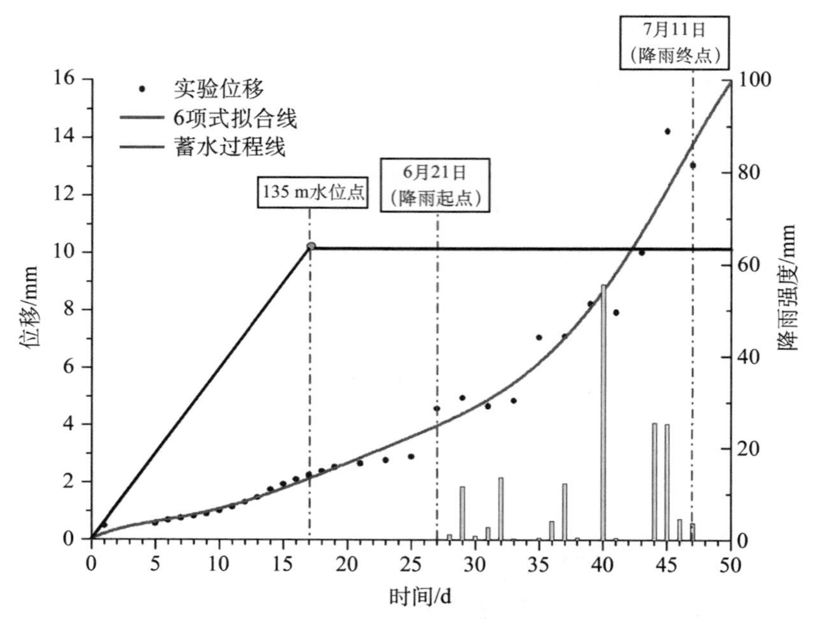

图 7-45　剖面Ⅰ计算模型地表位移变化过程线

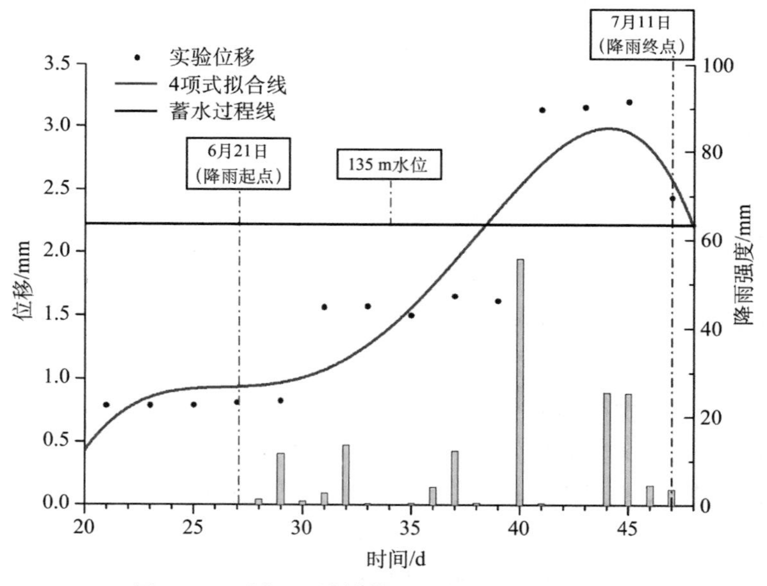

图 7-46　剖面Ⅲ计算模型地表位移变化过程线

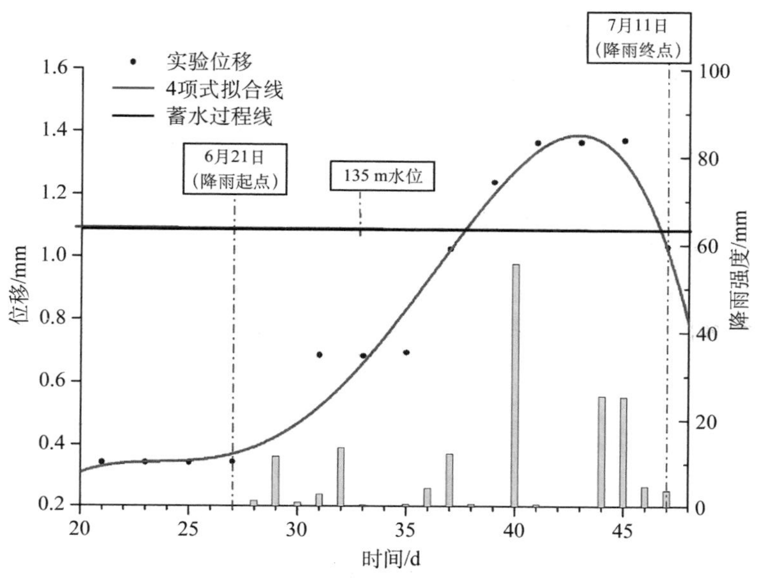

图 7－47　剖面Ⅳ计算模型地表位移变化过程线

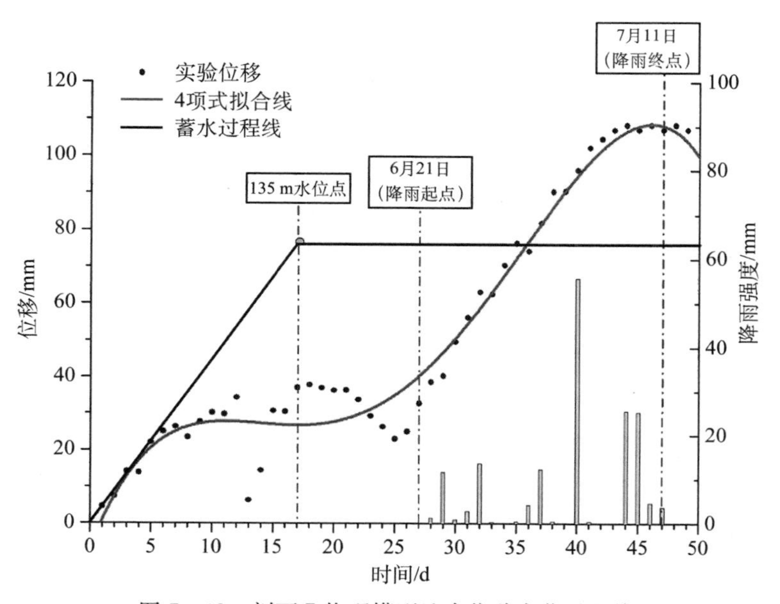

图 7－48　剖面Ⅰ物理模型地表位移变化过程线

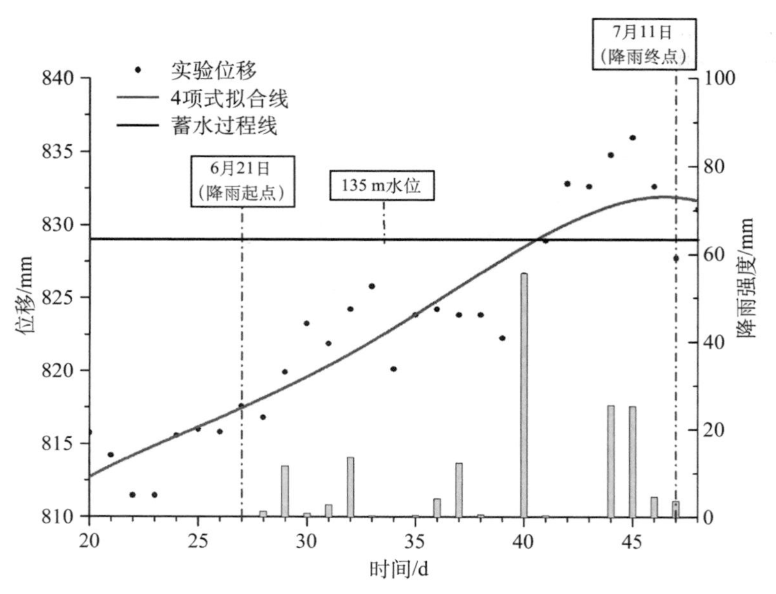

图 7-49　剖面Ⅲ物理模型地表位移变化过程线

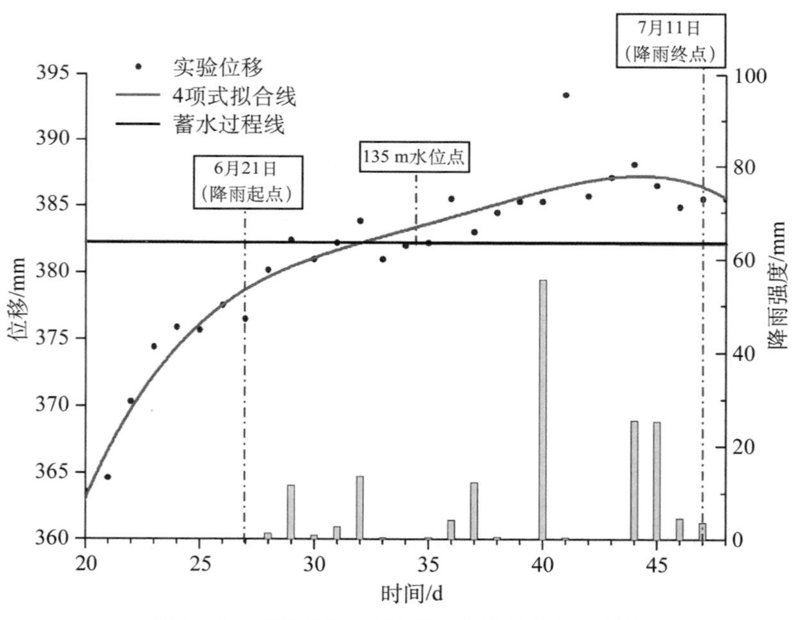

图 7-50　剖面Ⅳ物理模型地表位移变化过程线

根据上述计算获得计算值与实验值之差的平均值，按此平均值可以对滑坡失稳的极限位移值进行修正预测(见表 7-13)：

表 7-13　千将坪滑坡失稳极限位移修正及预测结果表

剖面	计算值与实验值之差的平均值/mm	计算值 最大位移/mm	实验值 最大位移/mm	修正后的 最大位移/mm	DDA 计算最大位移/mm
Ⅰ	165.32	612.00	5.41	170.73	169.4
Ⅲ	−477.97	137.69	835.95	357.98	161.3
Ⅳ	−227.69	59.09	388.13	160.44	183.6

表 7-13 也列出了 DDA 计算结果以便比较。DDA 计算结果如图 7-51 中 62＃块体位于坡脚前缘即Ⅳ剖面位置，滑坡体中前部 264＃块体（Ⅲ剖面）和滑坡体后缘 5＃块体（Ⅰ剖面），其位移时程曲线如图 7-51 所示。

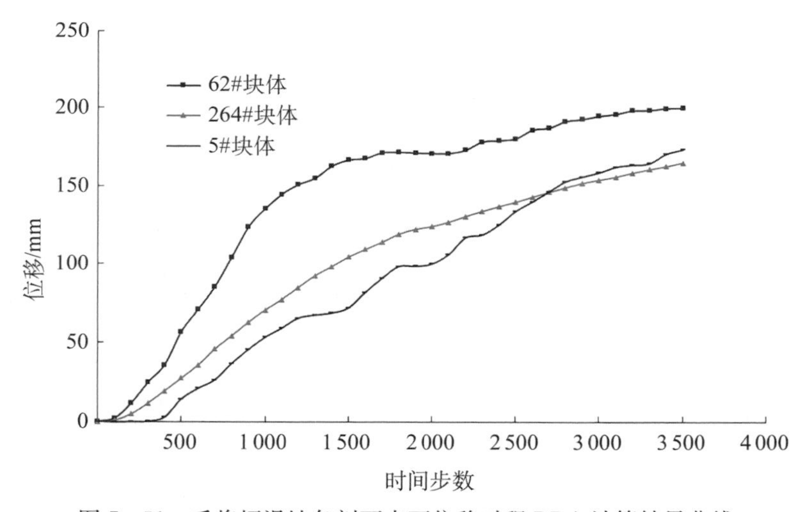

图 7-51　千将坪滑坡各剖面表面位移时程 DDA 计算结果曲线

从表 7-13 可知，修正后的千将坪滑坡失稳极限位移值与 DDA 计算结果具有较好的一致性。数值分析修正方法引进了畸变理论的概念，取试验和计算之长，在物理模型试验中融入数值方法的信息，具有较好的应用推广价值。实践证明，该方法结果和 DDA 等方法的结果具有较好的一致性。

7.4　千将坪滑坡模型试验结论与讨论

将各剖面测点的含水量、孔隙水压力、土压力、表面位移随水库蓄水和降雨变化曲线列于图 7-52～图 7-55。

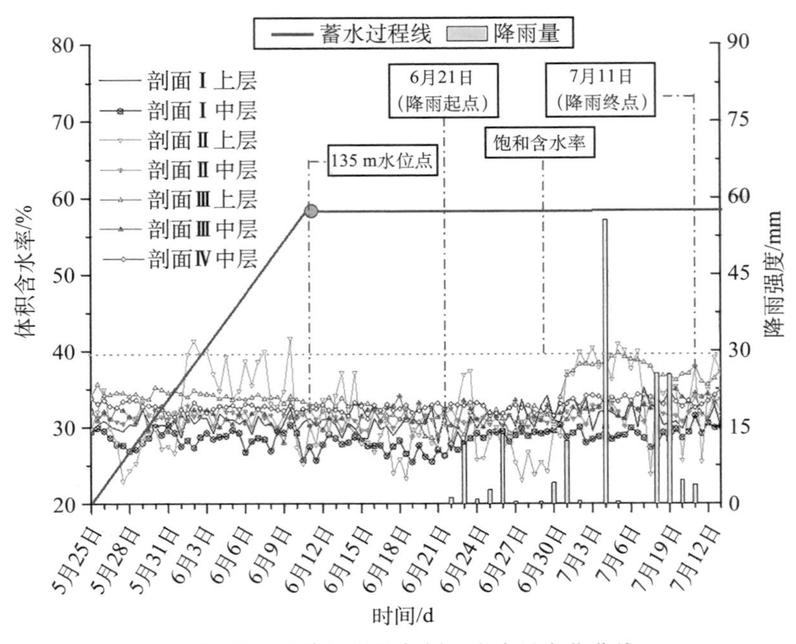

图 7－52 千将坪滑坡各剖面含水量变化曲线

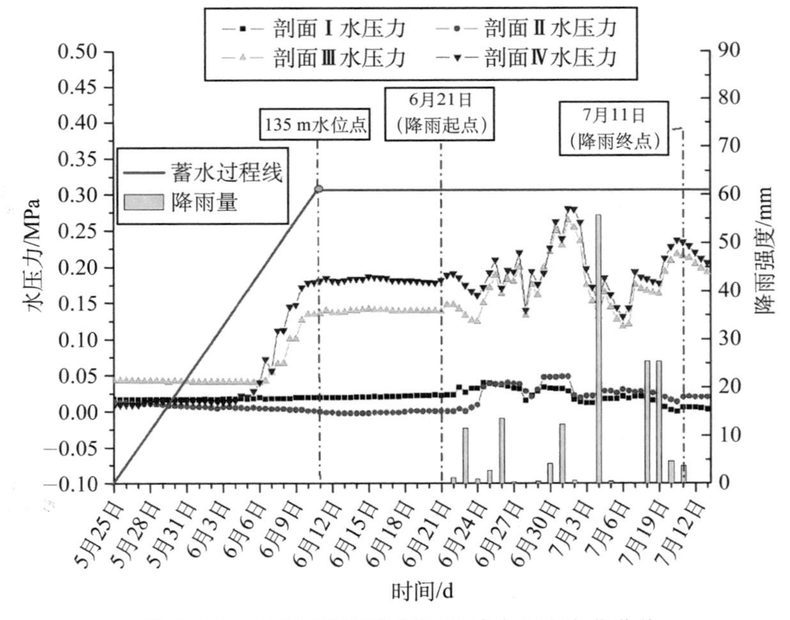

图 7－53 千将坪滑坡各剖面孔隙水压力变化曲线

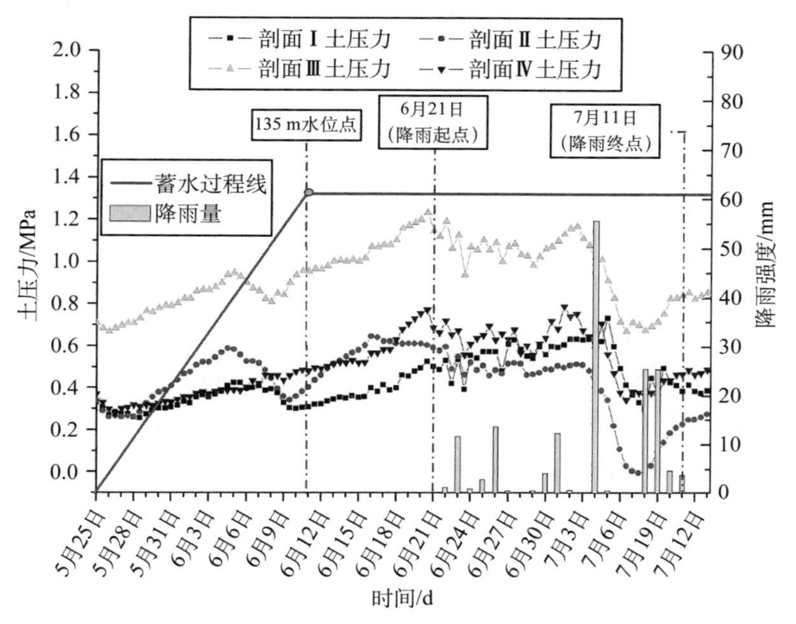

图 7-54　千将坪滑坡各剖面土压力变化曲线

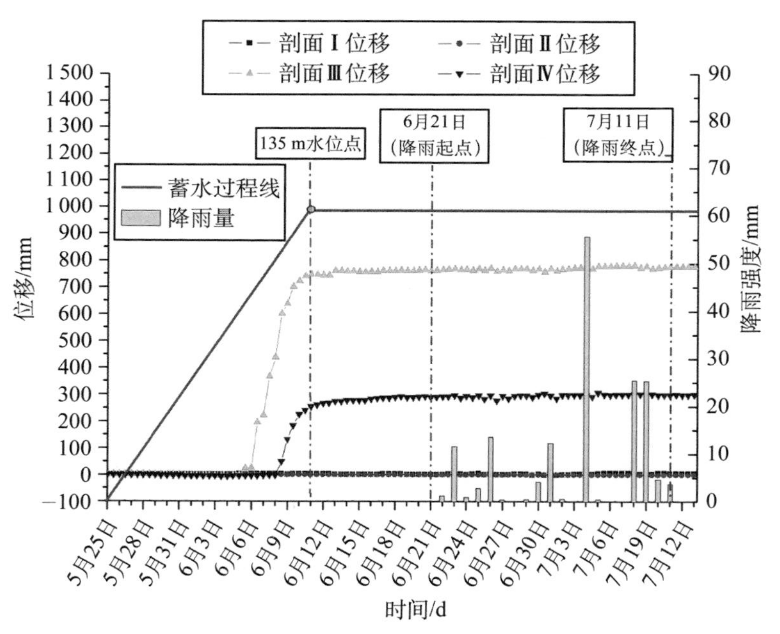

图 7-55　千将坪滑坡各剖面地表位移变化曲线

千将坪滑坡的顺层缓倾角岩层结构、层间错动带、前缘缓倾角断层和东西两侧以走向 SE 的陡倾角裂隙性断层的存在是千将坪滑坡发生顺层整体滑动的直接内因。三峡水库蓄水和降雨的联合作用是最终导致千将坪滑坡产生大规模深顺层滑动的直接诱因。

千将坪滑坡变形失稳分两个阶段：第 1 个阶段发生在库水蓄水至接近 135 m时，滑坡前缘浸水淹没，孔隙水压力增加，土压力随之增大，位移显著增大，表明该滑坡前部发生一次位移较大的滑移，而滑坡后部变形较小，滑坡此时滑带没有贯通，没有发生整体滑移。

三峡水库 135 m 蓄水完成后一段时间，水库水位稳定，各剖面孔隙水压力、位移也相对稳定，但土压力继续增加积累。2003 年 6 月 21 日至 2003 年 7 月 11 日期间的连续降雨，孔隙水压力、土压力和地表位移随降雨而波动。随滑坡孔隙水压力继续增加，滑带抗剪强度和刚度降低，在 7 月 4 日降雨量超过 50 mm，滑坡中后部出现裂缝，孔隙水压力和土压力急剧降低，表明滑坡发生第 2 次整体滑移，此次滑移属爆发式的，表现特征为滑带完全贯通，滑动位移小，速度高，是滑坡能量整体释放的形式。此次滑坡位移较小的原因是滑体与水槽两侧玻璃的摩擦力较大的缘故。

8 地质力学磁力模型试验原理与试验设备

8.1 地质力学磁力模型试验相似比

模型试验离不开相似原理的支撑，常规地质力学模型试验中，几何尺寸的相似比为 $C_l = n$，而重力加速度的相似比只能为 $C_g = 1$，所以在密度不改变的情况下，只能使模型材料的应力水平为原型的 $1/n$ 才能满足相似原理，由此使得模型的相似材料的制备存在很大的难度。土工离心模型试验利用离心力提高的模型的重力加速度，即 $C_g = 1/n$，如果模型的几何尺寸的相似比 $C_l = n$，则材料的应力水平可与原型相当，由此降低了对相似材料的要求。

在地质力学磁力模型试验中，模型的体力提高不仅受到磁力的影响，同时受到相似材料密度的影响，所以不单独区分模型中重力加速度 g 的相似比和密度 ρ 的相似比，而是以容重 γ 的相似比来同时考虑两者的作用。

根据第二章的相似原理，由无量纲的量的相似比为 1，得 $C_\varphi = C_\varepsilon = C_\mu = C_\theta = 1$，根据相似准则，假设 $C_l = n$，将模型体力 $\gamma = \rho g$ 的相似比视为一个整体，即 $C_g C_\rho = 1/n$，则可以推导出各物理量的相似比为：$C_u = n$、$C_\sigma = 1$、$C_\varepsilon = 1$、$C_g C_\rho = 1/n$、$C_k = 1$、$C_l = n$、$C_c = 1$、$C_\varphi = 1$、$C_E = 1$、$C_\mu = 1$、$C_t = n$、$C_p = 1$、$C_s = 1$、$C_\theta = 1$、$C_q = 1$、$C_v = 1$。

8.2 地质力学磁力模型试验原理

8.2.1 电磁场理论基础

地质力学磁力模型试验需要利用磁场模拟重力场，我们常说的磁场强度

(magnetic field intensity)通常用 H 表示,国际单位为 A/m,代表运动电荷在其周围形成的磁场强度,而最常被用的却是磁感应强度(magnetic induction intensity),也称为磁通密度(magnetic flux density),用 B 表示,国际单位为 T(Tesla),表示物体在磁场中所感受到的磁场强度。还有一个与磁场有关的强度,称为磁化强度(magnetization intensity),用 M 表示,国际单位为 A/m, M 的意义是磁介质在磁化后出现的磁化电流而产生的附加磁场。

任何物质在磁场的作用下都会受到磁场的影响,但是每种物质在对磁场的反应差别却很大,根据材料磁化率 χ 的不同将材料分为:顺磁性物质、抗磁性物质、铁磁性物质、亚铁磁性物质和反铁磁性物质。磁场强度 H 与磁化强度 M 的关系为

$$M = \chi H \tag{8-1}$$

磁通密度 B 与磁场强度 H 和磁化强度 M 的关系为

$$\begin{aligned} B &= \mu_0 (H + M) \\ &= \mu_0 (1 + \chi) H \end{aligned} \tag{8-2}$$

式中, $\mu_0 = 4\pi \times 10^{-7}$ H/m 为真空磁导率,定义相对磁导率 $\mu_r = 1 + \chi$,则上式可写为

$$B = \mu_0 \mu_r H \tag{8-3}$$

对于任意一段通电电流而言(见图 8-1),在空间上任意一点取得的磁通密度 $\mathrm{d}\boldsymbol{B}$ 与电流元方向 $\mathrm{d}\boldsymbol{l}$ 及电流元到该点的方向矢量 $\boldsymbol{r}$ 相垂直,其计算如下:

$$\mathrm{d}\boldsymbol{B} = \frac{\mu_0 I \mathrm{d}\boldsymbol{l} \times \hat{\boldsymbol{r}}}{4\pi r^2} \tag{8-4}$$

即为比奥-萨伐尔(Biot-Savart)定律[65],沿着电路对每一小段电流进行积分,可得到该电路在空间中任意一点的磁通密度 B 的值。

图 8-2 表示半径为 R 的圆环状载流导线,若要求得其对空间任意一点的磁通密度值,通过手算是困难的,只能通过相关软件求得,然而在环形载流导线轴线上的磁通密度值可根据对称性求得,且在轴线上磁通密度只有 z 向分量,计算公式为

$$\mathrm{d}B_z = \frac{\mu_0 I \mathrm{d}l}{4\pi r^2} \cos\theta = \frac{\mu_0 I \mathrm{d}l}{4\pi r^2} \frac{R}{r} \tag{8-5}$$

沿整个环路进行积分,得到轴线上任意一点处的磁感应强度为

$$B_z = \frac{\mu_0 R^2 I}{2(R^2 + z^2)^{3/2}} \tag{8-6}$$

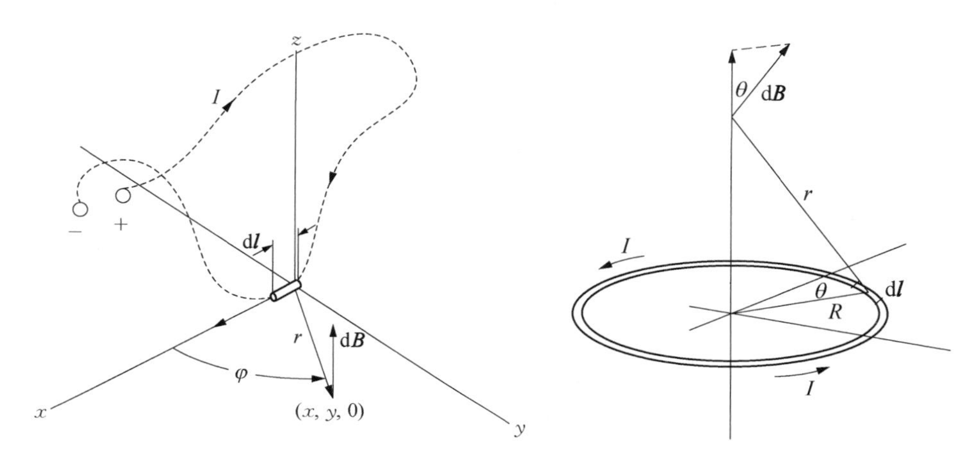

图 8-1　电流元对空间磁场的贡献　　图 8-2　环形电流轴线上的磁通密度

载流导线形成螺线管，对称形式的螺线管轴线上任意一点的磁通密度值可以通过式(8-6)积分求得，由螺线管与铁芯可构成电磁铁。

除了电磁铁外，还有一种获得磁场的方式就是永磁方式。永磁方式主要是由永久磁铁利用其自身的磁化强度来为外界提供磁场。在地质力学磁力模型试验中，要求磁场可控，能够根据不同的需要调节磁场强度的大小及其分布，而永磁铁产生的磁导比较稳定，不具有很好的灵活性，所以在地质力学磁力模型试验中，主要利用电磁手段来获取所需的磁场。

8.2.2　磁性材料的磁特性

所有物质都具有磁性，在磁场的作用下都会做出相应的反应，但是并不是每种物质都可以作为磁性材料应用到试验当中。大多数的物质对磁场的反应极其微弱，根据不同物质在磁化时磁化率χ的大小和符号的不同，物质的磁性可分为以下 5 个类别：抗磁性、顺磁性、反铁磁性、铁磁性和亚铁磁性。

(1) 抗磁性：抗磁性物质在外加磁场的作用下，磁化率χ为负值，并且很小，一般在 10^{-5}数量级，即其被外磁场反向磁化，主要包括惰性气体、部分有机化合物、部分金属和非金属，比如汞、水、金、铜、锌都是抗磁性物质。

(2) 顺磁性：顺磁性物质在外磁场作用下，磁化强度与外磁场强度同向，即$\chi > 0$，其量值仍然很小，一般在 $10^{-6} \sim 10^{-3}$量级，且顺磁性物质的磁化率χ与温度 T 存在着密切关系，χ随着温度的升高而降低。主要包括稀土类金属及铁族元素的盐类。空气、锂、钠、铝等都是顺磁性物质。

(3) 反铁磁性：该类物质的磁化率在某一温度存在着极大值，这个温度称为奈尔温度 T_N。当 $T < T_N$ 时，χ随着温度的升高而升高，当 $T > T_N$ 时，χ 随着温度的升高而降低。主要有过渡元素的盐类及其化合物。如 MnO、FeO、NiO、CrO 都是反铁磁性物质。

(4) 铁磁性：铁磁性物质的磁化率χ的数值很大，一般在 $10^1 \sim 10^6$，在很小的磁场作用下，就能达到饱和磁化强度，当温度超过居里温度 T_C 时，铁磁性物质将变成超顺磁性物质。迄今，已经发现了 11 种纯元素晶体具有铁磁性，比如铁、钴、镍都是铁磁性物质。

(5) 亚铁磁性：在宏观上的表现，亚铁磁性与铁磁性相同，只是磁化率χ比铁磁性物质低，其与铁磁性物质的最大区别在于内部结构的不同。典型的亚铁磁性物质为铁氧体。

几种物质的磁化率χ与温度 T 的关系如图 8-3 所示。在 5 种磁性中，抗磁性、顺磁性和反铁磁性都是弱磁性，而铁磁性与亚铁磁性则是强磁性，所以在现在应用中主要以铁磁性与亚铁磁性物质为主。在地质力学磁性模型试验中也不例外，磁路材料以及相似材料中的磁性材料均使用铁磁性材料。铁磁性材料在外加磁场作用下有明显的响应特性，即被磁化，磁性材料随着外磁场的变化其磁

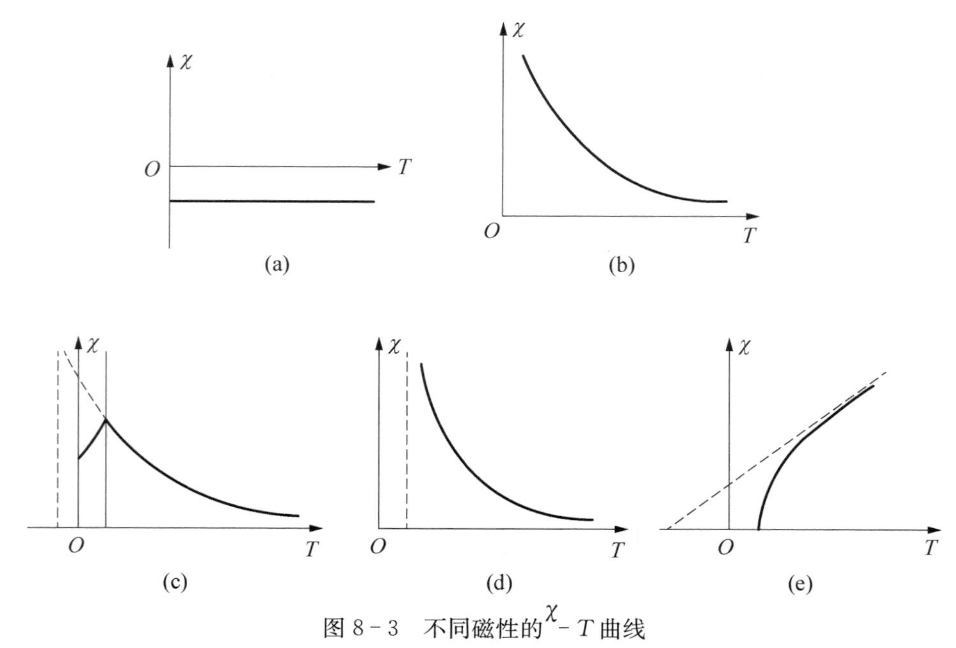

图 8-3 不同磁性的χ-T 曲线

(a) 抗磁性；(b) 顺磁性；(c) 反铁磁性；(d) 铁磁性；(e) 亚铁磁性

性也将发生变化，用曲线表示该变化即形成磁化曲线及磁滞回线。磁化曲线表示磁场强度 H 与其所感应产生的磁感应强度（磁通密度）B 或磁化强度 M 的关系。而磁滞回线是在磁场强度 H 由小到大由大到小反复变化时磁通密度 B 或磁化强度的变化曲线。图 8-4 为铁磁材料的 $H-B$ 磁滞回线，当材料在完全没有被磁化的情况下放入磁场中，磁通密度 B 的值将随着磁场强度 H 的增加而逐渐增加至饱和，如图 8-4 中 OA 段所示，饱和磁通密度用 B_s 表示，但是当磁场强度 H 退回至 0 时，磁通密度 B 并不会沿原路返回，而是沿另一条路径形成不可逆的磁化过程，当磁场强度 H 退回到 0 时对应的磁通密度称为剩磁通密度，简称剩磁，用 B_r 表示。如果想让磁通密度 B 重新回到 0，则必须施加反向的磁场强度，对应磁通密度 $B=0$ 的磁场强度 H_c 称为矫顽磁力。因为磁场强度 H、磁通密度 B 和磁化强度 M 存在着式(8-2)的关系，所以通过 $H-B$ 曲线容易得到 $H-M$ 曲线，因为磁化率 χ 远小于 1，所以两者在外观上相似，$H-M$ 磁滞回线里 H_c 称为内禀矫顽力。

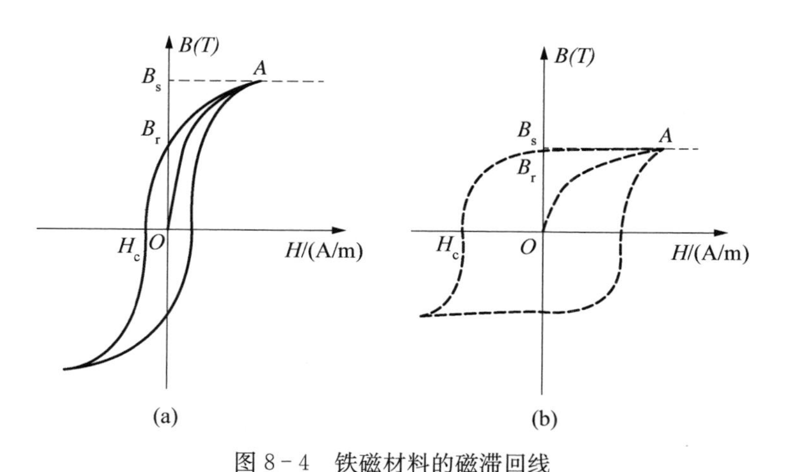

图 8-4　铁磁材料的磁滞回线

(a) 软磁材料磁滞回线；(b) 永磁材料磁滞回线

铁磁材料由于其内部结构的不同，对外加磁场的反应也有所区别，反应在磁滞回线上如图 8-4 所示，滞回曲线包围的面积与单位体积的铁磁材料磁化一次所消耗的能量成正比。磁滞回线比较"瘦"的(a)，所包围的面积比较小，所以磁化时消耗的功也比较少，比较容易磁化；而比较"胖"的(b)包围的面积大，磁化时消耗的功也多，较难磁化。根据材料的矫顽力 H_c 的大小来将铁磁材料再加以区分，一般 $H_c<10^2$ A/m 的材料叫软磁材料，$H_c>10^4$ A/m 的材料叫作硬磁材料（永磁材料），而 H_c 介于两者之间的称为半硬磁材料。

当然，在地质力学磁力模型试验中，磁路及相似材料所掺杂的铁磁材料，我们希望它的导磁性能好，比较容易磁化，这样才能更好地施加磁力，所以磁路材料及相似材料都将使用软磁材料。在非循环加载的试验中，只需要考虑材料的初始磁化曲线(见图 8-4 中 OA 段)即可。软磁材料具有以下几个特点：

(1) 初始磁导率 μ_i 高，初始磁导率定义为

$$\mu_i = \frac{1}{\mu_0} \frac{\Delta B}{\Delta H} \Big|_{H \to 0} \tag{8-7}$$

在磁场强度 H 一定时，磁通密度 B 的值取决于材料的 μ 值，初始磁导率 μ_i 越高，在很小的电流便可以得到很高的 B 值，增加了磁性材料的灵敏性。

(2) 最大磁导率 μ_{max} 高，可以得到较大的磁通，μ_{max} 越高则可以减小磁性器件的体积。

(3) 矫顽磁力 H_c 小。

(4) 饱和磁感应强度 B_s 高，即饱和磁化强度 M_s 高。

(5) 功率损耗低。

(6) 稳定性高。

常见的软磁材料的磁化曲线如图 8-5 所示。通过式(8-3)可以得到相应的 $B-\mu_r$ 曲线，如图 8-6[66] 所示。由图可以看出，尽管同为软磁材料，各种材料的磁特性也有很大的差别。其中钴钢的饱和磁通密度最大，而高镍坡莫合金的

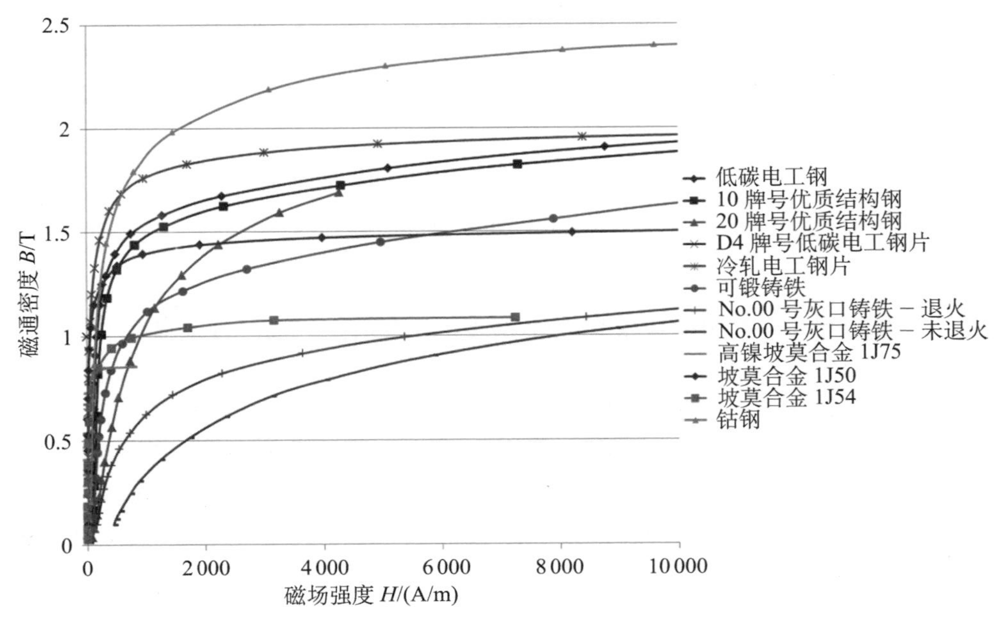

图 8-5　各种软磁材料的 $H-B$ 曲线

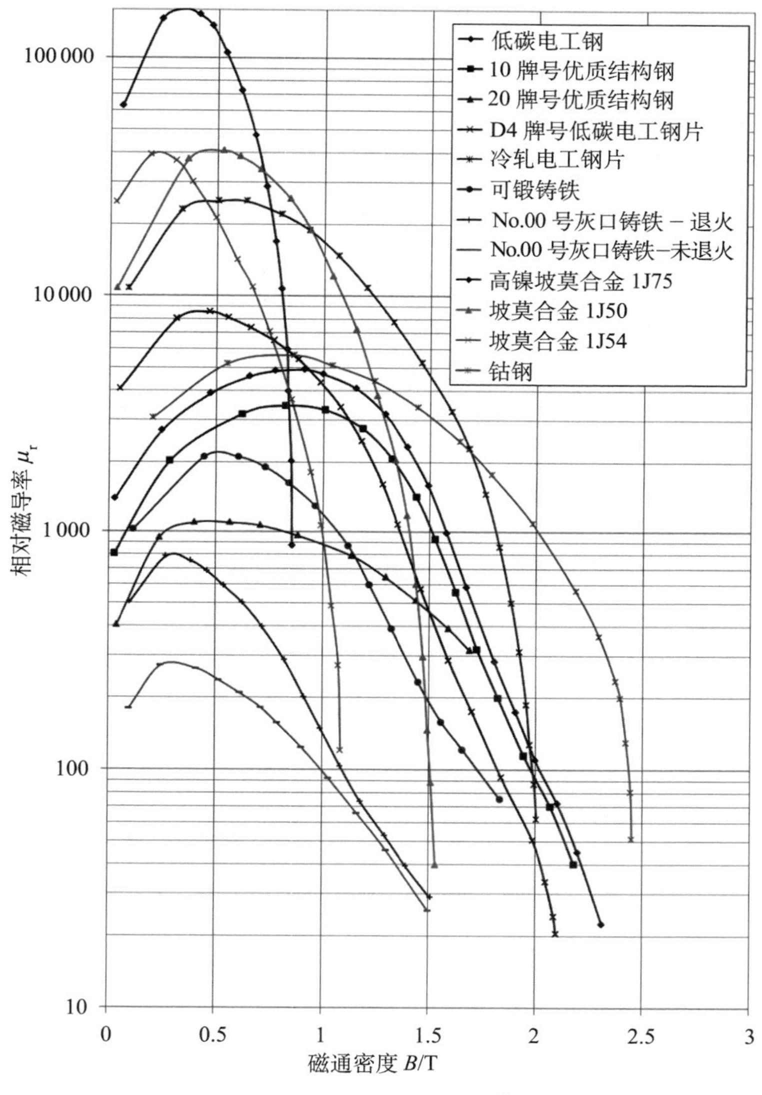

图 8-6　各种软磁材料的 $B-\mu_r$ 曲线

初始磁导率和最大磁导率最高。由于这些材料的成本很高，一般用于小型电磁元件中，而地质力学磁力模型中需要使用的磁路材料及相似材料里的铁磁材料用量很大，所以材料成本成为一个必须要考虑的因素。在所有软磁材料中，电工纯铁（即图 8-5 中的低碳电工钢）是最常用的纯金属软磁材料，其纯度在 99.8% 以上，起始磁导率 μ_i 为 300～500，最大磁导率 μ_{max} 为 4 000～12 000，矫顽力为 39.8～95.5 A/m，饱和磁通密度一般可以达到 1.8 T 以上。电工纯铁主要用于制造电磁铁的铁芯和磁极，以及一些磁路及电磁式测量仪表的各种零件中。所以在地质力学磁力模型试验中，也将采用电工纯铁作为磁路材料和相似材料里的铁磁材料。10 号优质结构钢的磁性与电工纯铁相近，可作为备选材料应用于相似材料的配备中。

8.2.3 磁力与重力的相似性

自然界中存在着 4 种基本力：强相互作用力、弱相互作用力、电磁作用力和万有引力。其中，电磁力又分为电力和磁力。19 世纪中期，英国物理学家、数学家麦克斯韦[67]（Maxwell）利用电磁理论将电的作用与磁的作用统一起来，建立起了麦克斯韦方程组，这是历史上第 1 次将两种相互作用力统一起来的理论。

爱因斯坦（Einstein）将场的概念引入到了万有引力之中，创立了广义相对论（1916），以爱因斯坦为代表的许多物理学家，如赫尔曼·外尔（Hermann Weyl）、亚瑟·爱丁顿（Arthur Eddington）和西奥多·卡鲁扎（Theodor Kaluza）等都曾致力于将电磁力和万有引力统一起来研究，但没有成功。由于广义相对论理论与量子场论相互不自洽，因此物理学家认为应该在一个更高的理论框架下将两者统一起来，这便是统一场论。目前，统一弱相互作用和电磁相互作用的电弱统一理论已经获得证实，由于将基本粒子的电磁作用与弱作用统一的这项贡献，阿卜杜勒·萨拉姆（Abdul Salam）、谢尔登·格拉肖（Sheldon Glashow）以及史蒂文·温伯格（Steven Weinberg）获颁 1979 年的诺贝尔物理奖。

万有引力即为重力，与电磁力同为超距作用（action at a distance），并且都属于辐射力，虽然磁力与重力尚未统一，然而它们的表现形式相似，所以由磁力模拟重力的方法是有科学依据的，这也是地质力学磁力模型试验的思想来源。

根据万有引力定律，可知两个质点之间的引力为

$$\boldsymbol{F}_{\mathrm{g}} = G\frac{m_1 m_2}{r^2}\boldsymbol{r} \tag{8-8}$$

式中，m_1、m_2 代表质点的质量，$\boldsymbol{r}$ 表示两个质点边线方向的单位方向向量，G 为万有引力常量，r 为两个质点之间的距离。

通过库仑定律（Coulomb's law），我们可以求得两个带电的粒子之间的作用力：

$$\boldsymbol{F}_{\mathrm{e}} = k\frac{q_1 q_2}{r^2}\boldsymbol{r} \tag{8-9}$$

这里的 q_1、q_2 表示两个带电粒子所带的电量，$\boldsymbol{r}$ 表示两个粒子之间方向向量的单位向量，k 为常数，与真空介电常数 ε_0 有关，等于$(4\pi\varepsilon_0)^{-1}$，r 为两个粒子之间

的距离。

因为有电荷的存在，所以在均匀的电场中，电荷便会受到电场的作用力，在场强为 E 的电场中，电荷 q 所受电场力大小为

$$F_e = qE \tag{8-10}$$

类比假设存在着磁荷（magnetic charge），也称为磁单极子（magnetic monopole），即像正电荷、负电荷一样只具有磁南极或磁北极的属性，那么将其置于匀强磁场中也将会受到磁力的作用，令磁场强度为 H，磁荷量为 p，则磁力大小为

$$F_m = pH \tag{8-11}$$

因为磁场与电场具有相似性，假设磁力也被看作是两个磁极之间的作用，若两个具有磁极性的粒子，磁极性强度分别为 p_1、p_2，距离为 r，与库仑定律类比，两个磁极子之间的作用力可以写为

$$\boldsymbol{F}_m = k\frac{p_1 p_2}{r^2}\boldsymbol{r} \tag{8-12}$$

这里的 k 仍为常数，不过不再与真空介电常数有关，而是与真空磁导率 μ_0 相关，等于 $(4\pi\mu_0)^{-1}$。

从式(8-8)、式(8-9)和式(8-12)可以看出，重力场、电场以及磁场三者的相似性，都遵循着平方反比定律，即力的大小与距离的平方成反比例关系。

8.2.4 外磁场作用下的磁力

麦克斯韦（Maxwell）将电磁场统一起来，形成麦克斯韦方程组（Maxwell's equations）：

$$\begin{cases} \nabla\cdot\boldsymbol{D} = \rho \\ \nabla\cdot\boldsymbol{B} = 0 \\ \nabla\times\boldsymbol{E} = -\dfrac{\partial \boldsymbol{B}}{\partial t} \\ \nabla\times\boldsymbol{H} = \boldsymbol{J} + \dfrac{\partial \boldsymbol{D}}{\partial t} \end{cases} \tag{8-13}$$

式中，$\boldsymbol{D}$ 为电位移，$\boldsymbol{E}$ 为电场，ρ 为总电荷密度，$\boldsymbol{J}$ 为总电流密度，t 为时间。

如果磁场和电场可以完美相似，那么式(8-13)中的形式应该是完全对称的，可是并非如此。磁单极子是否存在一直都是科学家争论的课题，但是至今尚未发现过一颗磁单极子，以现有的理论来看，物质中的磁场的唯一来源仍是

电流。

图 8－7 为一个微小的电流回路，通以电流 I，则在其周围可产生磁场，在空间距离该电流回路足够远的地方，可以忽略电流回路的形状对磁场分布的影响，任意微小的电流环在通以相同电流时，在足够远的地方产生的磁场是相同的。定义 Ia 为磁偶极矩(magnetic dipole moment)，用 $\boldsymbol{m}$ 表示，其中 $\boldsymbol{I}$ 为电流大小，而 a 为通电回路的面积。显然，磁偶极矩是一个矢量，它的方向与电流环的面积 a 相同，即与电流的方向满足右手定则。

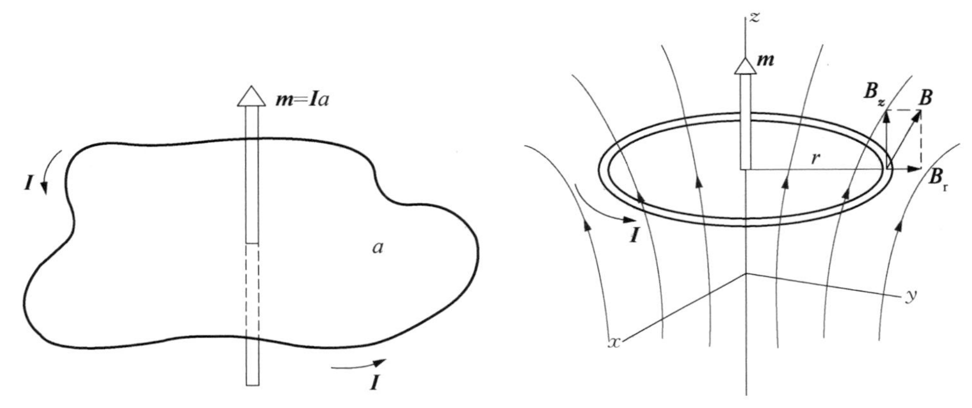

图 8－7　电流回路的磁偶极矩　　　　图 8－8　非均匀磁场中的电流环

现在考虑一个半径为 r 的圆形电流环，通以电流 $\boldsymbol{I}$，把该电流环置于一个磁场中，如图 8－8 所示，外加磁场在沿 z 的正方向减小。为了简单起见，假定外磁场磁通密度 $\boldsymbol{B}$ 绕 z 轴对称。在图 8－8 中并没有画出电流环所产生的磁场，在计算电流环受到外加磁场的磁力的时候，磁力的来源是外磁场，电流环本身的磁场对其自身不产生磁力，所以在此忽略电流环产生的磁场。磁通密度 $\boldsymbol{B}$ 具有 z 向和 r 向两个方向的分量，任取一小段电流元 $\mathrm{d}l$，将受到两个方向的力，一个是 r 方向的力 $\boldsymbol{F}_r = \boldsymbol{I}\boldsymbol{B}_z\mathrm{d}l$，一个 $\boldsymbol{z}$ 向的分量 $\boldsymbol{F}_z = \boldsymbol{I}\boldsymbol{B}_r\mathrm{d}l$，由于电流环和外加磁场的对称性，整个电流环所受的 r 向的合力为 0，而 z 向的合力也就是整个电流环的合力为

$$\boldsymbol{F} = 2\pi r\boldsymbol{I}\boldsymbol{B}_r \tag{8-14}$$

磁通密度 $\boldsymbol{B}$ 的 r 向分量 $\boldsymbol{B}_r$ 与其 z 向分量 $\boldsymbol{B}_z$ 的梯度有关。现在取一个厚度为 Δz、半径为 r 的小圆柱体，则磁通密度从侧面出来的分量为 $2\pi r\Delta z\boldsymbol{B}_r$，从上下表面进入的磁通密度值为 $\pi r^2[\boldsymbol{B}_z(z+\Delta z)-\boldsymbol{B}_z(z)]$，对小距离 Δz 取一阶近似，即为 $\pi r^2\left(\frac{\partial \boldsymbol{B}_z}{\partial z}\right)\Delta z$。因为 $\nabla \cdot \boldsymbol{B} = 0$，所以

$$\pi r^2 \left(\frac{\partial \boldsymbol{B}_z}{\partial z}\right)\Delta z + 2\pi r \boldsymbol{B}_r \Delta z = 0 \tag{8-15}$$

由此可以推出：

$$\boldsymbol{B}_r = -\frac{r}{2}\frac{\partial \boldsymbol{B}_z}{\partial z} \tag{8-16}$$

用磁通密度在 z 方向上的梯度来表达外磁场作用在磁偶极子上的力：

$$\boldsymbol{F} = 2\pi r \boldsymbol{I} \cdot \frac{r}{2}\frac{\partial B_z}{\partial z} = \pi r^2 \boldsymbol{I} \cdot \frac{\partial \boldsymbol{B}_z}{\partial z} \tag{8-17}$$

可以看出 $a = \pi r^2$，则 $\pi r^2 \boldsymbol{I}$ 表示的即为电流环上的磁偶极矩 $\boldsymbol{m}$，所以作用在电流环上的力可以用磁偶极矩表达：

$$\boldsymbol{F} = \boldsymbol{m}\frac{\partial \boldsymbol{B}_z}{\partial z} \tag{8-18}$$

现在将磁偶极子在外加磁场的受力情况总结如下：

(1) 当磁偶极矩平行于外加磁场时，作用力沿着磁通密度增大的方向。

(2) 当磁偶极矩反平行于外加磁场时，作用力沿着磁通密度减小的方向。

(3) 当外加磁场为匀强磁场时，磁偶极子的受力为 0。

以上 3 种情况并不具有普遍性，当磁偶极子与外加磁场成一定角度时，作用在磁偶极子 $\boldsymbol{m}$ 上的力以 z 向分量为例可以用式(8-19)表示，其余方向分量形式与之相似：

$$\boldsymbol{F}_z = \boldsymbol{m} \cdot \frac{\partial \boldsymbol{B}_z}{\partial z} \tag{8-19}$$

磁性材料置于外加磁场中时，大量的磁偶极子都指向了同一个方向，该材料便被磁化了，磁化强度矢量用 $\boldsymbol{M}$ 表示。任何材料被磁化后的磁化强度均可用通以电流 I 的电流环来等效，如图 8-9 所示。所以对于被磁化的任何材料而言，

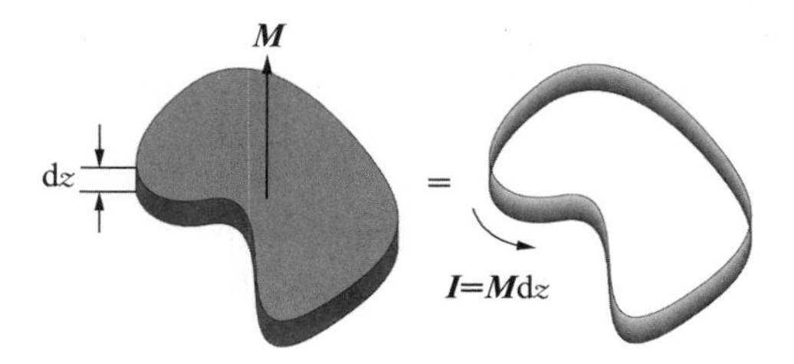

图 8-9 磁化强度与电流环的等效关系

式(8-18)依然适用,这里的 $\boldsymbol{m}$ 将会被 $\boldsymbol{M}$ 取代,计算得到的 $\boldsymbol{F}_z$ 为单位体积所受到的磁力。

对于纯铁,饱和磁化强度 M_s 约为 1.7×10^6 A/m²,密度按 7 800 kg/m³ 计算,则若使其所受的磁力等于 1 倍其自身重力,需要磁通密度梯度 $\dfrac{\partial \boldsymbol{B}}{\partial \alpha}=0.044(\boldsymbol{T}/m)$,$\alpha$ 为要计算的受力方向。

同时还可以通过热力学原理或 Maxwell 应力张量来求得磁性材料在磁场中所受的磁力。

通过热力学原理求得的磁力公式为

$$\boldsymbol{F}_{\mathrm{m}}=\mu_0(\boldsymbol{M}\cdot\nabla)\boldsymbol{H}=(\boldsymbol{M}\cdot\nabla)\boldsymbol{B} \tag{8-20}$$

与通过电流产生磁场的原理得出的结果一致。

而通过对 Maxwell 应力张量 T 的积分求得的结果如下:

$$\boldsymbol{F}_{\mathrm{t}}=\int_s \nabla\cdot\overleftrightarrow{\boldsymbol{T}}\mathrm{d}a \tag{8-21}$$

这里的 $\boldsymbol{F}_{\mathrm{t}}$ 为材料所受磁力的合力,而不是材料内部的磁力密度分布。

8.2.5 磁路设计原理

永磁体或通电导线产生的磁场实际上在整个空间都有分布,为了提高磁场的利用率,必须通过一些强磁材料对磁场进行必要的引导,将励磁源(永磁体或通电螺线管)与工作空间连接起来形成回路,这个回路便是磁路。

磁路设计的目的是,根据所需的磁场情况及各种参数要求,设计磁路分布和各部分尺寸,以得到满足一定要求的最佳磁路。磁路可以用电路进行类比,但是电路的界线清晰,导线外一般没有漏电现象,而磁路中漏磁却无处不在。但是铁磁性材料的磁导率比空气或其他非铁磁性材料的磁导率高得多,所以漏磁通与磁路中的主磁通相比还是要小得多。要想对磁路进行精确的计算几乎是不可能的,所以为了与电路类比,就要忽略漏磁,然后再在主磁通上加上修正系数,忽略漏磁也是磁路中基尔霍夫第一、第二定律(Kirchhoff laws)成立的前提,一般称为磁路第一、第二方程。

磁路第一方程:

$$\sum_{i=1}^{n}\Phi_i=0 \tag{8-22}$$

这里的 Φ 指的是磁通量,是磁通密度 B 与其垂直通过的面积 S 的乘积。假

设有一个封闭曲面 S_1，那么通过该曲面所包围的磁路的总磁通量为 0。即进入该曲面的磁通量和从该曲面出去的磁通量始终相同。

磁路第二方程：

$$\sum_{i=1}^{n} F_i = \sum_{i=1}^{k} N_i I_i \tag{8-23}$$

某一段内磁路的磁势差 F_i 为该段磁路的磁场强度 H 与其对应磁路长度 L 的乘积，由此可以得到：

$$\sum_{i=1}^{n} H_i L_i = \sum_{i=1}^{k} N_i I_i \tag{8-24}$$

一般情况下，取磁路的几何中心线作为平均磁路长度 L。

类比电路中的电阻，定义 $R_m = F/\Phi$ 为磁阻，假定磁路中的材料是均匀的、线性的，可得：

$$R_m = \frac{F}{\Phi} = \frac{HL}{BS} = \frac{L}{\mu S} \tag{8-25}$$

式中，μ 为磁导率。进而得到：

$$\sum_{i=1}^{n} N_i I_i = \sum_{i=1}^{n} \Phi_i R_{mi} \tag{8-26}$$

通过式(8-24)和式(8-26)两种算法可以计算出不同条件下的磁路中螺线管所需要的安匝数。

尽管磁单极子尚未被发现，被磁化的物体在非均匀磁场中依然会受到磁力的作用。无论是理论上还是试验上，都证明铁磁材料在磁场中的受力与其所处空间的磁通密度梯度成正比，只要通过电磁理论及磁路设计原理得到在一定空间范围内磁通密度梯度均匀的磁场，便可使模型所受磁力均匀，从而达到模拟重力的效果。

8.2.6 两相介质的等效相对磁导率

多相介质的等效相对磁导率的计算也是一个科学界长期探讨的问题。早在 1952 年，Landauer[68]就发现了一种能够很好表达两相介质的等效相对磁导率的公式：

$$v_1 \frac{|\mu_1 - \mu^*|}{\mu_1 + 2\mu^*} = v_2 \frac{|\mu_2 - \mu^*|}{\mu_2 + 2\mu^*} \tag{8-27}$$

式中，v_1、v_2 代表两种介质的体积，μ_1、μ_2 代表两种介质的相对磁导率，μ^* 代表两相介质的等效相对磁导率。

Z. Hashin[69]也给出了一种计算多相介质等效相对磁导率的上限与下限的方法。许多国内的学者也对复合材料多相介质的等效相对磁导率的计算进行了探讨。下面利用等效磁阻的思想推导一下铁磁材料与岩土体的混合材料的等效相对磁导率。将土体和铁磁材料的混合材料制作成为一个柱体，截面半径为 r，取 $\mathrm{d}z$ 高度的微元体。假设磁通密度从柱体低端进入，顶端流出，侧向没有漏磁，且土体与铁磁材料均匀混合。如此，在同一高度范围内的土体与铁磁材料的体积之比就等于面积之比。在任一截面上，截面面积为 S，铁磁材料的面积为 S_{Fe}，土体的面积为 S_{So}。则有：

$$S = S_{\mathrm{Fe}} + S_{\mathrm{So}} \tag{8-28}$$

定义铁磁材料面积点总面积的比例为

$$\beta_{\mathrm{s}}(z) = \frac{S_{\mathrm{Fe}}(z)}{S} \tag{8-29}$$

因为假设铁磁材料与土体混合绝对均匀，则在每一个截面上的铁-土面积比是一个常数，即 $\beta_{\mathrm{s}} = \mathrm{const}$。

因为磁阻的计算公式为

$$R_{\mathrm{m}} = \frac{l}{\mu_0 \mu_{\mathrm{r}} S} \tag{8-30}$$

式中，l 为长度，S 为截面面积。无数的被截面剖到的铁磁材料的磁阻形成并联关系：

$$R_{\mathrm{eq}} = \sum_{i=1}^{n} \frac{1}{R_{\mathrm{m}i}} = \sum_{i=1}^{n} \frac{\mu_0 \mu_{\mathrm{r}} S_i}{l} \tag{8-31}$$

所以可以将土体与铁磁材料聚集在一起考虑，如图 8-10 所示。

在 $\mathrm{d}z$ 微元体内的磁阻可以看成是土体与铁磁材料两部分的并联。分别计算两部分的磁阻

$$\mathrm{d}R_{\mathrm{Fe}} = \frac{\mathrm{d}z}{\mu_{\mathrm{Fe}} S_{\mathrm{Fe}}} = \frac{\mathrm{d}z}{\mu_0 \mu_{r\mathrm{Fe}} \beta_{\mathrm{s}} S} \tag{8-32}$$

$$\mathrm{d}R_{\mathrm{So}} = \frac{\mathrm{d}z}{\mu_{\mathrm{So}} S_{\mathrm{So}}} = \frac{\mathrm{d}z}{\mu_0 \mu_{\mathrm{rSo}} \beta_{\mathrm{s}} S} = \frac{\mathrm{d}z}{\mu_0 (1 - \beta_{\mathrm{s}}) S} \tag{8-33}$$

由两者并联可得：

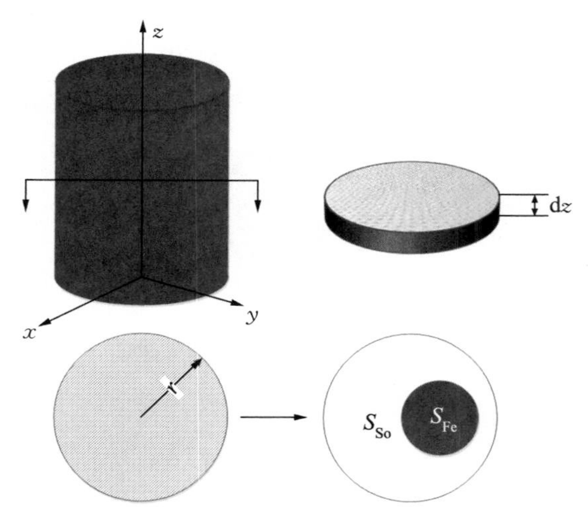

图 8-10 相似材料磁导率计算的等效关系

$$dR_{eq} = \frac{dz}{\mu_0 S(1-\beta_s+\mu_{rFe}\beta)} \tag{8-34}$$

定义微元体的轴向的平均磁阻为

$$dR_{av} = \frac{dz}{\mu_{av} S} = \frac{dz}{\mu_0 \mu_{rav} S} \tag{8-35}$$

其中的 μ_{rav} 就是要求的整个柱形试验体的等效磁导率(平均磁导率)。

由 $dR_{av} = dR_{eq}$ 得:

$$\mu_{rav} = 1-\beta_s+\mu_{rFe}\beta_s \tag{8-36}$$

因为 $\beta_s < 1$,而 $\mu_{rFe} \gg 1$,所以

$$\mu_{rav} \approx \beta_s \mu_{rFe} \tag{8-37}$$

通过磁通量 Φ 与磁通密度 B 和磁场强度 H 的关系 $\Phi = BS = \mu HS$ 也可导出等效相对磁导率。

假设通过铁磁材料的磁通量总和为 $\Phi_{Fe}(z)$,通过土体材料的磁通量总共为 $\Phi_{So}(z)$。根据没有漏磁的假定,柱形试验体中同一高度 z 上的截面内的磁通量 $\Phi(z)$ 处处相等,即:

$$\Phi(z) = \Phi_{Fe}(z) + \Phi_{So}(z) = \text{const} \tag{8-38}$$

由于材料均匀性假定,在每一个 z 截面上通过铁磁材料和土体材料的磁通量也为常数。令

$$\beta_{\Phi} = \frac{\Phi_{\mathrm{Fe}}(z)}{\Phi} = \mathrm{const} \tag{8-39}$$

则有：

$$\Phi_{\mathrm{Fe}} = S_{\mathrm{Fe}} B_{\mathrm{Fe}} = \beta_{\Phi} S \mu_0 \mu_{\mathrm{rFe}} H_{\mathrm{Fe}} \tag{8-40}$$

$$\Phi_{\mathrm{So}} = S_{\mathrm{So}} B_{\mathrm{So}} = (1-\beta_{\Phi}) S \mu_0 H_{\mathrm{So}} \tag{8-41}$$

在同一高度 z 上，$H(z)$ 为常数，即 $H_{\mathrm{Fe}} = H_{\mathrm{So}} = H$，则

$$\Phi = S_{\mathrm{So}} H_{\mathrm{So}} + S_{\mathrm{Fe}} \mu_{\mathrm{Fe}} H_{\mathrm{Fe}} = \mu_0 S (1-\beta_{\Phi} + \beta_{\Phi} \mu_{\mathrm{rFe}}) H \tag{8-42}$$

同时

$$\Phi = S B_{\mathrm{av}} = S \mu_{\mathrm{rav}} H_{\mathrm{av}} \tag{8-43}$$

联立两式，同样可得式(8-37)。

下面取一个半径为 R 的圆柱形相似材料试件进行数值模拟，将其放于磁通密度 $B = 1\ \mathrm{T}$ 的匀强磁场中，改变相似材料中铁磁材料所占的总体积的比例，得到整个模型上的平均磁场强度 H_{av} 的值，再利用式(8-3)可计算出整个圆柱体上的平均(等效)相对磁导率的值。模型剖面示意图如图 8-11 所示，此时未加入铁磁材料，其中水平直线为磁势等值线，竖向直线为磁感线，整个空间内的磁

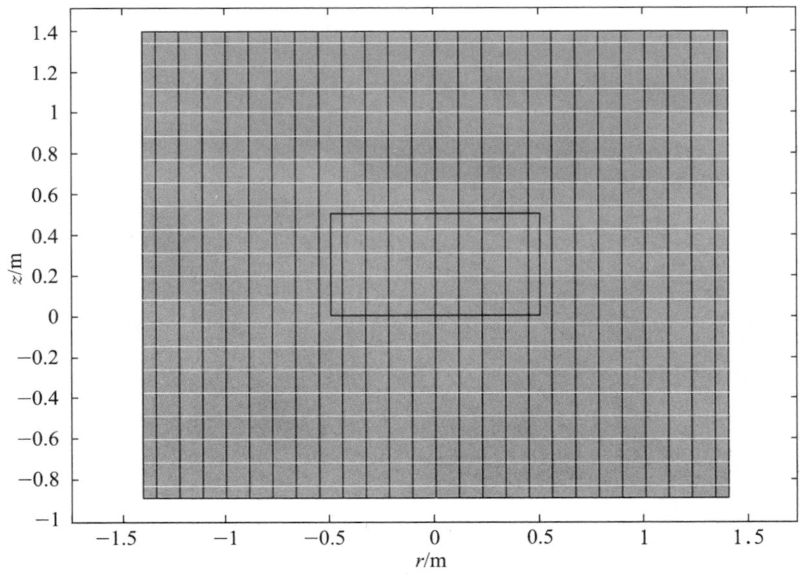

图 8-11　计算等效相对磁导率的模型示意图
(水平线为等磁势线，竖向线为磁感线)

通密度值相同。铁磁材料含量为 50%时的磁场分布如图 8－12 所示。可以看出，在掺入铁磁性材料后，磁感线向圆柱体试件内偏移，导致材料内的磁通密度值增加，所以整体的等效相对磁导率也随之增加。

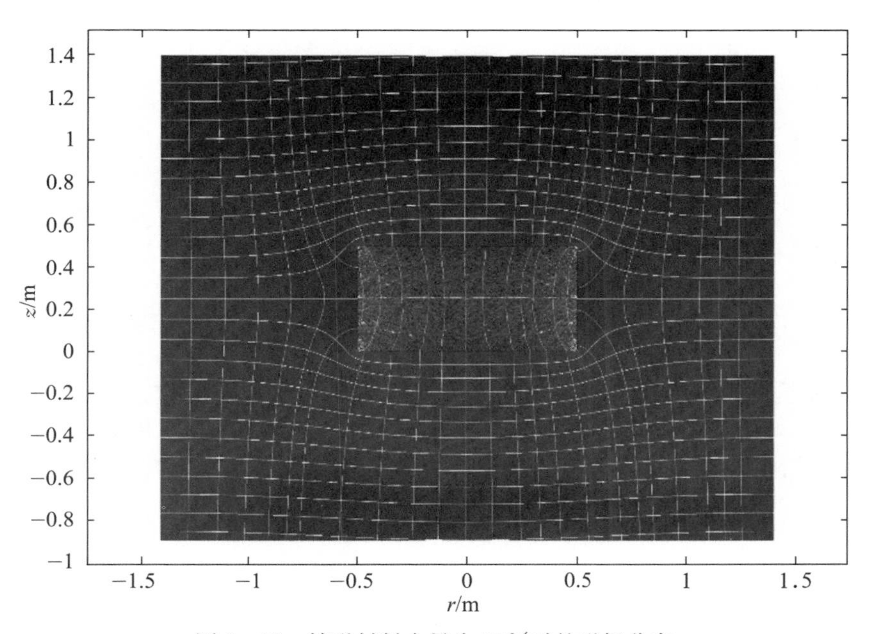

图 8－12　铁磁材料含量为 50%时的磁场分布

(水平线为等磁势线，竖向线为磁感线)不同铁磁材料含量下的等效相对磁导率列于表 8－1中，其中铁磁材料自身的相对磁导率取为 $\mu_{rFe}=4\,000$。

表 8－1　不同铁磁材料含量下的等效相对磁导率

铁磁材料含量	0	0.1	0.2	0.3	0.4	0.5	0.6	0.7	0.8	0.9	1
等效相对磁导率	1	4.36	39.0	151	837	1 514	2 017	2 537	3 065	3 534	4 000

从图中可以看出，式(8－37)计算的结果，等效相对磁导率与铁磁材料含量成正比，因为没有漏磁的假设过于理想，所以造成计算结果与模拟结果相比偏大。Landauer 的方法是现在计算等效相对磁导率最常用的方法，其计算结果与实际情况更加接近，实际模拟的结果在两者之间。不过从总体来说，如果铁磁材料的含量过低，混合材料的等效磁导率不会太高，这样可能造成材料的磁力达不到预期的效果，所以，建议相似材料中的铁磁材料所占体积比例不宜低于 0.3。

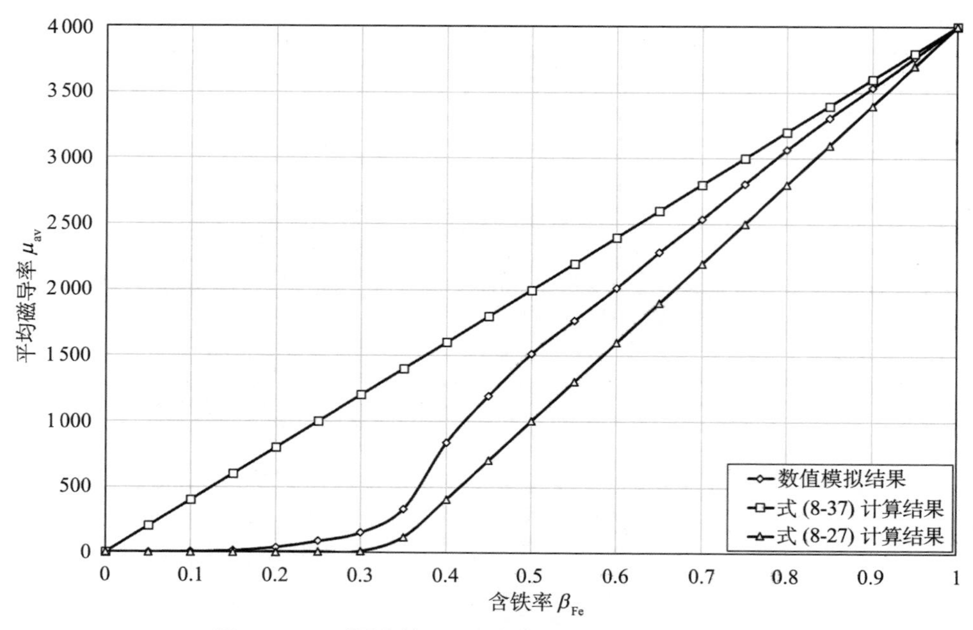

图 8－13　不同含铁量下相似材料的等效相对磁导率

8.3　均匀梯度磁场的构建及其发生装置设计

梯度磁场是铁磁材料在磁场中受到磁力作用的前提，而磁场的磁通密度梯度的均匀性直接影响着模型受力的均匀性。在小范围内构建均匀梯度磁场的方法是利用 Helmholtz 线圈，当两个相距一定距离的线圈通以反向电流时，在距两线圈等距的中间位置将产生比较均匀的梯度磁场。然而在大范围内构建绝对均匀梯度磁场是不可能的，磁场的梯度越大，则梯度的均匀性越差。所以，如何在满足试验精度的要求下，使模型所受的磁力最大化，是梯度磁场发生装置设计的主要难点。

8.3.1　利用 Helmholtz 线圈构建梯度磁场

梯度磁场在许多领域都有很广泛的应用，如磁力探伤、地质探矿、舰船搜寻、生物磁学、考古挖掘，以及军事科研领域等[70-75]。获得匀强磁场的最常用办法是利用 Helmholtz 线圈，而将 Helmholtz 线圈的一个线圈电流反向可以得到梯度较为均匀的磁场。

Helmholtz 线圈是以德国物理学家 Helmholtz 命名的，线圈的形状结构如

图 8-14 所示。

对于两个相同的平行共轴且关于原点对称的线圈，通以等大同向电流，分别将由式(8-6)得到的磁通密度公式在 $z=0$ 处进行泰勒极数展开，展开式的 x 的奇次项系数均为 0，当两个线圈之间的距离等于线圈半径时，x^2 项系数也等于 0，由此提高了线圈中间轴线附近磁场的均匀性，即为 Helmholtz 线圈。

如果两个关于原点对称的线圈电流反向，则极数展开式 x 的偶次项系数为 0，当线圈半径与线圈距离关系满足 $d=\sqrt{3}\ R$ 时，x^3 项的系数为 0，使线圈中间轴线附近的磁通密度梯度的均匀性得以提高。暂将其称为改进型反向电流的 Helmholtz 线圈，示意图如图 8-15 所示。

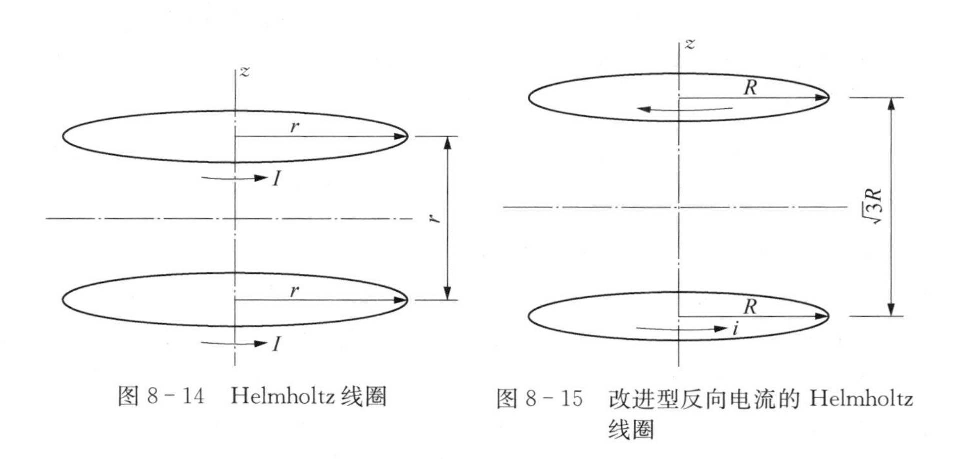

图 8-14　Helmholtz 线圈

图 8-15　改进型反向电流的 Helmholtz 线圈

实际上，对不同铁磁材料的加载情况也不相同。永磁材料已经事先被磁化，然后再放入到磁场中使其受到磁场力的作用，而软磁材料是放在磁场中后才被磁化，其磁化方向与所处空间的磁场的方向相一致。从式(8-19)中我们可以看出，磁力的方向不仅与磁通密度梯度的方向有关，还与材料的磁化方向有关系。所以，对于永磁材料来说，只要提前将其磁化，并且在放入磁场中时，保证其磁化方向沿同一方向，则其受力方向便会保持一致。如果是软磁材料，不仅要求磁通密度梯度的方向相同，还要求磁场强度(或磁通密度)的方向也要在其所处空间内保持一致。

若单纯地利用 Helmholtz 线圈或反向电流的 Helmholtz 线圈来产生磁场，则对磁场空间的大小很难控制，这样将很难使线圈的磁场能够适用于各种尺寸的模型。磁场满足叠加原理，如果我们将多个 Helmholtz 线圈或反向电流的 Helmholtz 线圈叠加起来，那么它们构建的磁场将仍然保持其原有的强度或强度梯度的均匀性，并且将线圈分段进行通电或调节电流，将会实现对试验空间的大小以及磁通密度梯度的大小进行控制。

针对永磁材料，将反向电流的 Helmholtz 线圈设计成排列形式和对称形式两种线圈组，分别如图 8－16 和图 8－17 所示。

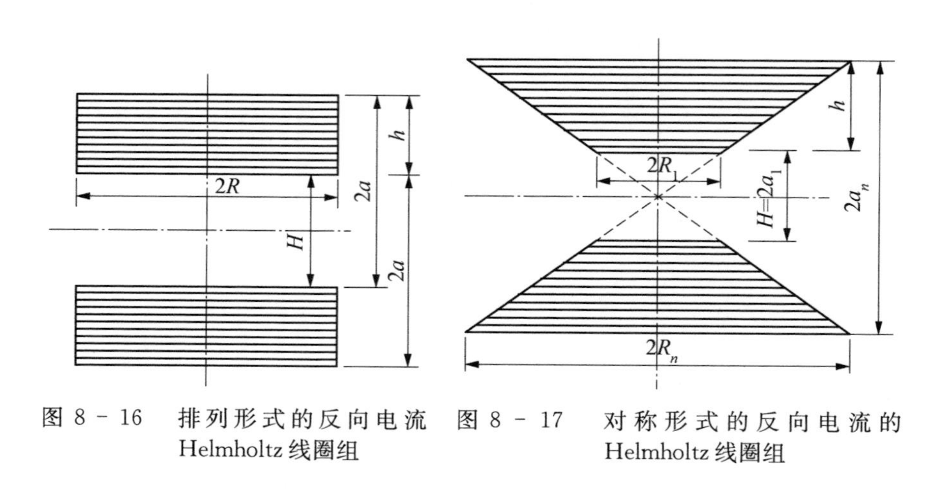

图 8－16 排列形式的反向电流 Helmholtz 线圈组

图 8－17 对称形式的反向电流的 Helmholtz 线圈组

图 8－16 中，上部螺线管与下部螺线管从其顶端线圈开始，每相距为 $2a$ 的两个线圈构成一对改进型反向电流的 Helmholtz 线圈，由于线圈距离 $2a$ 保持不变，则线圈半径 R 也为定值，一对 Helmholtz 线圈以沿某一方向排列出现，所以在本文中称为排列形式。而图 8－17 则是上下两个螺线管中与水平对称面距离相等的两个线圈构成一对改进型反向电流的 Helmholtz 线圈，随着距离 $2a_i$ 的增加，线圈半径 R 也增加，Helmholtz 线圈以中界面为基准向两侧对称出现，所以本文中称该形式的 Helmholtz 线圈组为对称形式。排列形式情况下，螺线管半径 R 与高度 h 受两螺线管中间空间高度 H 约束，需满足 $2a-h=H$，即 $\sqrt{3}\,R-h=H$，在螺线管厚度和电流限值一定时，可以通过改变螺线管的高度 h，增加磁通密度梯度的量值或改变 H 的大小。如果所需要的空间高度 H 一定，螺线管高度 h 增加，线圈半径 R 也将随之增加，这样将产生大量不能加以利用的水平空间，造成浪费。对于一个成型的螺线管而言，R 固定，可通过调节通电的螺线管高度 h，改变 H 的值，以满足不同情况下模型对试验空间高度的要求。

对称形式的螺线管，半径 R 不受中间空间高度 $H=2a_1$ 的影响，R 与 a 的关系为 $2a=\sqrt{3}\,R$，任意选取两段对称的锥形螺线管，均可在其中间空间产生磁通密度梯度较为均匀的磁场，所以该形式下不仅可以很方便地控制试验空间高度 H 的大小，由于其呈锥形的特点，也不会造成空间和资源的浪费。

为了观察两种螺线管在中间位置产生的磁通密度的梯度的均匀性，分别对其进行数值模拟。由于两种形式的螺线管形状不同，设计思路不同，所以参数的取值上无法完全匹配，设螺线管所通电流密度为 J、高度为 h 和试验空间的高度相同，各参数取值如表 8-2 所示。

表 8-2 两种形式螺线管参数取值

	h/m	R/m	H/m	J/(A/m)
排列形式	0.5	1	$\sqrt{3}-0.5$	1 000
对称形式	0.5	$1\sim(1+\sqrt{3}/3)$	$\sqrt{3}$	1 000

我们定义线圈中间的空间为试验区，排列形式及对称形式的螺线管在试验区的磁通密度分布如图 8-18 和图 8-19 所示。

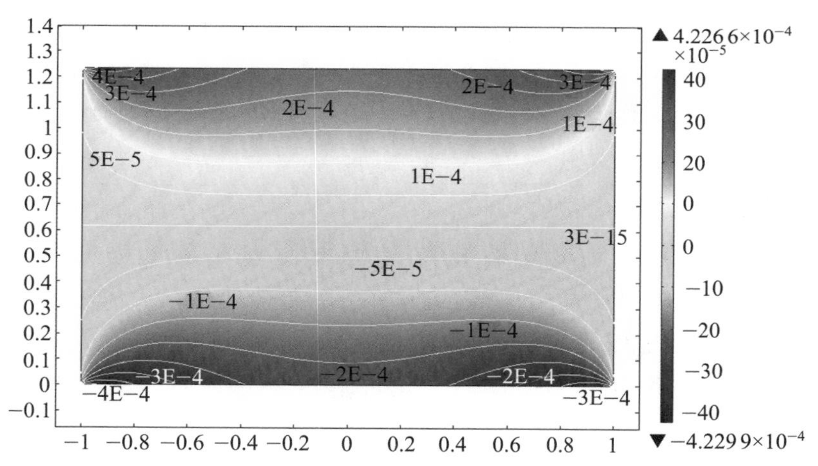

图 8-18 排列形式下反向电流的 Helmholtz 线圈的磁通密度分布情况

从图 8-18 和图 8-19 中可以看出，在靠近试验区中间位置的磁通密度的等值线接近水平，不同的等值线相互平行且等间距分布，这说明其磁通密度梯度分布很均匀。为了更好地分析磁通密度梯度的均匀性，引入均匀度 U。设试验区对称中心处的磁通密度梯度为 $\mathrm{d}B_z/\mathrm{d}z(O)$，任意点处的磁通密度梯度为 $\mathrm{d}B_z/\mathrm{d}z(r,\ z)$，则均匀度：

$$U=\left|\frac{\dfrac{\mathrm{d}B_z}{\mathrm{d}z}(r,\ z)-\dfrac{\mathrm{d}B_z}{\mathrm{d}z}(O)}{\dfrac{\mathrm{d}B_z}{\mathrm{d}z}(O)}\right| \tag{8-44}$$

排列形式、对称形式的均匀度 U 的分布情况分别如图 8-20 和图 8-21 所示。

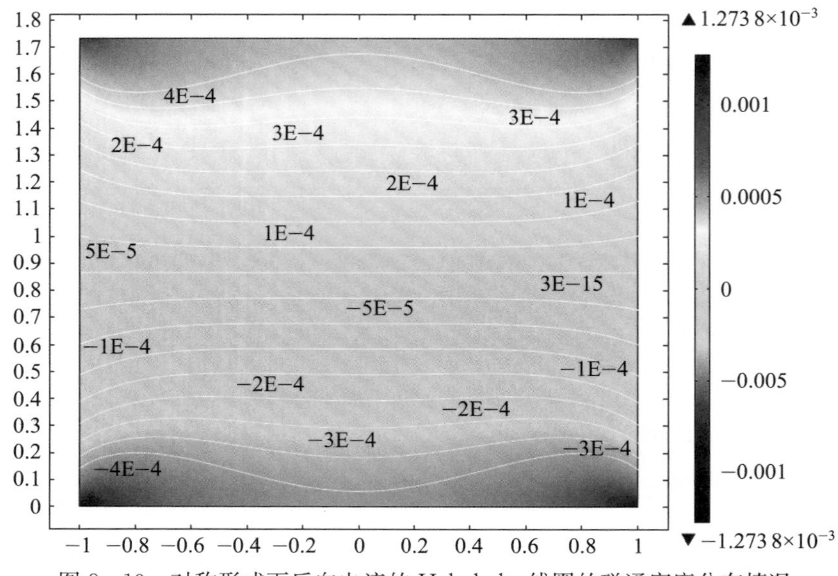

图 8-19　对称形式下反向电流的 Helmholtz 线圈的磁通密度分布情况

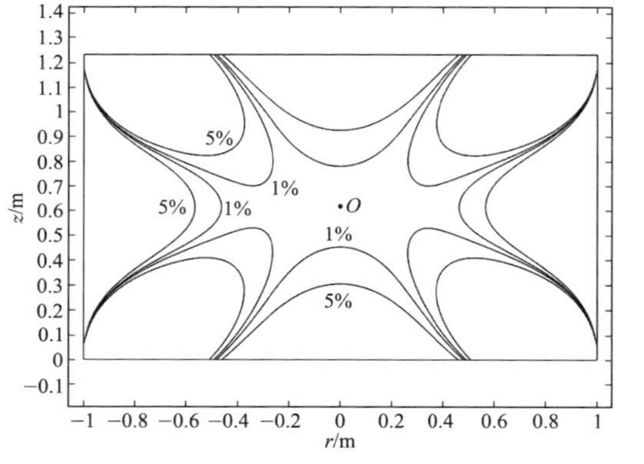

图 8-20　排列形式磁通密度梯度均匀度分布

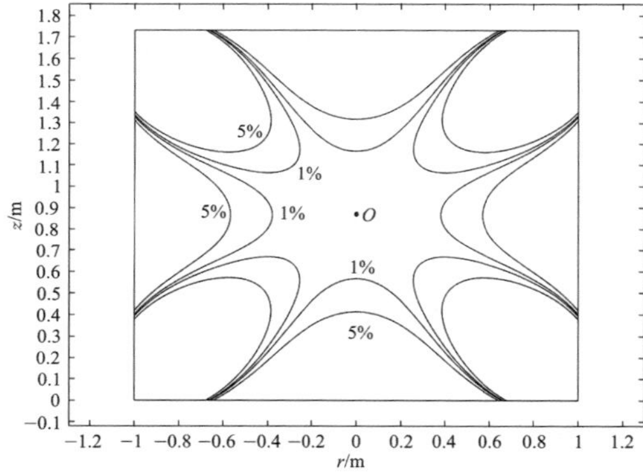

图 8-21　对称形式磁通密度梯度均匀度分布

图 8-20 和图 8-21 中显示了 $U=1\%$ 及 $U=5\%$ 的等值线，从两幅图的对比可以明显看出，对称形式下，均匀度 $U<1\%$ 及 $U<5\%$ 的面积最大，即螺线管产生磁场的磁通密度梯度的均匀性最好。所以建议优先考虑该形式的螺线管作为梯度磁场发生装置，用以永磁材料模型的加载，按表 8-2 给定的螺线管参数取值，如果精度要求在 1%以内，则模型最大宽度可达 0.8 m，最大高度可达 0.7 m，如果精度要求在 5%以内，模型最大宽度可达 1.2 m，最大高度可达 1 m。

不过对称形式下的螺线管也存在着一些缺点：首先，其螺线管形状为锥形，对制作工艺要求更高；其次，当 a_1 和 h 值很大时，R_n 的值也会很大，所占水平向的空间更大。

8.3.2 锥形线圈的均匀梯度磁场的构建

虽然利用 Helmholtz 线圈构建梯度磁场是一种很有效的方法，但是由于它需要上下两部分线圈组成，如果利用单一线圈产生梯度磁场，则需要改变线圈的形状，最常见的方法是将线圈按锥形排布。

通过比奥-萨伐尔定律，即利用式(8-4)来求得给定线圈的磁场分布是简单的，可是如果给定一种想要的磁场分布形式，反过来求产生该磁场的线圈布置形式是困难的。唐凯[76]、黄延军[77]等均对锥形螺线管的磁场分布进行了探讨。

锥形螺线管的形式如图 8-22 所示。尺寸 a、b 和 h 的取值会影响螺线管产生磁场的分布，通过改变 a、b 和 h 的取值可以观察在螺线管内部产生的磁场的磁通密度梯度的分布情况，进而得到最优的一种线圈绕组方式。唐凯[76] 所使用的锥形螺线管的 $a:b:h=2:5:3$，黄延军[77] 使用的 $a:b:h=1:2:10$，下面对不同尺寸比例锥形螺线管的磁通密度梯度的均匀性进行深入探讨。

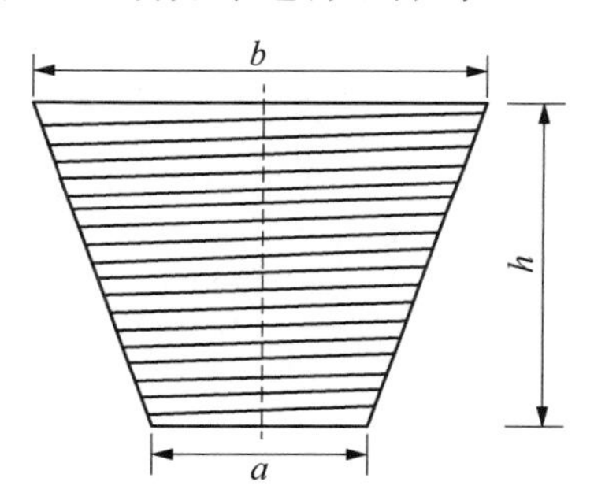

图 8-22 锥形螺线管的线圈方式

假设 $a=20$ cm 和 $h=30$ cm 不变，b 的值从 40 cm 取到 140 cm，线圈电流为 10 000 AT (Ampere-Turns)。整个线圈是一个三维旋转体，进行二维建模计算，得到的结果如图 8-23 所示。图中的黑色曲线是磁通密度的等值线，通过等值线的分布可以得到磁通密度梯度的分布情况，由于磁通密度梯度的大小可以通过电流调整，这里只分析磁通密度梯度的均匀性，故图中未标出等值线上的磁通密度值。

通过图 8-23(a)～(f)可以看出，当 b 的值逐渐增加的过程中，螺线管内部上半部分的磁通密度的等值线呈现下凹-水平-上凸的规律，当 $b=100$ cm 时磁

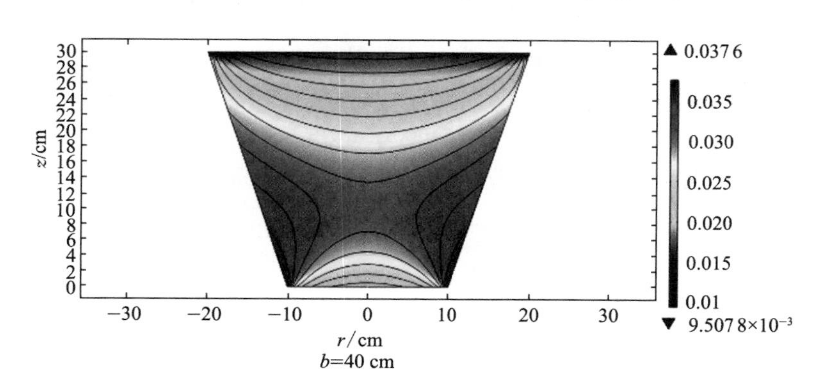

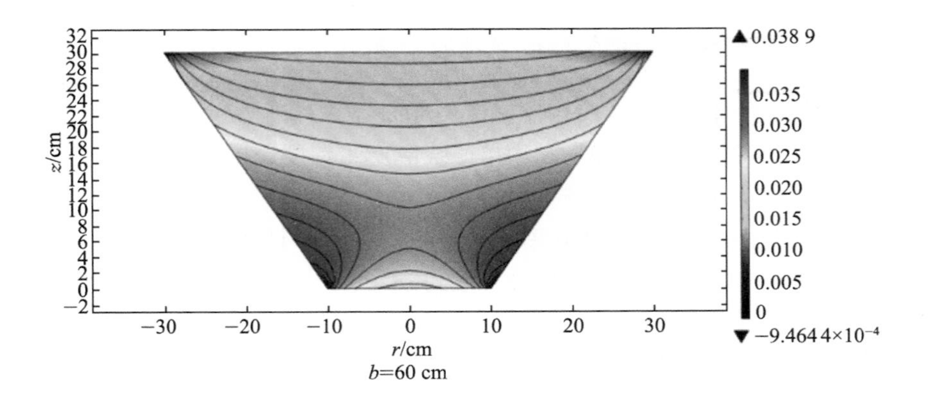

b=60 cm

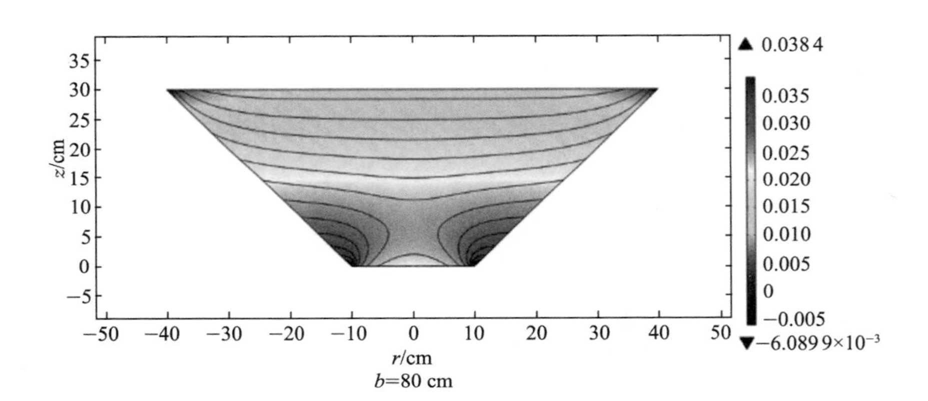

b=80 cm

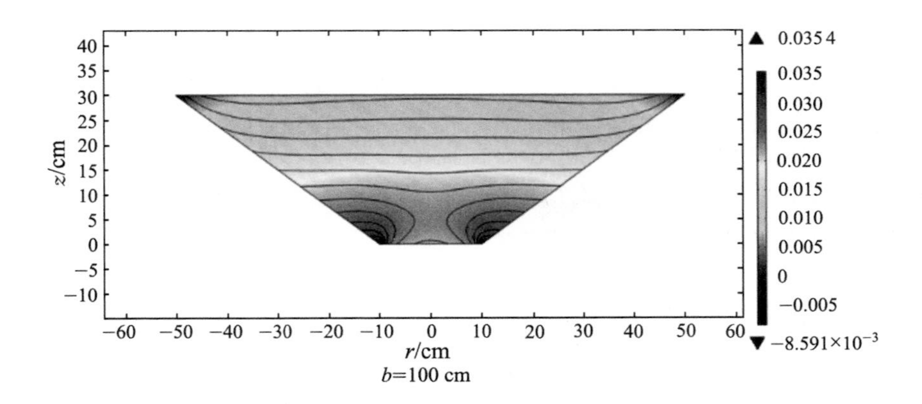

b=100 cm

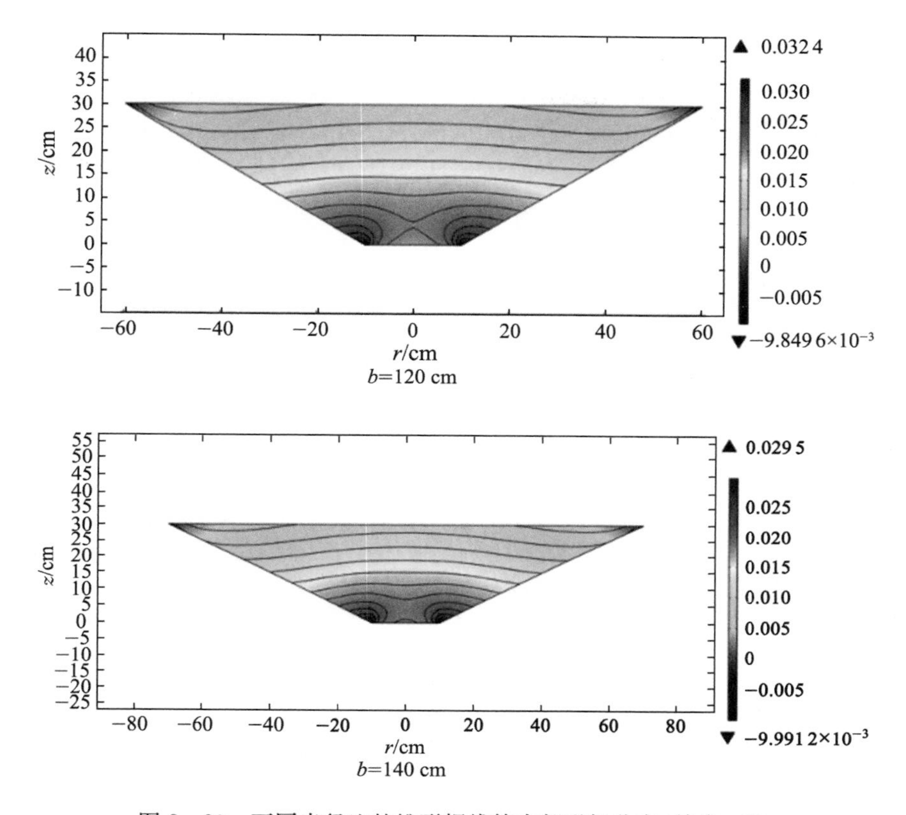

图 8-23　不同半径比的锥形螺线管内部磁场分布(单位：T)

通密度的分布最接近水平且间距最均匀，梯度最好，由此可见锥形螺线管的最优比例为 $a:b:h=2:10:3$。下面以 $a:b:h=2:10:3$ 为例进行磁通密度梯度均匀性的分析。

仍然取 $a=20$ cm，$b=100$ cm，$h=30$ cm，$I=10\,000$ AT 为例，即图 8-23(d)的情形。取 5 条平行于对称轴相距 10 cm 的直线，对应的磁通密度分布如图 8-24 所示，与之相对应的磁通密度梯度如图 8-25 所示。在螺线管内部空间的上半部分中，梯度的均匀性较好，除了距离轴线较远的边缘处外，高度在 15～30 cm 范围内的磁通密度梯度都集中在 0.04～0.06 T/m，当然，这里面的数值是没有实际意义的，因为可以通过调整电流的大小来调整磁通密度及其梯度的量值的，但是梯度的均匀性是不会随着电流的改变而变化，所以仍然利用式(8-41)中定义的均匀度来衡量磁通密度梯度的均匀性，如图 8-26 所示。

从图 8-26 中可以看出，均匀度在 10%以内的区域占据了大部分螺线管内部上半部分空间。即使如此，10%的误差对于模型试验来说也已经偏大，锥形线

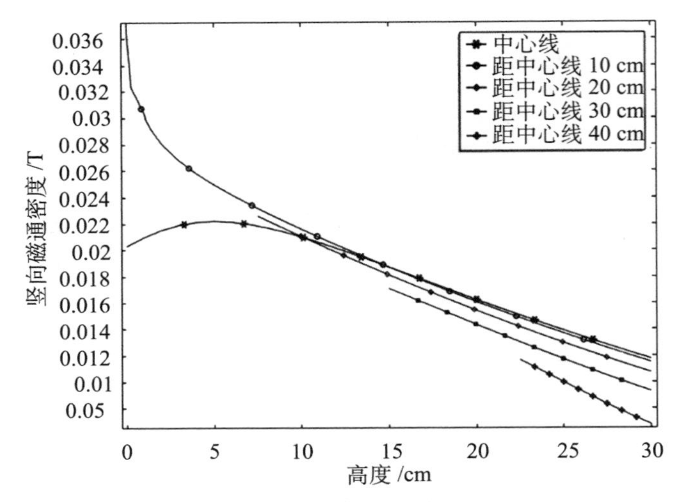

图 8-24　锥形螺线管内部磁通密度分布（$a:b:h=2:10:3$）

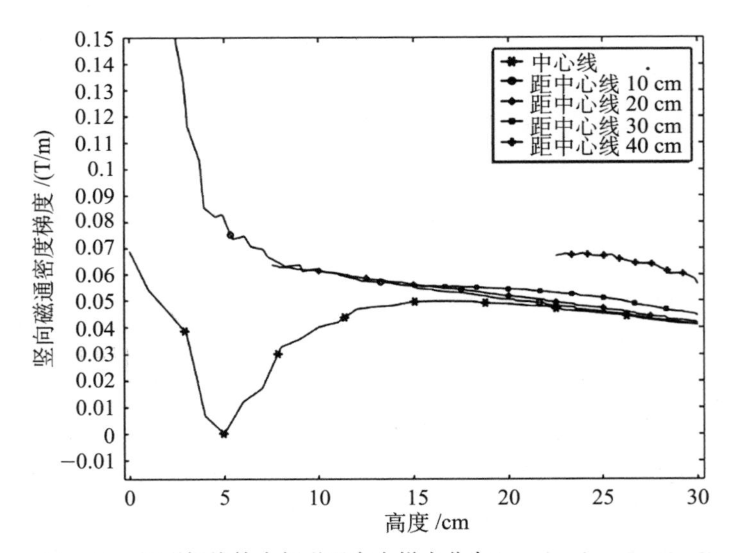

图 8-25　锥形螺线管内部磁通密度梯度分布（$a:b:h=2:10:3$）

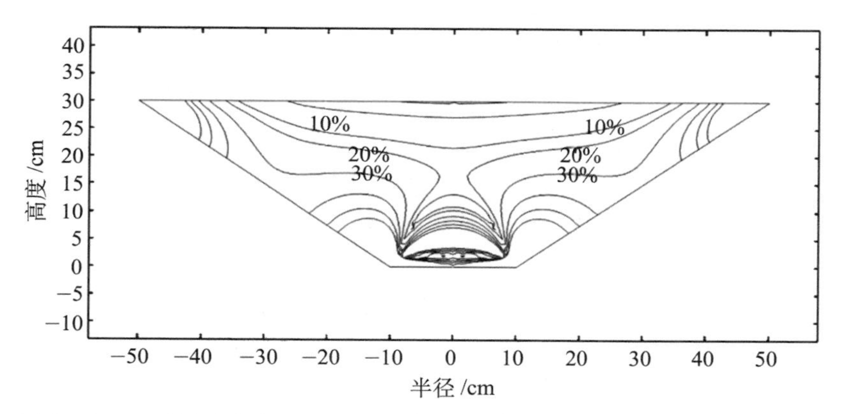

图 8-26　锥形螺线管内部磁通密度梯度均匀度分布（$a:b:h=2:10:3$）

圈很难将均匀度调整到更好的状态。

为了保证试验空间的大小，以上螺线管的高度 30 cm 对于模型试验而言过于局限，如果将图 8-26 中的螺线管高度放大到 1 m，那么锥形螺线管的上部直径将达到 3 m，对试验场地要求相对严苛，所以需要寻求一种高度能够满足试验要求的更加优化的线圈方式。通过比奥-萨伐尔定律可以求得线圈轴线上的磁通密度，手算结果表明，当螺线管高度为 $h=1\,\text{m}$ 时，下部半径为 $a=0.2\,\text{m}$，上部半径 $b=0.85\,\text{m}$ 的时候，轴线上的磁通密度梯度分布较为均匀。数值模拟结果如图 8-27 所示，从图中可以看出，该比例的锥形螺线管产生的磁通密度梯度的均匀度比上面的几种形式都要好，均匀度在 5%以内的范围超过了整个内部区域的一半，可利用空间为一个直径 0.7 m、高度 0.7 m 的柱形空间，对空间的利用率很高。

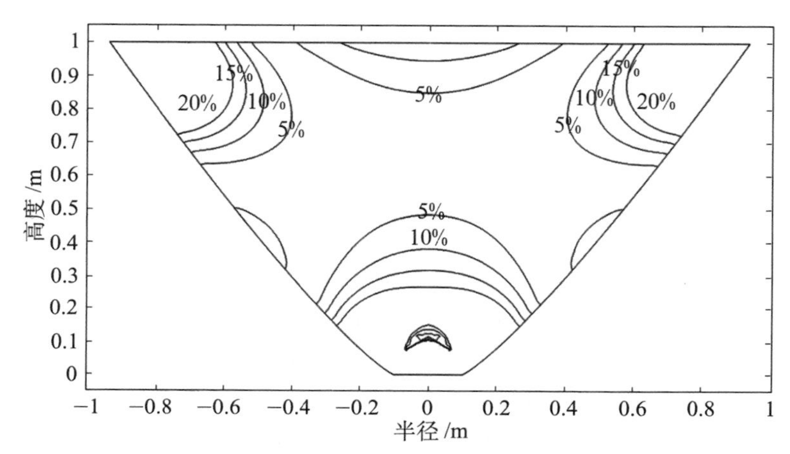

图 8-27　改良后的锥形螺线管的磁通密度梯度均匀度分布

8.3.3 构建均匀梯度磁场的磁路设计

虽然得到了获得磁通密度梯度均匀的磁场的螺线管形式，可是光有螺线管是不足的。从理论上讲，螺线管通电线圈产生的磁场是分布在整个空间范围内的，这样就造成了磁场的浪费，为了提高磁场的利用率，必须利用某种铁磁材料将螺线管产生的磁场引导至试验空间，与试验对象形成闭合回路，这样才能利用较小的电流获得强度较大的磁场。

根据前文中的磁路设计原理可以设计出千变万化的磁路形式，可是并不是每种形式的磁路都可以满足地质力学磁力模型试验的要求，并且加入磁路之后，磁场的分布状态将发生改变，通过已知的磁场分布形态反求磁路分布几乎是不可能的，只能按照试验的要求不断调整磁路形式，最终得到一种磁场分布较佳的结果。磁路设计主要包括两个方面：一个是选择适当的磁性材料；一个是确定适当的磁路结构。

磁路材料须使用软磁材料，相似材料里的铁磁材料拟采用软磁材料，因为永磁材料提前被磁化，这样会给相似材料的配制带来很多不必要的麻烦。常用的软磁材料的磁力特性见于图 8-5 和图 8-6 中，有些材料虽然具有良好的磁力特性，但是价格昂贵，如钴钢和坡莫合金，不适于在模型试验中大量使用。目前最广泛应用的软磁材料主要是工业纯铁和低碳电工钢，工业纯铁的含碳量小于 0.04%，具有高的饱和磁通密度强度、较小的矫顽力、价格低廉、加工性能好等特点。相比而言，低碳电工钢的含碳量要比电工纯铁略高一点，初始磁导率没有工业纯铁那么高，但是饱和磁化强度和工业纯铁相当，并且价格上比工业纯铁便宜[78]。综合考虑，在满足试验要求的情况下，为了节约成本，采用低碳电工钢作为地质力学磁力模型试验磁场发生装置的磁路材料。

下面对前两节中提到的线圈进行磁路结构的设计，并根据磁路形式对磁场分布的影响及地质力学磁力模型试验中加载手段与测试方案的限制，对磁路进行优化。磁路中所用的电磁参数均取低碳电工钢的电磁参数。

假设模型所需空间高度为 0.6 m，水平向宽度需要 0.6 m，同时考虑到磁通密度分布在试验区边缘处分布不均的情况，将整个试验空间高度设置为 0.8 m。为了使模型整体的体力提高到其自身重力的 50 倍以上，需要试验区内的磁通密度梯度达到 1.5 T/m 以上，下面按上述参数要求，分别利用磁路结构的变化、线圈形状的变化及磁通密度自身的发散设计锥形磁路、多线圈磁路和柱形磁路，以获得一种更加简便、成本较低、易于试验的磁路结构形式。

8.3.3.1 *锥形磁路的构建*

锥形螺线管的磁路将铁磁材料布设在线圈的外部，但是磁路对锥形线圈内部的磁场的影响巨大，所得到的磁通密度梯度的均匀度与图 8－27 比较也大相径庭，在不考虑磁路时，线圈产生的磁通密度分布于整个空间中，而加入磁路后，磁通密度主要集中在磁路与试验空间范围内，从而需要从磁路设计的角度考虑磁路的优化。

在一个形成回路的磁路中，假设没有漏磁，磁通密度在试验区的任意横截面上的磁通量 Φ 相同，磁通量 $\Phi = BS$，S 为磁通密度通过的截面面积。若保证磁通密度梯度 $\mathrm{d}B_z/\mathrm{d}z = C_1$，则 $B_z = C_1 z + C_2$，即 $\Phi/S = C_1 z + C_2$，由此可得 z 与线圈半径的关系为

$$z = \frac{\Phi}{C_1 \pi R^2} + C_3 \tag{8-45}$$

假设所需要的试验区的高度为 0.6 m、半径为 0.3 m，试验区内的磁通密度梯度 $C_1 = 1.5$ T/m，则 $\Phi = 0.452$ Wb，定义试验区截面最小处的线圈圆心为原点，由此计算得到线圈高度与半径的关系应满足：

$$z = \frac{0.452}{-1.5\pi R^2} + 1.07 \tag{8-46}$$

虽然在磁路设计中假设了磁路中没有漏磁，但是现实中漏磁是不可避免的，在预定的试验区周围的磁通密度分布并不像预期一样理想，为了保证试验空间内磁通密度梯度的均匀性，需要为最佳试验空间留有余量，将设计范围略大于最所需的试验区，然后选择最佳区域进行试验。取整个试验区高度为 0.8 m，按式(8－43)修正锥形线圈的形状，线圈的底部、顶部线圈的直径分别取为 0.3 m 和 0.6 m。包括磁路在内的装置剖视图如图 8－28 所示，其中 1 区为试验区，2 区为线圈。因为其线圈的外形已经改变，但是磁路的形状仍然是锥形，下面继续称之为锥形磁路。

根据磁路设计原理，磁路 $ABCD$ 4 段的等效长度和等效截面面积列于表 8－3中，磁通量、磁通密度、磁场强度和所需要安匝数计算结果列于表 8－4 中。

表 8－3　锥形磁路各段等效长度及等效面积

磁路	L_E/m	S_E/m²
AB	$(0.8-0.1/2)/2=0.375$	$0.1\times\pi\times0.8=0.25$
BC	$0.8+0.1/2+0.15/2=0.925$	0.5
CD	$(0.5-0.1/2)/2=0.225$	$0.15\times\pi\times0.5=0.236$
DA	$\sqrt{0.925^2+0.3^2}=0.972$	$\pi(0.5^2-0.4^2)=0.283$

注：BC 段面积求法为，对式(8－42)进行积分，求出试验区剖面面积，再除以高度 0.8 m，得到平均半径为 0.4 m，进而求出等效截面面积为 0.5 m^2。

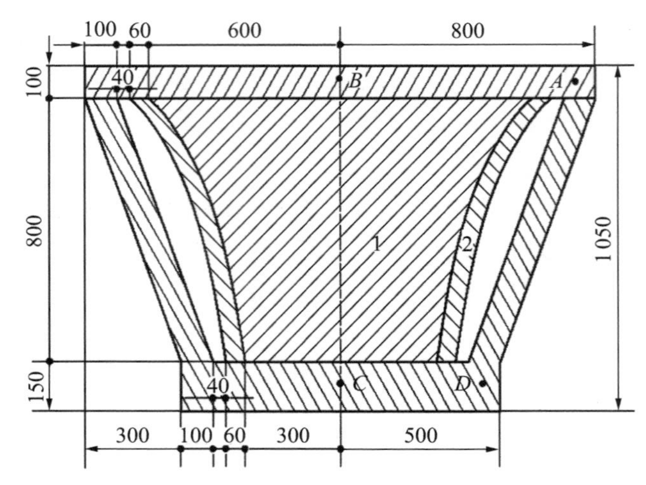

图 8-28　锥形磁路剖视图(单位：mm)

表 8-4　锥形磁路磁场参数

磁路	Φ/Wb	B/T	H/(A/m)	NI/AT
AB	0.113	0.4	131.4	56.7
BC	0.452	0.72	510.3	507.7
CD	0.113	1.57	1 669.5	1 085.2
DA	0.113	1.59	1 869.1	1 859.8

通过表 8-4 可计算出需要的总安匝数为 $NI_{tot}=6\,490$ AT，取为 6 500 AT。

8.3.3.2　多线圈磁路构建

多线圈磁路将试验空间与线圈分离，通过磁路将磁场引入到试验区内，利用极靴的大小，使试验区内的磁通密度产生梯度。仍按最佳试验区半径 0.3 m、高度 0.6 m 的柱形为设计标准。为了减小螺线管对试验区磁场分布的影响，将 4 个相同螺线管对称布置在试验区周围，示意图如图 8-29 所示。

其中，1 区为试验区，为一个上下底面半径分别等于 0.3 m 和 0.6 m 的倒立圆台。2 区为通电螺线管，3、4 区为极靴。理论上，当整个磁路回路的截面面积相同时，最节约能源，同时兼顾造价与重量的因素，磁路各部分尺寸如图 8-29 中所示。$ABCD$ 代表磁路一个回路的 4 个节点，其中 C、D 两点分别处于上下两极靴的几何中心，等效长度和等效面积按表 8-5 取值。计算时，上下极靴为圆形，等效长度取 $L_E=R/2$，等效面积取为 $S_E=d\times2\pi\times(R/2)$，$d$ 为极靴厚度。

磁路各段的磁通量、磁通密度、磁场强度和所需要安匝数计算结果列于

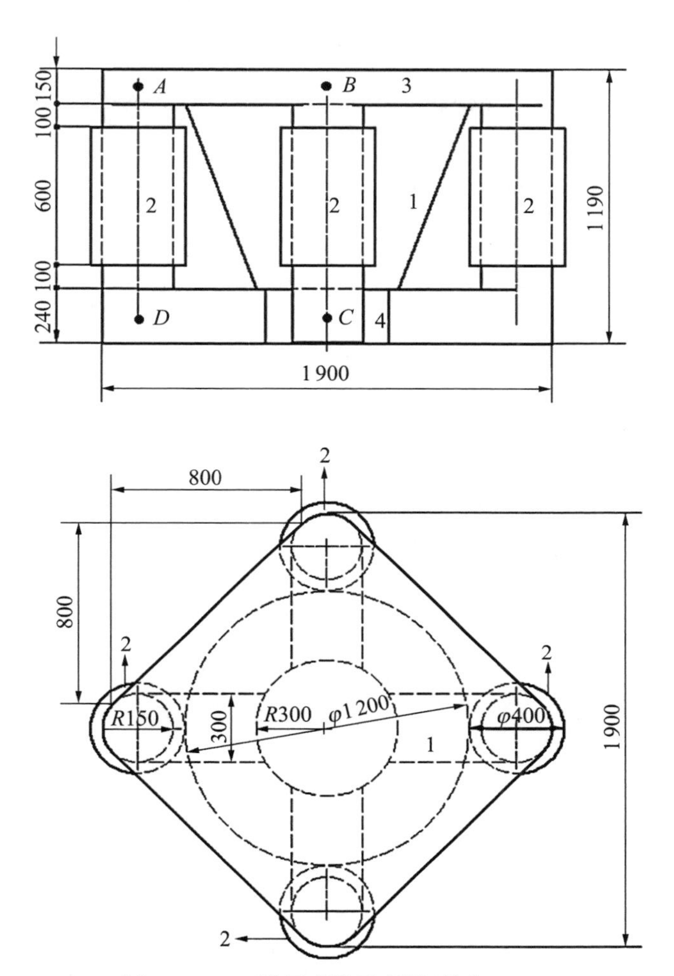

图 8－29　四线圈磁路示意图(单位：mm)

表 8－6。*BC* 段取整个试验区高度范围内的平均值，*AB*、*AD* 和 *CD* 段 $\Phi_{AB}=\Phi_{AD}=\Phi_{CD}=\Phi_b/4$。

表 8－5　四线圈磁路各段等效长度及等效面积

磁路	L_E/m	S_E/m²
AB	1.9/2－0.15－0.6/2＝0.5	0.15×π×0.6＝0.28
BC	1.19－0.15/2－0.24/2＝0.995	π×(0.6/2＋0.3/)² ＝0.64
CD	1.9/2－0.15－0.3/2＝0.65	0.3×0.24＝0.072
DA	1.19－0.15/2－0.24/2＝0.995	π×0.15² ＝0.071

表 8－6　四线圈磁路磁场参数

磁路	Φ/Wb	B/T	H/(A/m)	NI/AT
AB	0.113	0.4	131.4	56.7
BC	0.452	0.72	510.3	507.7
CD	0.113	1.57	1 669.5	1 085.2
DA	0.113	1.59	1 869.1	1 859.8

通过式(8－21)可计算出四线圈磁路所需总的安匝数为：$NI_{tot} = 4NI_{AB} + NI_{BC} + 4NI_{CD} + 4NI_{DA} = 12\,514.3$ AT，平均分配到四个螺线管，每个螺线管所需要的安匝数为 $NI = NI_{tot}/4 = 3\,128.6$ AT，取 3 200 AT。

8.3.3.3　*柱形磁路构建*

柱形磁路是利用磁场在线圈端部的自然发散而产生的磁通密度梯度。磁路中存在空气隙，不能形成完整回路，图 8－30 为其剖视图。其中，1 区为试验区，

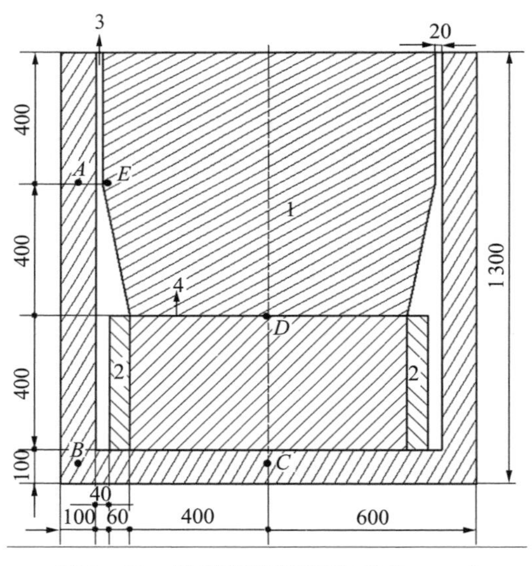

图 8－30　柱形磁路剖视图(单位：mm)

2 区为线圈，3 区为空气隙，4 区为非铁磁性材料，可选橡胶或玻璃，置于线圈内部铁芯与上部试验区之间，有利于磁通密度均匀地进入试验区，厚度在图中未标注，按 1 mm 计算。

在线圈端部，距离线圈越近，磁通密度的发散越快，为了使磁通密度能够沿试验区高度范围内均匀向外发散，需增加试验区与外部磁路之间的距离，所以将试验区下半部分设置为圆台形。由于空气隙的存在，利用式(8－23)计算所需安

匝数更为准确，为了方便，仍按式(8－21)计算，且假设：忽略从试验区顶端发散的少量磁通密度，所有磁通密度均从试验区底部进入，且从侧面均匀发散，经过空气隙3区，返回磁路。同样假定试验区的磁通密度梯度为1.5 T/m，由于假设试验区顶部磁通密度为0，则试验区底部的磁通密度 $B_b = 1.2$ T，磁通量 $\Phi_b = S_b B_b = 0.603$ Wb，磁路 $ABCDE$ 各段的等效长度和等效截面面积列于表8－7，磁通量、磁通密度、磁场强度和所需要安匝数计算结果列于表8－8。

表8－7 柱形磁路各段等效长度及等效面积

磁路	L_E/m	S_E/m²
AB	$0.8+0.1/2=0.85$	$\pi(0.6^2-0.5^2)=0.38$
BC	$(0.6-0.1/2)/2=0.275$	$0.1\times\pi\times0.6=0.188$
CD	$0.4+0.1/2=0.45$	$\pi\times0.4^2=0.501$
D^-D^+	0.001	0.501
DE	$0.8/2+0.4/2=0.6$	N/A
EA	0.02	$0.8\times2\times\pi\times0.49=2.463$

注：D^-D^+ 表示4区1 mm厚的隔离层，DE 段为试验区段，长度按高度的一半与半径的一半的和来计算，而等效面积不方便计算，在下表8－8中直接通过试验所需 B 值求得 H 值，避免求试验区的等效面积。

表8－8 柱形磁路磁场参数

磁路	Φ/Wb	B/T	H/(A/m)	NI/AT
AB	0.804	1.58	1 765.5	1 501
BC	0.804	2	17 161	4 719
CD	0.804	1.2	354.1	159
D^-D^+	0.804	1.2	958 083	958
DE	0.804	0.6	469.4	282
EA	0.804	0.245	194 884	3 898

BC 段计算得到的 B 值超过了饱和磁通密度，取为饱和值2 T，最终得到总需安匝数为 $NI_{tot} = 11\,517$ AT，取为12 000 AT。

8.3.3.4 锥形磁路、多线圈磁路及柱形磁路的性能表现

计算结果表明，锥形磁路与多线圈磁路的磁通密度梯度的均匀性都不理想，与试验要求的标准相去甚远，依然取试验区内包括轴线在内的相距0.1 m的直线，进行磁通密度梯度的分析。柱形磁路、四线圈磁路及柱形磁路的磁通密度梯度如图8－31、图8－32和图8－33所示。

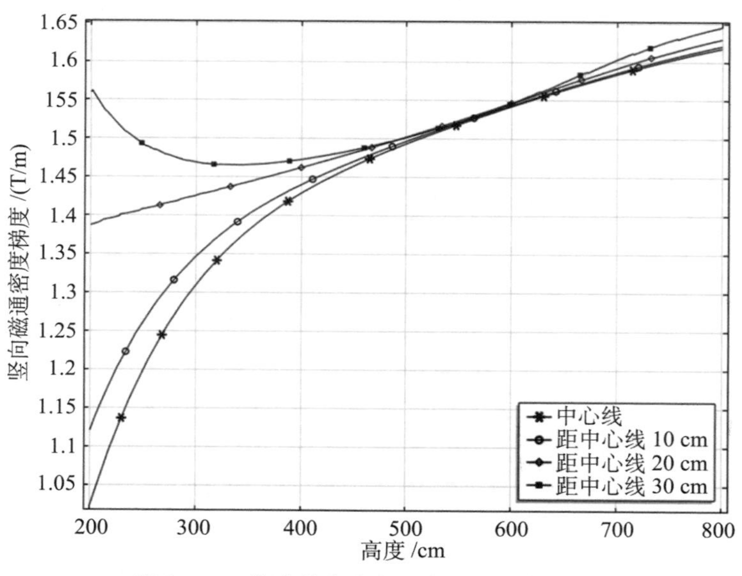

图 8-31　锥形磁路试验区磁通密度梯度分布

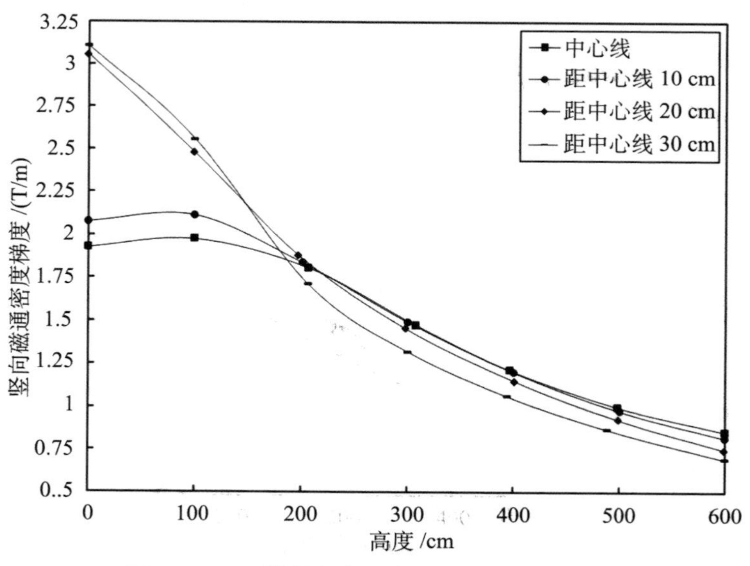

图 8-32　四线圈磁路试验区磁通密度梯度分布

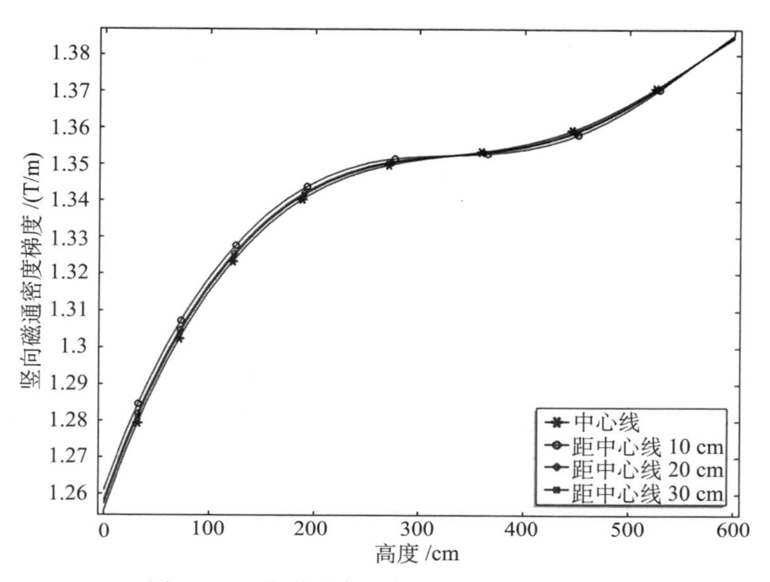

图 8-33　柱形磁路试验区磁通密度梯度分布

可以看出，四线圈磁路试验区的磁通密度梯度均匀性最差，试验区底部磁通密度梯度比上部高出几倍。锥形磁路的试验区底部的磁通密度梯度较差，并且在同一高度上沿半径方向梯度也较为分散。柱形磁路最好，试验区上下端面梯度与均值相差在5%左右。并且在柱形磁路中，4条梯度曲线接近重合，可见在同一水平面上梯度值几乎相同。柱形磁路磁通密度梯度的均匀度分布如图8-34所示。

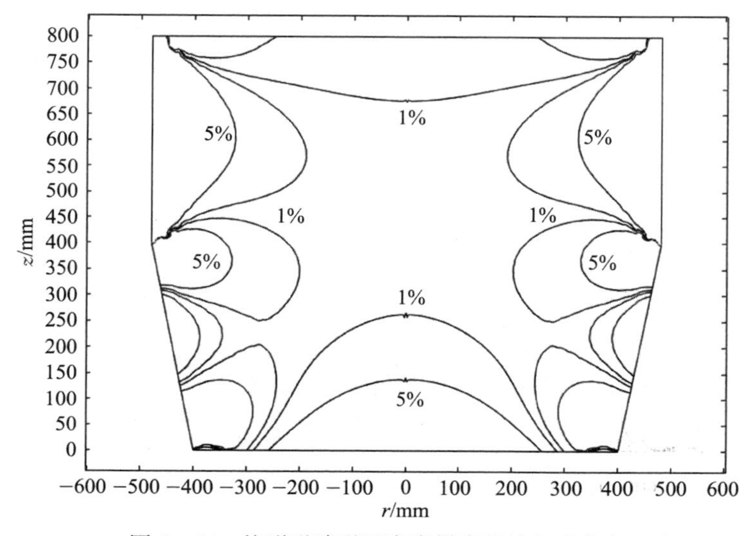

图 8-34　柱形磁路磁通密度梯度的均匀度分布

在磁通密度梯度方面，柱形磁路占据绝对的优势，在整个试验区内的磁通密度梯度的均匀性在5%以内的范围占80%以上，但是柱形磁路也存在着一些不足之处，在不计算试验区重量时，磁路里使用低碳电工钢的重量分别为：四线圈磁路3.237 t，锥形磁路4.838 t，柱形磁路5.686 t，从而使柱形磁路的造价略高。并且，由于空气隙的存在，大部分能量消耗于空气隙内，在维持相同量级的磁场时，柱形磁路需要更大的磁势，造成能源的浪费。从测试方面考虑，四线圈磁路的试验区完全暴露，便于测试仪器的放置，而锥形试验区完全处于封闭状态，不利于直接观察到模型的位移和变形情况，柱形磁路虽有磁路包围，不利于直接观察模型的变形，但是试验区周围存在空气隙，方便测试仪器的放置，同时试验区顶端没有磁路遮蔽，所以有利于后期考虑雨水作用时降雨系统的使用，可改造性优于另两种形式。由于锥形磁路的螺线管形状的独特性，使其对制作工艺要求很高。

将3种形式磁路及之前的组合Helmholtz线圈磁路的性能进行对比，对比结果列于表8-9中。

表8-9　不同形式磁路的性能对比

	锥形磁路	四线圈磁路	柱形磁路
质量	中	小	大
NI 值	小	大	大
耗能	小	小	大
可加工性	难	易	易
梯度均匀性	中	差	好
可观察性	差	好	中
可改造性	差	中	好

综合上表中各项指标的对比，4种磁路结构中磁通密度梯度的均匀性最好的是组合Helmholtz线圈，但是其质量大、耗能多、成本高昂，并且外面磁路将试验空间完全包裹，不利于试验过程中直接观察模型的形变，也不方便加料、卸料和后期的改造，所以组合Helmholtz线圈磁路就目前的研究状况而言并不适合在地质力学磁力模型中使用。另3种磁路当中，表现较好的为柱形磁路，而锥形磁路和四线圈磁路都略逊一筹。虽然柱形磁路也存在着一些缺点，但是综合比较后，柱形磁路最适宜目前作为地质力学磁力模型试验的均匀梯度磁场发生装置。

8.4 地质力学磁力模型试验设备

尽管柱形磁路产生的磁场梯度较为均匀，但是柱形磁路的试验空间被磁路材料完全封闭，这给试验过程中的填料及卸料带来了很大的麻烦，并且不利用于直接地、实时地观察模型试验过程，为了试验方便，将柱形磁路结构改为方形，且去掉方形磁路中的一组对边，通过数值模拟结果来看，虽然在磁场梯度均匀性上略有降低，但是依然能够保持在合理的范围内。调整后的地质力学磁力模型试验设备的整体结构示意图如图 8－35 所示，试验设备的总体结构照片如图 8－36 所示。

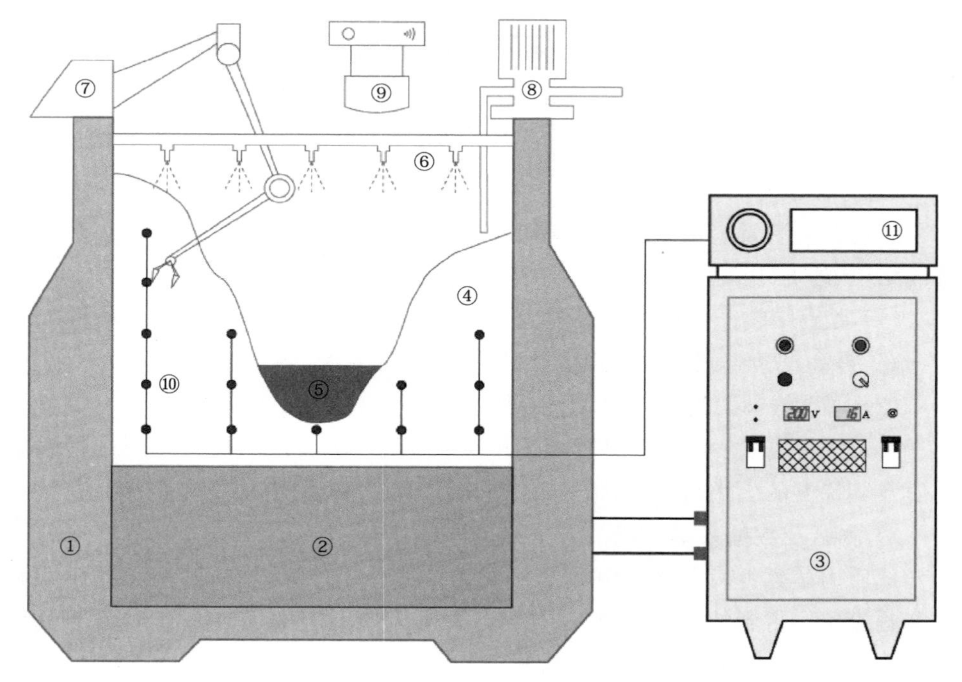

磁场发生系统：①—磁路结构；②—通电线圈；③—磁场控制装置
研究对象：④—高陡边坡；⑤—蓄水
辅助加载系统：⑥—降雨装置；⑦—填料及开挖装置；⑧—蓄水排水装置
测试及数据采集系统：⑨—表面位移测试照相机；⑩—传感器；⑪—数据采集装置

图 8－35 地质力学磁力模型试验设备的总体结构示意图

地质力学磁力模型试验设备由高强梯度磁场发生系统、测试及数据采集系统、辅助加载系统 3 部分组成。

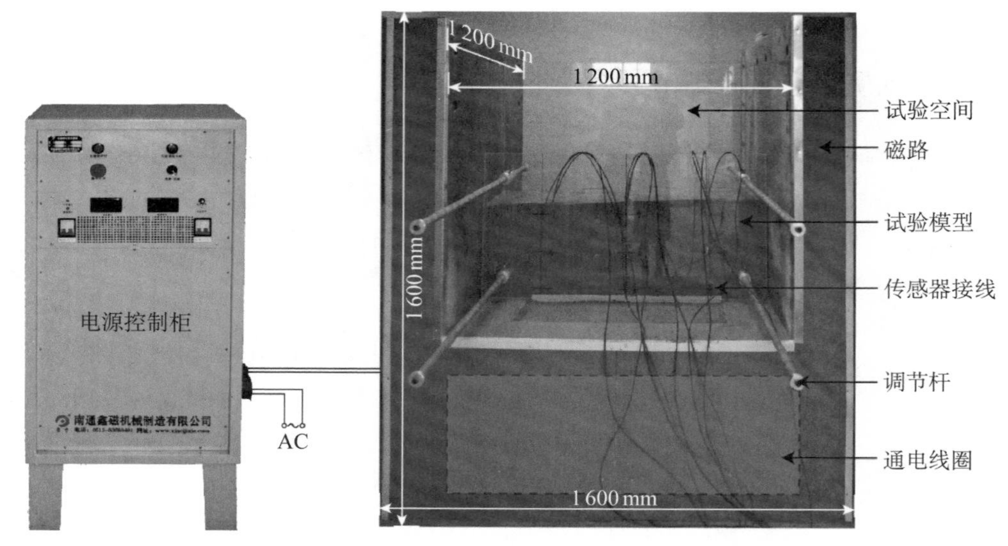

图 8－36　地质力学磁力模型试验设备的总体结构照片

1）高强梯度磁场发生系统

磁场发生装置是整个仪器的核心部分，由申请者自主研发设计。主要包括磁路结构、通电线圈和控制装置 3 部分，每部分作用如下：

（1）磁路结构。用以连接试验空间与通电线圈之间的磁通，使磁场形成闭合回路，提高试验空间内磁场强度及其梯度，增加磁场的利用效率。

（2）通电线圈。励磁作用，产生磁场。

（3）控制装置。调整通电线圈内电流的大小，从而控制试验空间内的磁场强度及其梯度的大小；控制电流方向，对试验空间内的研究对象充磁和退磁。

2）测试及数据采集系统

地质力学磁力模型试验中数据采集工作拟采用计算机自动完成，将应力和位移测量仪器得到的结果实时传递给计算机，可在试验过程中对整个试验模型进行实时监控。测试内容主要包括三个方面：

（1）磁通密度测试。模型内部磁通密度主要由霍尔传感器测得。

（2）表面位移测试。由于在高强磁场中，铁质仪器仪表容易被磁化而失灵，采用非接触式光学测试方法对模型表面位移进行测试。

（3）内部应力测试。由定制的非铁磁性材料制作的不受磁场干扰的压力传感器测得。

3）辅助加载系统

辅助加载系统主要用以模拟研究对象的外部荷载情况。主要包括以下几个方面：

（1）降雨装置。雨水作用是导致滑坡的主要因素之一，降雨系统用于模拟雨水作用下对模型变形的影响，可以通过调节阀门控制降雨量的大小。

（2）填料及开挖装置。用于模拟实际工程中的堆载及开挖过程。

（3）蓄水排水装置。研究对象存在蓄水排水问题时，为其提供可控制水位变化的水荷载。

（4）其他。对试验对象施加重力以外的点荷载、面荷载及动力荷载，以模拟岩土体与结构物之间的作用以及一些冲击荷载或地震力等动力荷载的影响。

9 地质力学磁力模型试验在锦屏一级电站左岸高陡边坡稳定性研究中的应用

选取锦屏一级电站左岸边坡为研究对象，进行地质力学磁力模型试验，主要研究左岸缆机平台（高程 1 960 m）及坝顶平台（高程 1 885 m）开挖后对边坡内部应力分布情况的影响。本章首先介绍锦屏一级电站左岸高陡边坡的概况，根据实际工程中开挖部分的尺寸以及试验设备尺寸的限制确定模型试验相似比，进而确定锦屏一级电站左岸边坡的模型试验范围。模型试验中主要考虑锦屏一级电站左岸高陡边坡中的主控结构面，配制满足相似比要求的模型试验相似材料，制作模型并进行地质力学磁力模型试验。建立与物理模型试验相对应的数值模型，利用有限元软件进行电磁场与边坡模型位移场的耦合模拟，并将模型试验结果与数值模拟结果进行对比，验证地质力学磁力模型试验的工程应用价值。

9.1 锦屏一级电站左岸高陡边坡概况

9.1.1 锦屏一级水电站工程概况

锦屏一级水电站位于四川省凉山彝族自治州盐源县和木里县境内，是雅砻江干流水能资源最富集的 5 个梯级水电开发的第一级。坝址位于普斯罗沟与手爬沟间 1.5 km 长的河段上。拦河大坝为混凝土双曲拱坝，坝高 305 m，水库库容 77.6 亿立方米，电站装机容量 3 600 MW，年发电量 166.2 亿千瓦时。锦屏一级水电站双曲拱坝，最大坝高 305 m，为世界在建的第一高拱坝。坝址区两岸为千米以上的高陡边坡，坝顶高程以下自然坡度达 60°～90°，其中左岸工程边坡开挖高度达 530 m，开挖方量达 550 万立方米，是我国西南地区大型水利水电工程中地质条件最复杂、施工难度最大的边坡工程之一。

9.1.2　锦屏一级水电站左岸高陡边坡地层岩性

坝址区两岸基岩主要由中上三叠统杂谷脑组(T_{2-3Z})变质岩组成，另外还可见少量后期侵入的煌斑岩脉。右岸及左岸 1 850 m 以下谷坡岩体由杂谷脑组第 2 段(T_{2-3Z}^{2})3～8 层大理岩、角砾状大理岩组成，除第 6 层层面裂隙及层间挤压错动带较发育，属薄～中厚层结构外，其余 5 层由于变质作用层面多胶结愈合，岩体多呈厚层～块状结构。左岸 1 850 m 高程以上谷坡岩体由杂谷脑组第 3 段(T_{3-2Z}^{3})变质砂岩和粉砂质板岩组成，厚度约 400 m，按岩性组合特征细分为6 层，其中 1、3、5 层为粉砂质板岩，薄层结构；2、4、6 层为变质砂岩，厚～巨厚层结构。

煌斑岩在坝址两岸均有出露，呈平直延伸的脉状产出，一般宽 2～3 m，局部脉宽可达 7 m，总体产状 N60°～80°E，SE∠70°～80°，延伸长多在 1 000 m 以上，后期构造运动使煌斑岩脉与围岩接触面多发育成小断层。

9.1.3　锦屏一级水电站左岸高陡边坡地质构造

1) f_5 断层

从上游的解放沟坝址延入，贯穿分布于坝址左岸山体内，向下游终止于Ⅳ线下游约 70 m 处 1 650 m 高程岸边，在坝区内地表延伸长达 1 500 m。

断层产状 N35°～45°E，SE∠70°～80°。断层面在地表和平硐总体呈较平整的板状，局部为平缓的舒缓波状，部分地段甚至反倾 NW，但据各勘探线剖面控制，断层面产状总体稳定、断面形态规整。

断层破碎带性状在不同部位、不同岩性中有所不同：在高程砂板岩中破碎带宽度一般 4～8 m，主要由散体结构的岩屑、角砾及泥质物质组成；在中低高程大理岩中，破碎带一般宽 1～3 m，破碎带物质主要为胶结紧密的断层角砾岩和碎裂岩，沿断面局部有 2～3 cm 的断层泥。

2) f_8 断层

发育于坝区左岸，从上游的解放沟坝址延入，向下游在第Ⅴ至第Ⅰ勘探线之间尖灭；向深部终止于 1 740 m 高程附近。在坝址区延伸长度约 300 m。

断层产状 N30°～40°E，SE∠60°～75°。断层破碎带宽 1～2 m，由构造角砾岩、糜棱岩、断层泥组成。

3) f_{42-9} 断层

发育在Ⅰ-Ⅱ勘探线之间、1 800 m 高程以上，向坡外延伸受 f_5 断层限制，产状近 EW，S∠40°～60°，延伸长大于 200 m，破碎带宽度一般 20～40 cm，局部达

50～100 cm，由构造角砾岩、岩屑和断层泥组成，角砾呈次棱～次圆状，有明显的搓磨特征，具压剪性特点。后期风化强烈，呈强风化夹层状。

4）层间挤压错动带

空间分布受层位岩性控制明显，主要发育在第 2 段 $T_{2-3Z}^{2(6)}$层大理岩和第 3 段砂板岩中，层间挤压错动带随岩层的起伏而呈舒缓波状，其中沿走向起伏较为剧烈，沿倾向起伏相对平缓。在 $T_{2-3Z}^{2(6)}$层大理岩中，层间挤压错动带基本顺层发育，偶尔斜切岩层，总体产状 N10°～30°E，NW∠30°～40°，带宽一般 3～10 cm，少量 20～30 cm，由黑色片状岩、糜棱岩和绿片岩组成，性状软弱，遇水泥化。个别发育成略微切层的断层。

5）节理裂隙

坝址区节理裂隙按成因可归为原生和构造两类。原生结构面主要是砂板岩和薄至中厚层大理岩中的层面，以及绿片岩中的片理面。构造型节理裂隙，以陡倾角为主，其发育程度与岩性、层厚和构造部位密切相关，具有一定的区段性。坚硬的大理岩和变质砂岩中节理比相对较软的板岩及绿片岩中更为发育；中薄层大理岩中节理比厚层块状大理岩中发育；左岸岩体中节理比右岸更为发育。

6）深部裂隙

对坝区揭露的深部裂缝产状进行统计分析表明：深部裂缝发育的优势方向主要是：N50°～70°E，SE∠50°～60°和 N0°～30°E，SE∠50°～65°两组。左岸边坡开挖面附近深部裂隙主要发育在 $f5$ 以里，最大水平深度在 330 m 以外，单条裂缝形成的松弛岩带宽度 10～20 m。现场调查表明，深部裂缝主要发育在坚硬的砂岩中，板岩内少见。从裂缝性质看，以引张为主，部分裂缝上盘可见 5～10 cm的下错位移，最大达 30 cm。

锦屏一级电站左岸连起坝顶以上边坡开挖平面图如图 9－1 所示，其中的截面 1－1 至截面 6－6 的地质剖面如图 9－2 所示，各相邻截面的距离为 50 m。

9.1.4 坝区岩体及结构面的力学特性

9.1.4.1 *岩石物理力学性质*

坝区岩石主要由普通大理岩、角砾状大理岩、变质砂岩、粉砂质板岩、绿片岩及煌斑岩脉组成。坝区普通大理岩、角砾状大理岩、变质砂岩及煌斑岩湿抗压强度平均值均在 60 MPa 以上，属坚硬岩；粉砂质板岩、绿泥石石英片岩湿抗压强度在 47～64 MPa 之间，属中硬偏坚硬岩，且各向异性明显；方解石绿泥石片岩湿抗压强度在 33～43 MPa 之间，属中硬偏软岩，且各向异性明显。

9.1.4.2 *结构面力学特性*

对坝区岩体中发育的各种结构面，首先按有结构面的工程特性划分成 3 类：

即刚性结构面、软弱结构面和拉裂结构面。

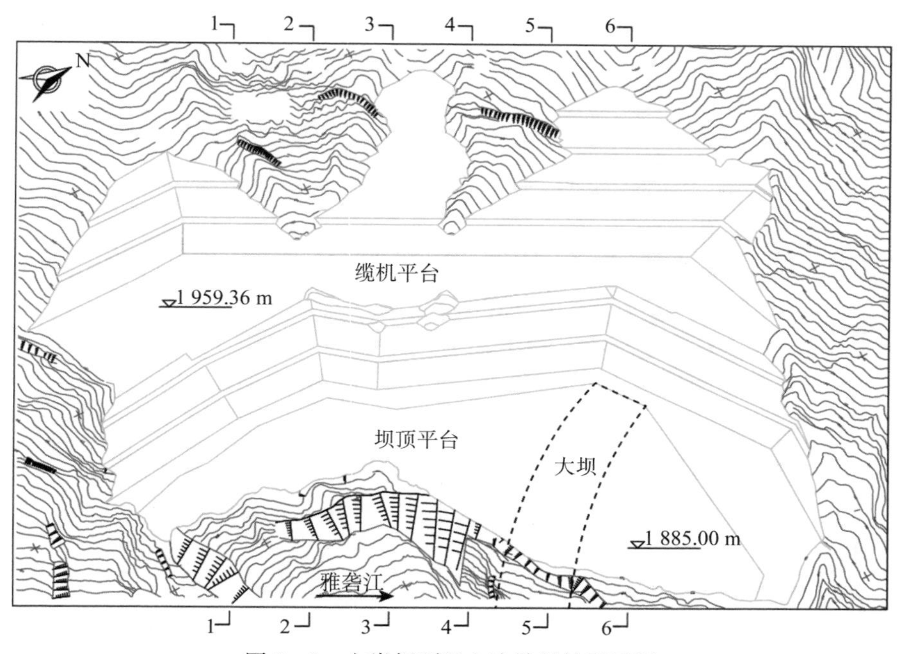

图 9－1　左岸坝顶以上边坡开挖平面图

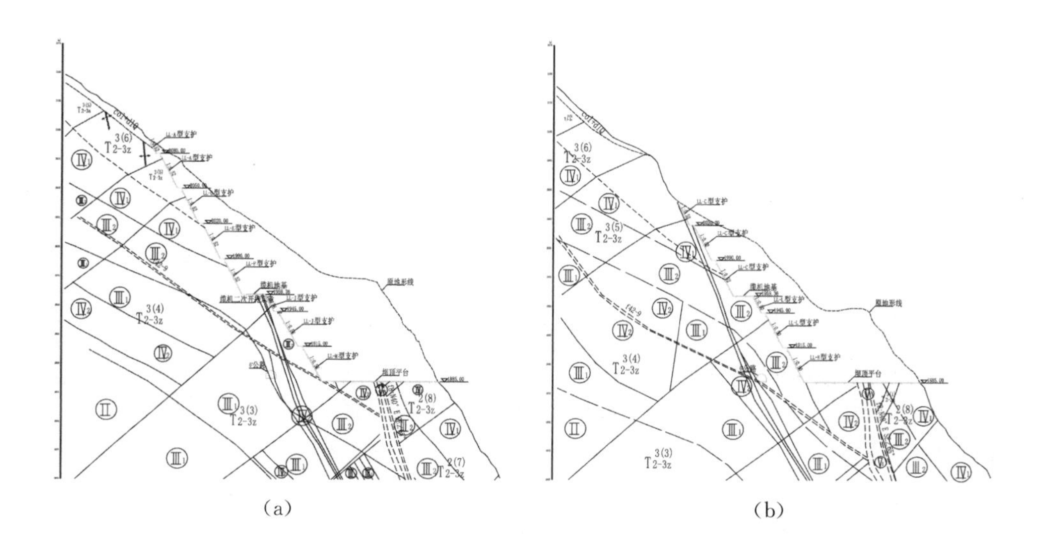

(a)　　(b)

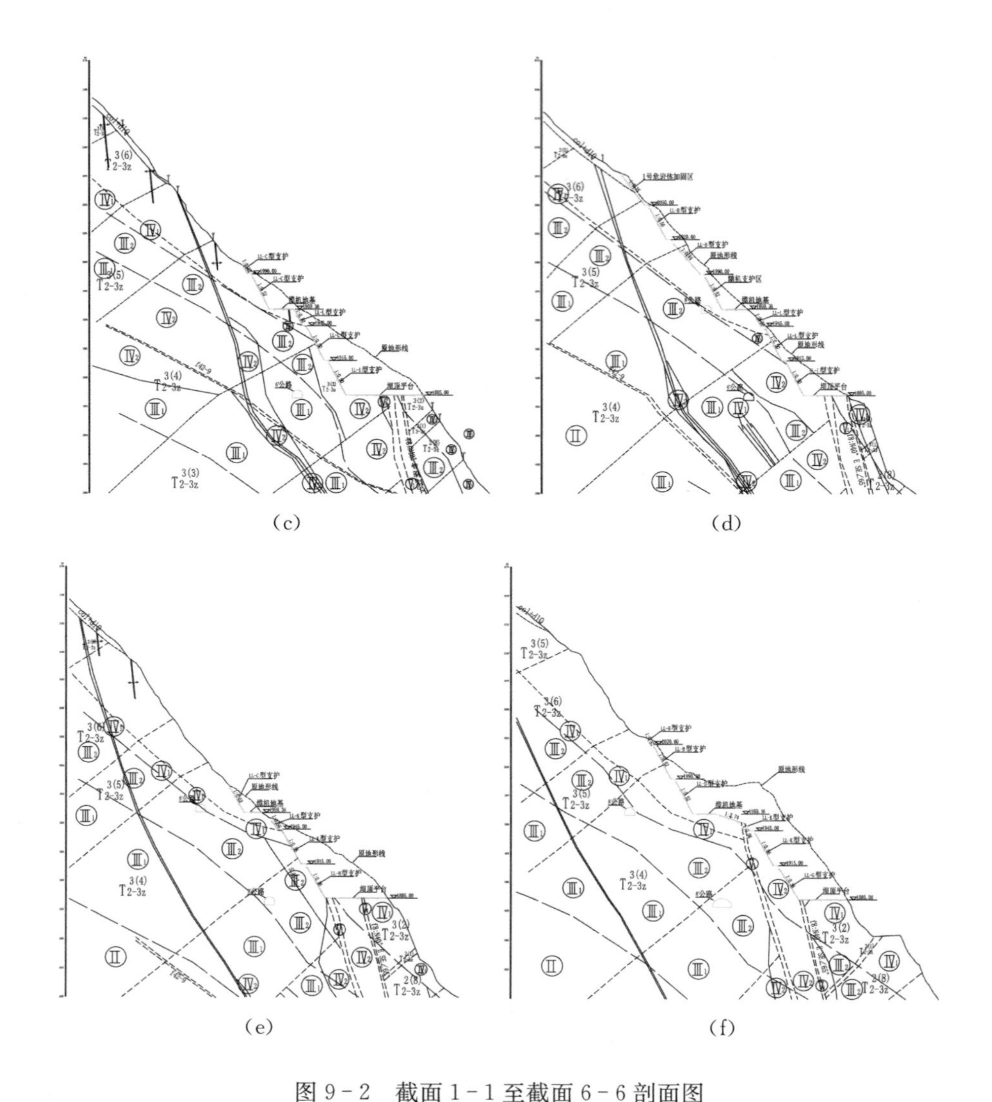

图 9－2　截面 1－1 至截面 6－6 剖面图

(a) 截面 1－1；(b) 截面 2－2；(c) 截面 3－3；(d) 截面 4－4；(e) 截面 5－5；(f)截面 6－6

刚性结构面包括层面裂隙和无充填的构造节理，进一步按隙壁接触紧密程度细分为新鲜硬接触型和次硬接触型。软弱结构面按其成因类型、充填物厚度、物质组成等细分为局部夹泥裂隙、松弛溶蚀裂隙、绿泥石片岩片理面和断层层间挤压错动带四类。拉裂及结构面是指浅表卸荷带中宽张无充填的卸荷裂隙及Ⅰ、Ⅱ级深部裂缝。

不同岩石质量等级下的岩体物理力学参数如表 9－1 所示，主要不连续面的物理力学参数如表 9－2 所示。

表 9-1 岩体物理力学参数

岩石质量等级	E_0/GPa		ϕ/(°)	c/MPa	μ
	最小	最大			
Ⅱ	23.00	31.00	53.47	2	0.25
Ⅲ1	9.20	14.60	46.93	1.5	0.25
Ⅲ2	6.40	10.20	45.56	0.9	0.23
Ⅳ1	2.56	1.64	34.99	0.6	0.3

表 9-2 主要断层的物理力学参数

名称	产状	E_0/GPa	ϕ/(°)	c/MPa	μ
新鲜X	NE54°/SE70°	6.5	42	0.64	0.28
风化X		3	31	0.45	0.3
f5 大理岩/	NE37°/SE75°	0.4	16.7	0.02	0.3
f8 砂板岩		0.4	16.7	0.02	0.3
f42-9	EW/SL40-0	0.4	16.7	0.02	

9.2 锦屏一级电站左岸高陡边坡磁力模型试验相似材料

9.2.1 相似材料主要成分

1）铁磁材料

地质力学磁力模型试验中，依靠梯度磁场为模型加载，影响磁力加载效果的因素主要有两个方面：一个是所使用的铁磁材料的磁力特性，即相对磁导率；二是铁磁材料的含用量。为了保证铁磁材料的性能及其在相似材料中分布的均匀性，本试验选用含铁量在95%以上，相对磁导率大于4 000的300目电工纯铁粉。同时，由于铁磁材料的密度较高，还起到提高容重的作用。

2）骨料

为了增加相似材料的脆性和摩擦角，在相似材料中加入一定比例的石英砂或重晶石粉。大量试验研究表明，石英砂或重晶石粉可以有效调节相似材料的内摩擦角，同时对材料的黏聚力、强度等其他指标也具有一定的调节作用。为了增加相似材料的容重，岩体相似材料中的骨料选用重晶石粉。而断层及岩脉中的骨料则选用石英砂。

3）胶结材料

在模拟岩石的相似材料中，常用的黏结材料有石膏、黏土、石蜡、松香等，其中石膏具有可塑性强、易于成型、强度调节范围大的特点，在磁力模型试验中，选用石膏作为岩体相似材料中的胶结材料。而黏土的物理力学性能与断层及岩脉相似材料接近，所以选用黏土作为断层及岩脉相似材料中的胶结材料。

4）水

由于磁性相似材料中含有大量的铁粉，铁粉在空气中遇水易发生腐蚀，所以相似材料中使用的水应尽量减少氧气的含量。在进行相似材料的配制前应对水进行蒸馏或曝晒处理。

9.2.2 相似材料各组分磁导率的取值

在地质力学磁力模型试验中，材料所有组分的相对磁导率对等效磁导率都有贡献，把磁力模型试验相似材料的组分按磁性的不同分为 3 种：铁磁材料、岩土体和水。普通岩土体的磁性非常微弱，土壤的磁性与土壤的母岩类型、气候条件、风化程度、地质水文状况等因素有关。土壤的磁化率是环境磁学领域研究的重要参数之一。近些年来，探索环境变化对土壤磁性的影响已经成为研究土壤成土因素和成土过程的一个新的方向[79-84]。岩土体中的磁性物质包括亚铁磁性物质（磁铁矿、磁赤铁矿）、不完整反铁磁性物质（针铁矿、赤铁矿）、顺磁性物质（云母、伊犁石）和抗磁性物质（石英、有机质、水）。也有学者对岩土体在磁场中的物理力学特性进行了研究，过壁君等[85]研究发现，在强磁场中磁化后的土体，黏聚力增大，内摩擦角减小。因为一般土体内的强磁性物质含量很低，表现出的磁性也很微弱，土体的磁性在宏观上对岩土体的物理力学性能影响甚微，岩土体的整体表现接近于顺磁性物质，与铁磁性物质相比，相对磁导率的值很小，在地质力学磁力模型试验中，近似取岩土体的相对磁导率为真空相对磁导率，即 $\mu_{rs}=1$。

水是抗磁性物质，即在磁场中水会被反向磁化。理论上讲，如果磁场强度足够大，在磁场中的水能够悬浮于磁场中。水的相对磁导率比 1 小，与温度有关，一般在 0.999～1 之间。磁化后的水会对水的微观结果产生一定的影响，现在医学上已经发现被磁化后的水的形态更加接近，更容易参加人体的生活过程，磁化水已经被医学上用于治疗和预防结石[86]。磁化过程对水的物理力学的影响也受到过关注，大连理工大学等进行了一系列磁化水对混凝土的性能的影响方面的研究[87-90]，高向阳[91]的研究也表明，磁化后的水对混凝土的浇注性能有所改善，主要是因为磁化过程增加了水的活性。但是在地质力学磁力模型试验中，暂不考虑磁场对水的影响，水的相对磁导率仍取为 $\mu_{rw}=1$。

地质力学磁力模型试验中，使用软磁材料进行磁力加载，前文中已经对各种软磁材料的磁力特性进行了详细说明，并选择低碳电工钢作为相似材料中的软磁材料。低碳电工钢的相对磁导率一般在 1 000～6 000，并且与磁场的磁场强度有关，为了方便计算，取为 $\mu_{rFe} = 4\ 000$。

9.2.3 相似材料试验及结果

9.2.3.1 地层岩石相似材料

在岩质边坡中，断层等结构面是控制边坡安全稳定的主要因素，由于断层及岩脉的强度与完整岩石相比低得多，塑性变形区首先发生在断层区域及其附近较为破碎的岩体内。一般情况下，地层中较完整的岩石所发生的变形仍处在弹性范围内，所以对地层中的完整岩石的相似材料，只使其弹性参数与原型相似，而对于断层或岩脉等结构面的相似材料需要使其塑性指标也与原型相似。

黄星星[92]为了研究分散型锚索对锦屏一级水电站左岸边坡的锚固效应，进行了室内三维缩尺模型试验，为提高相似材料的容重，在相似材料中加入适量铁粉，并对含有铁粉的岩石相似材料的物理力学性能进行了大量的试验研究，得出了铁粉、石英砂、石膏等材料含量对相似材料的物理力学性能的影响规律，为锦屏一级水电站左岸边坡的地质力学磁力模型试验相似材料的配备提供参考依据，其试验结果如表 9-3 所示。

表 9-3 锦屏一级水电站岩体相似材料的配比试验结果[92]

序号	铁粉/kg	重晶石粉/kg	石英砂/kg	石膏/kg	水/kg	胶粉/kg	容重/(g/cm^3)	弹模/GPa	强度/MPa
1	2.5	4	3.5	2.3	0.5	0	2.69	0.6	5.85
2	2.5	4	4	2.5	0.5	0	2.53	0.5	5.7
3	2	4	3.5	2	0.5	0.08	2.76	0.5	4.77
4	2.5	4	4	2.5	0.5	0.12	2.53	0.55	5.16
5	2.5	4	4	2.5	0.5	0.08	2.53	0.5	4.95
6	1	5	2.5	1	0.5	0.1	2.64	0.6～0.8	6.52～8.42
7	2.5	4	3.5	2.3	0.5	0	2.69	0.7～0.85	5.85～7.85
8	1.5	4	3.5	1	0.5	0	2.76	0.4～0.5	3.9～4.85
9	1.5	5	3	0.75	0.6	0	2.78	0.2～0.5	4.5～4.78
10	1	4	2.5	1	0.5	0.1	2.66	0.9～1.4	7.5～15.2
11	1.5	4	4	1.5	0.5	0	2.64	0.4～0.5	3.8～4.92
12	1	5	2.5	0.75	0.85	0	2.66	0.1	1.18
13	0.8	5	3	1	0.75	0	2.69	0.14	1.45

根据表 9-3 试验结果及表 9-1 对岩体力学参数的要求，选取相似材料的

配比如表 9-4 所示。

表 9-4　岩体相似材料试验配比方案

编号	铁/kg	重晶石粉/kg	石膏/kg	水/kg	是否加入缓凝剂
1	2 100	1 050	350	120	否
2	2 100	1 050	350	200	否
3	2 100	1 050	350	250	否
4	2 100	1 400	350	120	否
5	2 100	700	350	120	否
6	2 100	1 400	350	200	否
7	2 100	700	350	200	否
8	2 100	1 400	350	250	是
9	2 100	700	350	250	是
10	2 100	1 050	350	120	是
11	2 100	1 050	700	600	是
12	2 100	1 050	500	430	否
13	2 100	1 050	700	500	否
14	2 100	1 050	500	357	否
15	2 100	1 050	700	600	否
16	2 100	700	600	600	否
17	2 100	700	500	600	否
18	2 100	700	400	600	否

由于利用石膏作为胶结材料的相似材料与砂浆材料性能相似，故采用与砂浆试件力学参数测试同等规格的成型及测试方法，试样取边长为 70.7 mm 的立方体，每组配比制作 3 个试样，如图 9-3 为第 1 组试件。图 9-4 为一个试件的单轴抗压试验加载前后对比图。

图 9-3　磁力模型试验相似材料配比研究试件

图 9-4 试件的抗压试验加载前后对比(左图为加载前)

由于相似材料中含有大量铁粉，为减小铁粉生锈对材料物理力学性能的影响，整个模型试验过程持续时间不能过长，拟定第 1 天建模，第 2 天进行磁力加载，所以，相似材料试验试件的养护时间与之相应的选取为 24 h。试验结果如表 9-5所示。

表 9-5 岩体相似材料试验结果

编号	密度/(g/cm³)	抗压强度/MPa	弹性模量/GPa
1	2.59	3.4	0.6
2	2.49	5.77	0.6
3	2.94	8	0.3
4	2.57	3	0.3
5	2.96	6.16	0.2
6	2.82	12.38	1.25
7	3.09	13.94	1.6
8	2.72	10.57	1.4
9	3.23	15.53	1.53
10	2.67	6.34	0.2
11	2.94	3.02	0.45
12	3.01	3.99	0.96
13	3.09	2.79	0.57
14	3.1	2.45	0.38
15	3.07	4.06	1.3
16	3.03	2.78	0.77
17	3.06	4.11	0.4
18	3.09	6	0.3

根据表 9－5 相似材料试验结果，选定各岩体的相似材料配比如表 9－6 所示。

表 9－6　各级岩体相似材料配比

岩石质量等级	各成分质量比			
	铁	重晶石粉	石膏	水
Ⅱ	1	0.5	0.238	0.204
Ⅲ1	1	0.5	0.33	0.285
Ⅲ2	1	0.5	0.33	0.238
Ⅳ1	1	0.5	0.238	0.17

9.2.3.2　*断层及岩脉相似材料*

由于断层及岩脉是控制边坡变形及稳定的主要因素，所以不仅要求其弹性指标与原型相似，塑性力学指标也要与原型满足相似关系。

断层及岩脉相似材料的抗压强度及弹性模量与岩体相比小得多，所以采用黏土作为胶结材料，采用三轴试验测定其各物理力学参数，主要测试参数为密度、抗压强度、弹性模量、泊松比、黏聚力和内摩擦角，试件按土体三轴试验要求成型。试验配比方案如表 9－7 所示。

表 9－7　断层及岩脉相似材料配比方案

实验组数	铁粉含量/%	石英砂含量/%	黏土含量/%	含水率/%
1	6	56	28	10
2	25	44	22	9
3	40	33	16	11
4	48	28	14	10
5	55	23	11	11
6	50	15	25	10
7	40	30	20	10
8	32	42	16	10
9	27	50	14	9
10	19	62	10	9
11	55	27	8	10
12	52	26	12	10
13	50	25	15	10
14	46	23	20	11
15	44	22	22	12

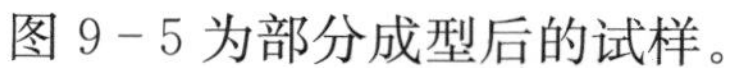
图 9－5 为部分成型后的试样。

图 9－5　部分试样成型图

试验结果统计如表 9－8 所示。

表 9－8　断层及岩脉相似材料物理力学参数试验结果

编号	密度 ρ /(g/cm^3)	抗压强度 σ_c/MPa	黏聚力 c /kPa	内摩擦角 ϕ/(°)	弹性模量 E/MPa	泊松比 μ
1	2.38	0.26	38.1	57	15.9	0.41
2	2.46	0.37	102.44	10	41.5	0.34
3	2.62	0.39	124.1	7	29.3	0.37
4	2.74	0.45	83.5	21	62	0.28
5	2.85	0.93	72.46	38	83	0.23
6	2.76	0.54	76.67	23	69	0.27
7	2.62	0.40	124.1	7	29.3	0.38
8	2.56	0.38	119.2	6	38.5	0.36
9	2.48	0.38	108.3	8	40.8	0.34
10	2.45	0.33	82	22.5	37.2	0.36
11	2.84	0.96	72.46	38	83	0.23
12	2.8	0.68	74.03	29	72.5	0.25
13	2.78	0.55	76.67	23	69	0.27
14	2.71	0.43	88.9	17	51	0.28
15	2.63	0.4	108.6	12	47.8	0.32

根据表 9－3 中对相似材料各参数要求及表 9－8 试验结果，选取煌斑岩脉

及断层的相似材料配比如表 9－9 所示，其中含水率均为 10%。

表 9－9　岩脉及断层相似材料配比

名称	铁粉 /%	石英砂/%	黏土 /%	弹性模量 E/MPa	内摩擦角/(°)	黏聚力 c/kPa	泊松比 μ
煌斑岩脉 X	55	25	10	69.1～83.4	38.4～57.6	4.21～15.9	0.23～0.25
f_5、f_8、$f_{42\text{-}9}$	20	62	8	3.21～3.64	15.8～16.7	0.15～0.18	0.36～0.38

9.2.3.3　铁磁材料对相似材料物理力学性能的影响

铁磁材料与一般常用的相似材料不同，其含量直接影响着相似材料的各物理力学性能参数，虽然在岩土相似材料里掺加铁粉的做法已经在大量的模型试验材料中使用，但其功能主要是为了增加相似材料的容重，铁粉的比例也相对较低，但是在地质力学磁力模型试验中，为了保证模型在试验过程中所受磁力的量级，需要保证铁磁材料的含量达到一定的百分比，所以铁磁材料含量对相似材料的力学性能的影响规律也是磁力模型试验中相似材料研究的主要内容之一。

在进行锦屏左岸高陡边坡中断层与岩脉的地质力学磁力模型试验相似材料的研究过程中，固定石英砂与黏土的质量比，逐渐增加铁粉的比例，研究铁粉对磁性相似材料密度、抗压强度、黏聚力、内摩擦角、弹性模量和泊松比的影响。当相似材料中铁磁材料为细粒铁粉，在养护时间为 1 天的情况下，其影响曲线如图 9－6～图 9－11 所示。

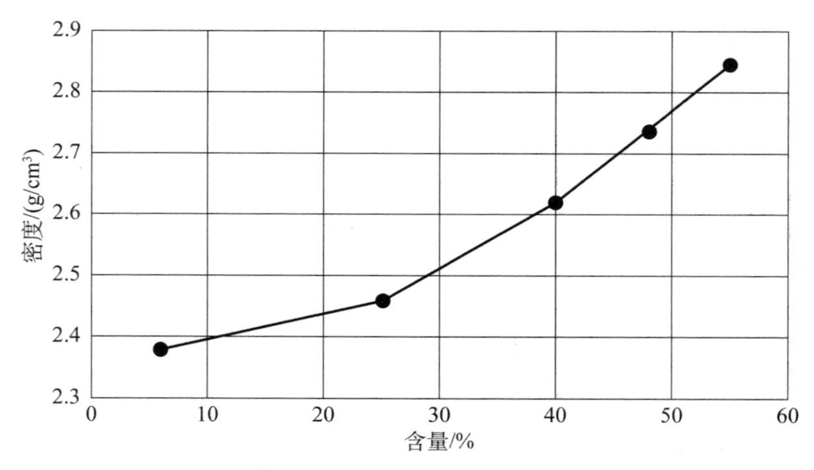

图 9－6　铁粉含量与密度的关系

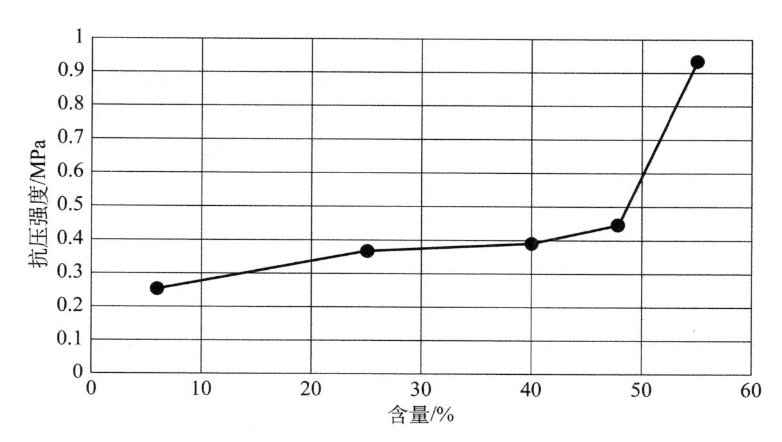

图 9-7 铁粉含量与抗压强度的关系

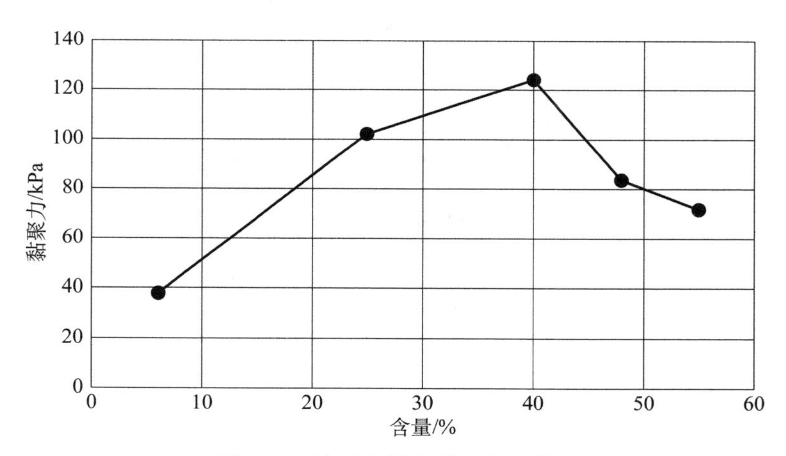

图 9-8 铁粉含量与黏聚力的关系

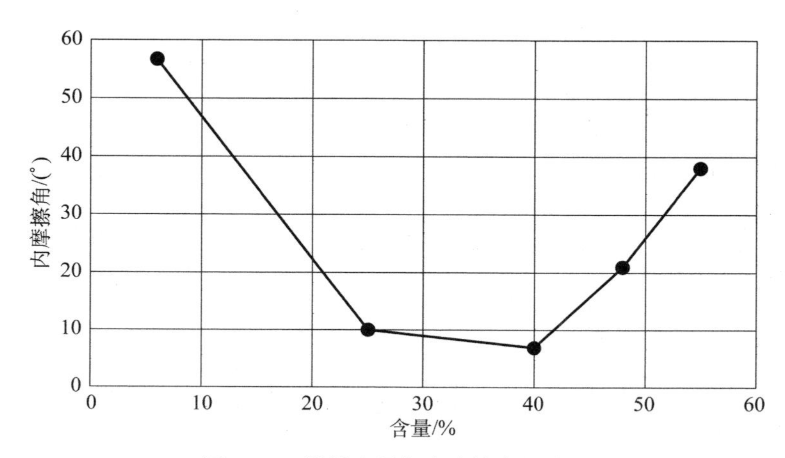

图 9-9 铁粉含量与内摩擦角的关系

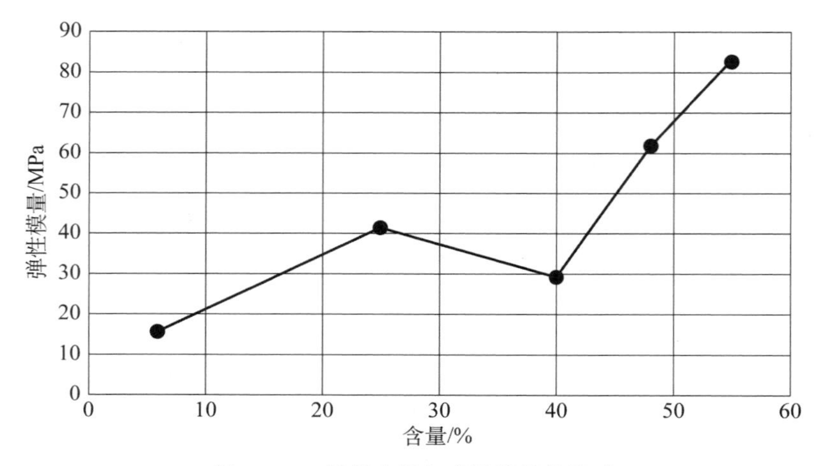

图 9-10　铁粉含量与弹性模量的关系

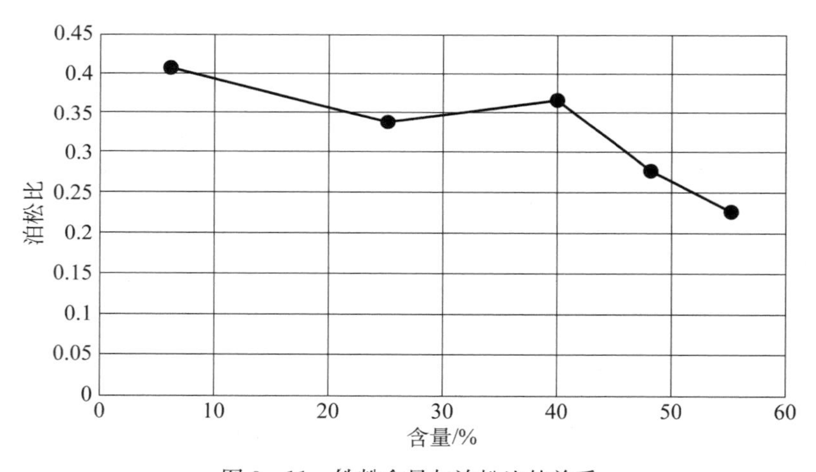

图 9-11　铁粉含量与泊松比的关系

在磁性相似材料中，铁粉为细骨料，调整铁粉的含量可以改变相似材料的物理力学参数。虽然每一种相似材料中的各种成分及含量均不相同，所得到的物理力学参数也有所差异，但是铁粉含量对相似材料的物理力学性能的影响规律可作为以后相似材料配制的参考，主要规律总结如下：

（1）对密度的影响：铁粉含量对相似材料的密度有显著的影响，随着铁粉含量的增加，试样的密度增大。

（2）对抗压强度的影响：铁粉含量与抗压强度呈非线性关系，随着铁粉含量的增加，抗压强度不断增大，当铁粉含量大于 45%时，抗压强度增大的幅度比较大。

(3) 对黏聚力和内摩擦角的影响：铁粉含量在一定范围内增加时，黏聚力不断增大。当含量大于 40%时，此时黏聚力随铁粉含量增加而减小。铁粉含量对内摩擦角的影响与黏聚力大致相反，呈先减小后增大的趋势。

(4) 对弹性模量和泊松比的影响：在铁粉含量小于 40%时，随着铁粉含量的增加，弹性模量先增大后减小，在铁粉含量大于 40%时，弹性模量逐渐增大。铁粉含量对泊松比的影响整体比较小，含量小于 35%时，影响不明显，大于 40%时，泊松比随铁粉含量的增加而减小。

9.3 锦屏一级电站左岸高陡边坡模型试验

9.3.1 试验模型各物理力学参数相似比及取值

由于试验设置可提供的试验空间长度为 1.2 m，而主要研究对象开挖部分的长度约为 400 m，为了减小边界效应，开挖部分不宜紧临设备的边界，所以原型与模型之间的几何相似比选为 500∶1。通过数值模拟计算及梯度磁场设备试验结果，试验设备的加载能力可以超过重力加速度 g 的 20 倍，并考虑相似材料因加入铁粉而使密度 ρ 提高一定倍数，假定模型试验中容重 $\gamma=\rho g$ 的相似比为 20。根据相似理论，模型各物理力学参数的相似比如表 9-10 取值。根据表9-10相似比例及地质勘查报告，各岩体及断层的力学参数选取如表 9-11 和表 9-12所示，其中弹性模量 E_0 与黏聚力 c 的相似比为 1∶25，内摩擦角 ϕ 与泊松比的相似比为 1∶1。

表 9-10 模型各物理力学参数相似比

项目	尺寸	自重 γ	应力 σ	黏聚力 c	弹性模量 E	泊松比 μ	位移 s	应变 ε	内摩擦角 ϕ/(°)
相似比	500	20	25	25	25	1	500	1	1

表 9-11 岩体物理力学参数

岩石质量等级	E_0 取值范围				f	ϕ	c/MPa		μ
	原型/GPa		模型/GPa				原型	模型	
Ⅱ	23.00	31.00	0.92	1.24	1.35	53.47	2	0.2	0.25
Ⅲ1	9.20	14.60	0.368	0.584	1.07	46.93	1.5	0.15	0.25
Ⅲ2	6.40	10.20	0.256	0.408	1.02	45.56	0.9	0.09	0.23
Ⅳ1	2.56	1.64	0.102 4	0.065 6	0.7	34.99	0.6	0.06	0.3

表 9-12 主要断层的物理力学参数

名称	产状	E_0		f	ϕ/(°)	c/MPa	
		原型/GPa	模型/GPa			原型	模型
新鲜 X	NE54°/SE70°	6.5	0.26	0.9	42	0.64	25.6
风化 X		3	0.12	0.6	31	0.45	18
f5 大理岩/	NE37°/SE75°	0.4	0.016	0.3	16.7	0.02	0.8
f8 砂板岩		0.4	0.016	0.3	16.7	0.02	0.8
f42-9	EW/SL40-0	0.4	0.016	0.3	16.7	0.02	0.8

9.3.2 模型试验范围

模型试验仪器试验空间范围为 1.2 m×1.2 m×1 m，原型与模型的几何相似比为 500∶1，取模型范围为 600 m×400 m×400 m，对应的模型尺寸为 1.2 m×0.8 m×0.8 m。锦屏一级电站左岸连起坝顶以上边坡开挖平面图如图 9-1 所示。模型选取范围为截面 1-1 河上游 200 m 至截面 6-6 河下游 200 m，其中截面 1-1 至截面 6-6 距离为 200 m，各截面间距离为 50 m。模拟高程为海拔 1 700～2 100 m。其中截面 1-1 至截面 6-6 的剖面图如图 9-2 中(a)～(f)所示。通过 CAD 软件建立磁力模型试验模拟范围内的三维几何模型如图 9-12 所示。

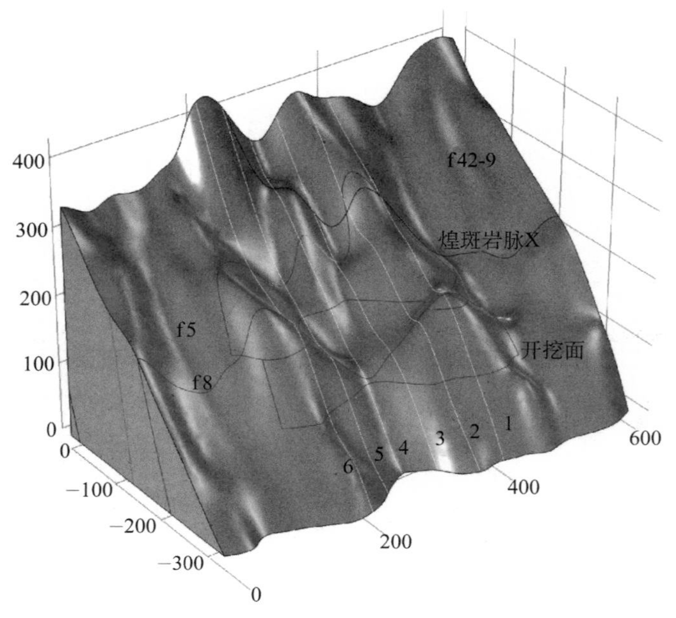

图 9-12 磁力模型尺寸(相似比 500∶1，单位：m)

9.3.3　模型制作及测试手段

9.3.3.1　地质力学磁力模型试验模型成型过程

主要地质特征煌斑岩脉、断层 f5、f8、f42－9 及开挖面将整个模型分割成16部分，通过CAD软件建立几何模型及各部分编号如图 9－13 所示，其中 3、5、6、8、11、12 和 13 几部分构成了缆机平台开挖部分，而 9、14 和 15 三部分构成了坝顶平台至缆机平台开挖部分。由于该模型试验主要模拟边坡开挖对边坡整体安全稳定性的影响，所以在建模过程中忽略开挖面以上的断层及岩脉对模型的切割，由此整个模型的开挖部分以缆机平台面为界线分割为上下两部分进行成型。整个模型成型过程分 8 步完成，如图 9－14 所示，各步成型过程材料用量如表 9－13 所示，成型后几何模型中的地质特征关系如图 9－15 所示。在各部分成型过程中，考虑岩层产状，按岩层的走向和倾向按层浇筑相似材料，图 9－14 中红线为浇筑模型时的岩层走向。并考虑断层 f5 以下的产状为 N50°～70°E、SE∠50°～60°和 N0°～30°E、SE∠50°～65°的两组深部裂隙，其分布主要集中在第 3 步浇筑的模型中部，如图 9－14(c)所示。在第 3 步浇筑模型成型后、初凝前对其按深部裂隙产状对模型进行处理。忽略深部裂隙的强度及厚度。在各断层及煌斑岩脉所在位置敷置断层及岩脉相似材料，忽略断层厚度，煌斑岩脉厚度根据相似比取为6 mm。

表 9－13　磁力模型成型过程材料用量

成型步骤	体积/m³	铁粉/kg	重晶石粉/kg	石膏/kg	水/kg
1	0.115 3	198.92	55.7	43.53	47.74
2	0.043 85	75.65	21.18	16.56	18.16
3	0.014 97	25.83	7.23	5.65	6.2
4	0.085 4	147.34	41.25	32.25	35.36
5	0.018 55	32	8.96	7	7.68
6	0.034 17	58.95	16.51	12.9	14.15
7	0.008 19	14.13	3.96	3.09	3.39
8	0.004 83	8.33	2.33	1.82	2
汇总	0.325 26	561.15	157.12	122.8	134.68

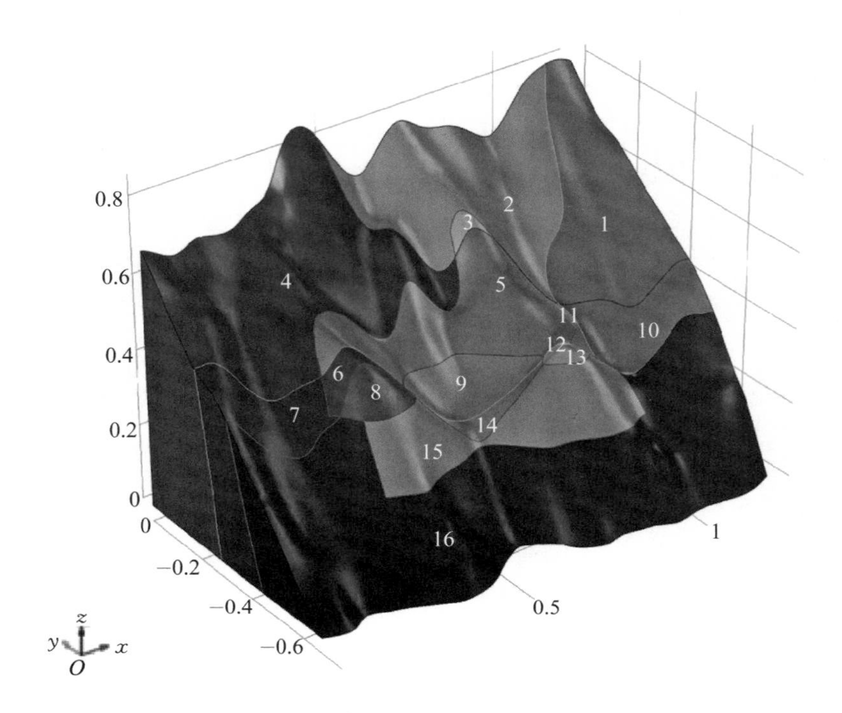

图 9 - 13　锦屏左岸高陡边坡 CAD 几何模型图(单位：m)

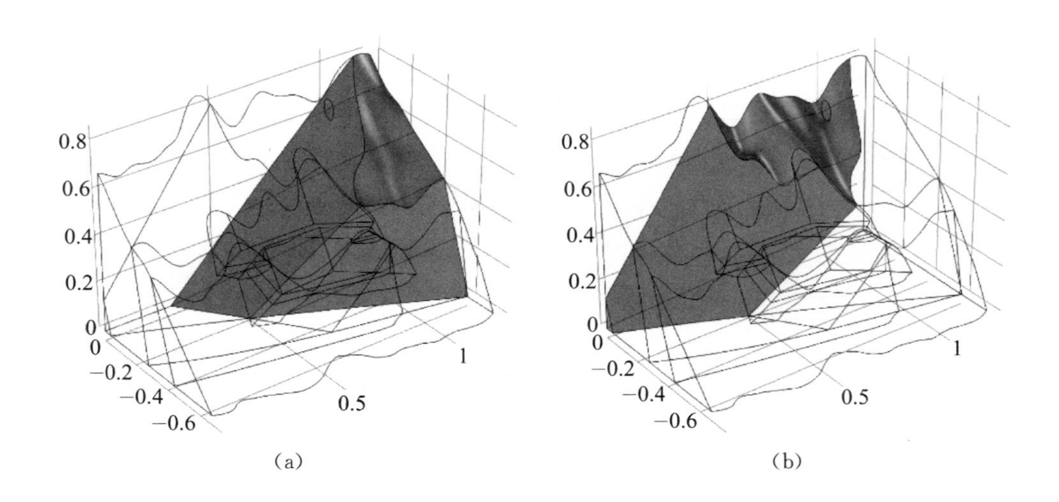

(a)　　　　(b)

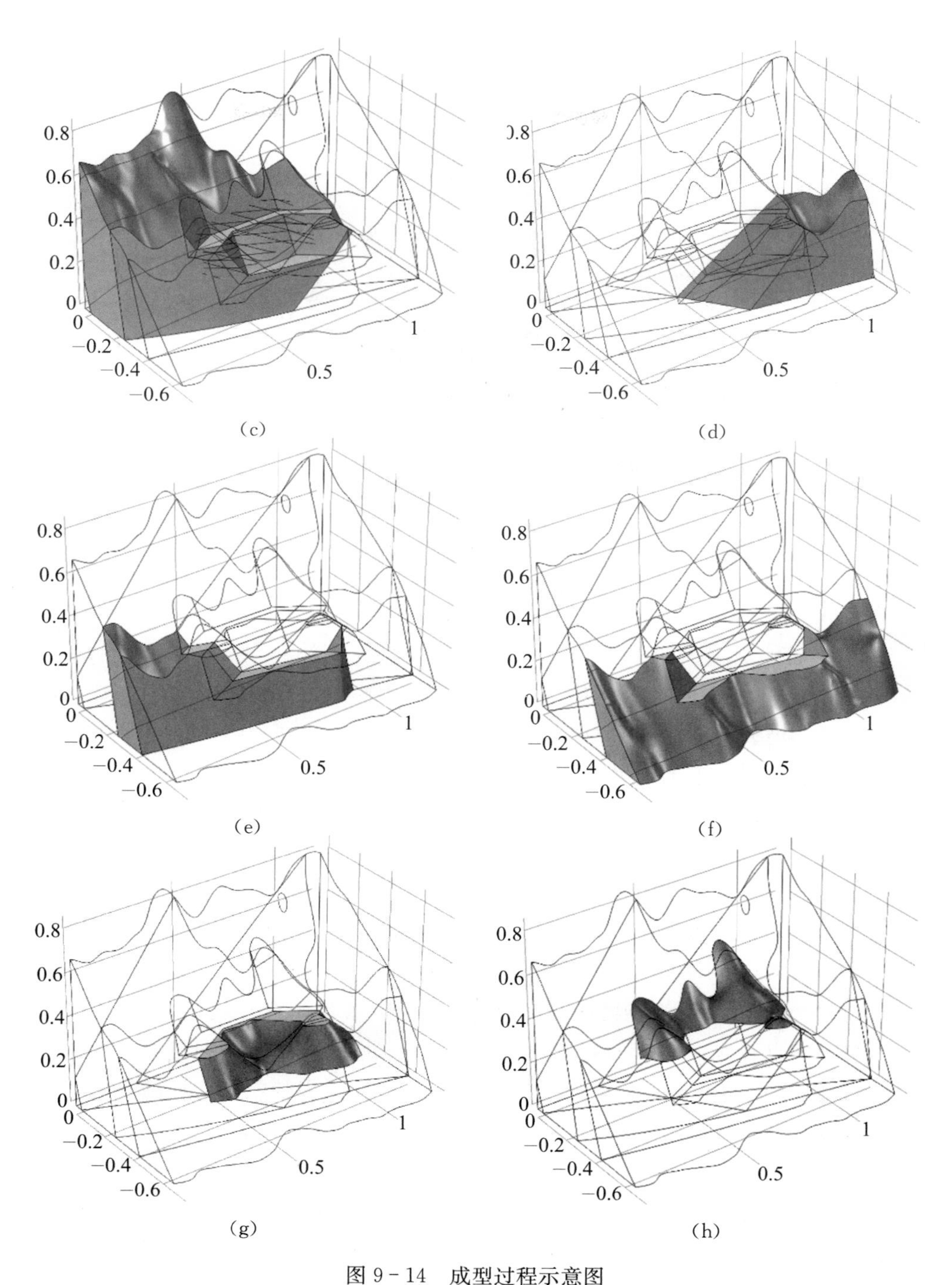

图 9－14　成型过程示意图

(a) 第 1 步;(b) 第 2 步;(c) 第 3 步;(d) 第 4 步;(e) 第 5 步;(f) 第 6 步;(g) 第 7 步;(h) 第 8 步

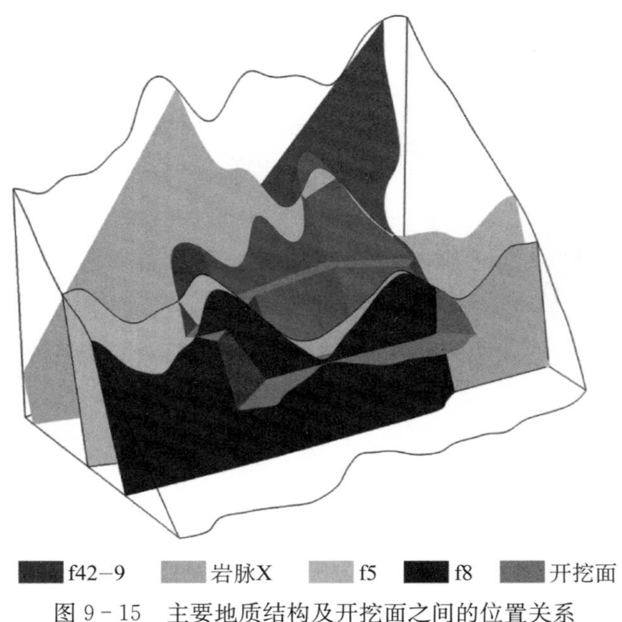

图 9-15　主要地质结构及开挖面之间的位置关系

9.3.3.2　*地质力学磁力模型试验测试方法*

该锦屏一级电站左岸高陡边坡地质力学磁力模型试验的测试内容主要受开挖过程对边坡表面及内部应力的影响。由于地质勘查资料只给出了左岸边坡的6个截面的确切信息，模型的其余部分均根据这些截面及地质特征的文字描述延拓得到，所以内部应变花的布设位置选在6个截面上。为了兼顾到模型的开挖面及各主要地质特征，并且使应变♯的分布不至于过于集中或过于分散，最终确定以图9-16中的截面2-2及截面5-5为主要测试对象。应变♯按等间距进行排列，如图9-16所示，x、y向的间距均为150 mm，按从下到上、从左到右的原则对所有应变♯连续编号，截面2-2应变♯编号为1♯～6♯，截面5-5应变♯编号为7♯～12♯。因为模型需要浇筑成型，模型内存在大量水分，所以应变♯应具有防水特性。并且模型内的主应力方向未知，且随着加载或开挖而改变，所以需要3轴或4轴应变♯，才可以测试一点的应力状态。最终确定选用日本共和KYOWA(KFG-1-120-D17-11L3M3S型)3轴45°防水应变♯。所有应变♯的0°方向与图9-16中的x轴正方向相同，90°方向与y轴正方向相同，则45°方向位于x、y轴正方向之间，且与x轴正方向夹角为45°。为了减小应变♯引线对边坡内部变形的影响，所有应变♯的引线均不允许穿过任何断层、岩脉或开挖岩体，并以最近的路径延直线伸出边坡表面。

表面应力测试选用2 cm×0.5 cm常规应变片，在模型表面开挖面周围布设

16 个应变片,布设位置与开挖部分的位置关系如图 9-17 所示。开挖面左侧应变片自下至上编号为 1～5,右侧自下至上编号为 6～10,下侧自右至左编号为 11～13,上侧自右至左编号为 14～16,其中“左右”以边坡的朝向为参考。考虑到在开挖之后,开挖部分左右两侧的变形以水平向变形为主,而上下两侧的变形以纵向变形为主,所以,1～10 号应变片沿水平向(见图 9-17 中的 x 方向)布设,而 11～16 号应变片沿纵向(见图 9-17 中的 y 方向)布设。

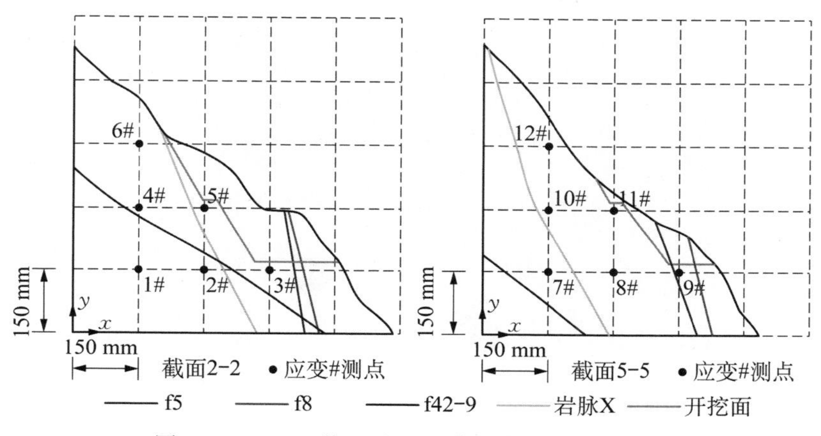

图 9-16　2-2 截面及 5-5 截面应变花布设位置

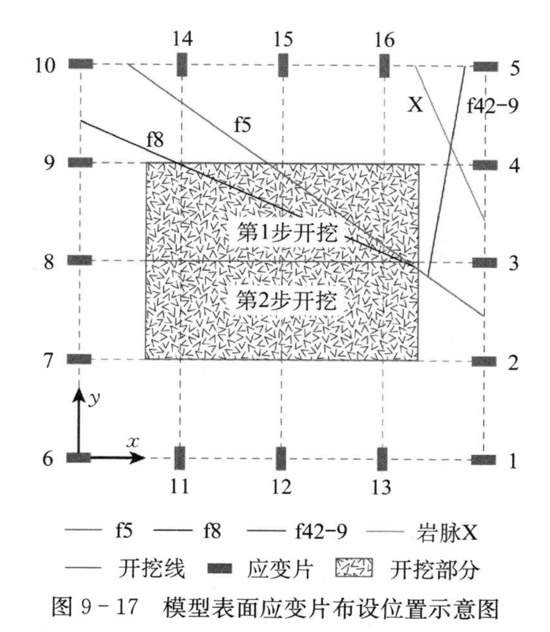

图 9-17　模型表面应变片布设位置示意图

9.3.4 模型试验过程及结果

浇筑成型后的锦屏一级电站左岸高陡边坡模型如图 9－18 所示。

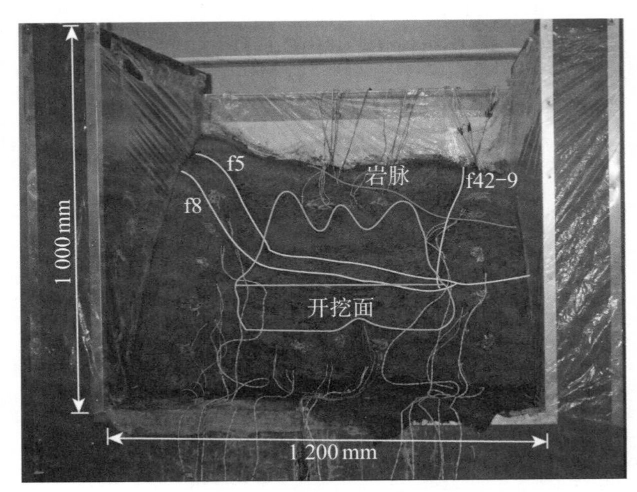

图 9－18 锦屏一级电站左岸边坡磁力模型

试验过程如下：

(1) 边坡未开挖时的自然状态：从数值模拟结果中得到，要使模型的体力提高到相似比要求的 1∶20，通电电流约为 10 A，将电流设置为 10 A 进行试验，模拟未开挖时的自然边坡的受力情况。

(2) 边坡未开挖时的超载状态：将电流提高到 16 A，即试验设备的最大加载能力，检验 16 A 时天然边坡达到的超载效果。

(3) 缆机平台以上部分开挖后的状态：将电流恢复至 0 A，待通电线圈冷却后，将电流设置为 10 A，进行第 1 步开挖，观察开挖对整个边坡应力分布的影响。

(4) 坝顶平台以上部分开挖后的状态：保持 10 A 电流不变，在第 1 步开挖的基础上进行第 2 步开挖，测试第 2 步开挖对边坡模型应力分布的影响。

说明：

(1) 由于线圈的温度会随着通电时间而升高，从而导致线圈电阻变大，通电电流下降，从而影响对试验的控制，所以磁力模型设备通电时间不宜过长，经过一段时间的试验后需要将电流恢复至 0 A，待线圈冷却后再次进行试验。

(2) 在通电电流变化或开挖时，边坡内部的应力分布会发生变化，在截面 2－2及截面 5－5 上的应变花测试结果转换为主应力进行分析。

(3) 由于相似材料的硬度较大，不便于像现实施工一样逐步完成，故开挖岩体为独立浇筑，在模型开挖时第 1 步及第 2 步开挖均为一次性完成。

(4) 所有应片花与应变片均不能对不受磁力的模型的应力应变进行测试，在 10 A 电流下未开挖时的测试结果是以不加磁力时的模型的应力应变为初始状态的变化量，而非模型内部与表面的真实应力状态。

(5) 对测试结果进行分析时，各测点的位置关系可参考图 9－16 及图9－17。

9.3.4.1　开挖前自然边坡状态

在锦屏一级电站左岸高陡边坡的地质力学磁力模型试验中，首先将通电电流加至 10 A，将模型的容重 ρg 提高到相似比要求的 20 倍，此时相当于真实边坡的自然状态，其中密度 ρ 提高的倍数由相似材料本身提供，而 g 提高的倍数由模型所受的磁力提供。由于 4＃、12＃内部应变花及 6＃、11＃表面应变片在浇筑或后期处理过程中损坏，无法测得数据，故此处不提供这几处测点的结果。

得到模型截面 2－2 及截面 5－5 上的应变花的测试结果如表 9－14 所示。

表 9－14　10 A 电流下未开挖时的模型内部应变花测试结果

应变花编号	所在截面	平面内最大主应力 σ_1/kPa	平面内最小主应力 σ_3/kPa	最大切应力 τ_{max}/kPa
1＃	2－2	120.93	98.97	10.98
2＃	2－2	51.67	45.88	2.89
3＃	2－2	18.65	15.26	1.69
4＃	2－2	—	—	—
5＃	2－2	31.96	30.03	0.97
6＃	2－2	44.07	43.14	0.47
7＃	5－5	43.42	36.78	3.32
8＃	5－5	27.54	25.44	1.05
9＃	5－5	17.42	16.49	0.47
10＃	5－5	24.45	17.41	3.52
11＃	5－5	26.18	24.69	0.74
12＃	5－5	—	—	—

表 9－15 为 10 A 电流下表面应变片的测试结果，各应变片在模型中的真实位置如图 9－19 所示。

表 9-15 10 A 电流下未开挖时的表面应变片测试结果

表面应变片编号	应力/kPa	表面应变片编号	应力/kPa
1	12.66	9	19.29
2	14.76	10	19.29
3	17.38	11	—
4	17.65	12	46.05
5	18.96	13	52.09
6	—	14	49.66
7	19.55	15	50.58
8	19.35	16	51.10

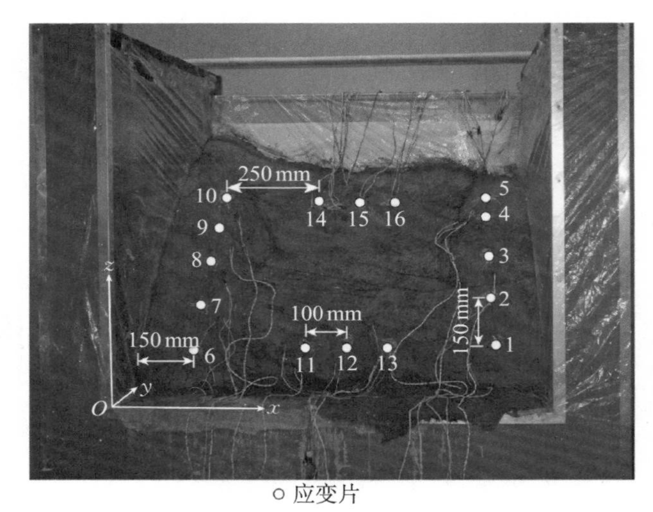

○ 应变片

图 9-19 表面应变片与开挖部分的位置关系

从表 9-14 中可以看出,位于截面 2-2 上应变花的测试结果为:1#测试结果最大,2#其次,5#、6#测试结果接近,3#最小,符合由深到浅应力逐渐减小的规律。截面 5-5 的测试结果规律与截面 2-2 相似,7#测试结果明显大于其他测点。

表 9-15 中表面应变片的测试结果表明,分布于开挖部分左右两侧的 1#～10#应变片测试结果接近,而位于开挖部分上下两侧的应变片测试结果接近,且大于 1#～10#测点,这是因为加载之后,模型的所受磁力方向主要为竖向,所以表面变形中竖向变形大于横向变形,符合现实规律。

9.3.4.2 未开挖时超载情况下的测试结果

为了考察 16 A 电流下模型所受磁力达到的超载效果,将模型在不开挖的状态下将通电电流提高至 16 A，并将测试结果与自然状态下的测试结果进行对比。16 A 电流下的内部应变花及表面应变片测试结果如表 9 - 16 及表 9 - 17 所示。

表 9 - 16　16 A 电流下未开挖时的应变花测试结果

应变花编号	平面内最大主应力 σ_1/kPa	超载倍数	平面内最小主应力 σ_3/kPa	超载倍数
1#	137.29	1.14	109.06	1.10
2#	57.70	1.12	51.42	1.12
3#	20.89	1.12	16.20	1.06
4#	—	—	—	—
5#	33.55	1.05	31.62	1.05
6#	48.88	1.11	46.90	1.09
7#	46.97	1.08	40.24	1.09
8#	28.87	1.05	27.82	1.09
9#	20.04	1.15	18.64	1.13
10#	26.60	1.09	20.03	1.15
11#	29.99	1.15	26.71	1.08
12#	—	—	—	—

表 9 - 17　16 A 电流下未开挖时表面应变片测试结果

应变片编号	应力/kPa	倍数	应变片编号	应力/kPa	倍数
1	18.37	1.45	9	21.52	1.12
2	19.48	1.32	10	21.52	1.12
3	20.86	1.20	11	—	—
4	20.80	1.18	12	44.35	0.96
5	21.52	1.13	13	4.07	0.08(异常)
6	—	—	14	46.18	0.93
7	22.17	1.13	15	46.05	0.91
8	21.78	1.13	16	46.31	0.91

由表 9 - 16 可以看出，16 A 电流情况下内部的应变花测试结果普遍高于 10 A电流下的测试结果，且与 10 A 电流测试结果相比提高倍数的平均值为 1.10，相当于超载 1.10 倍，与数值模拟结果接近。

从表 9 - 17 中可以看，1～10 应变片的应力均有所提高，且与 10 A 电流下相比平均倍数为 1.20 倍，而 11～16 应变片的测试结果均出现降低的情况，除 13 应变片测试结果出现较大偏差，其余 4 个应变片的测试结果的降低程度平均为

10 A 电流下的 0.93 倍。可能造成这种结果的原因是由于 11～16应变片位置的特殊性造成的，11～13 应变片及 14～16 应变片分别位于开挖部分的下部和上部，在浇筑过程中为了实现开挖的效果，开挖部分未与边坡整体浇筑，所以开挖部分与下部坡体之间存在一定的间隙，且无法像整体浇筑一样作为一个整体进行力的传递，所以造成了将电流由 10 A 增加至 16 A 后，应力反而减小的现象，而 1～10 应变片处于开挖部分的两侧，受开挖部分的影响较小。

整体而言，电流加载至 16 A 后，与 10 A 电流情况相比起到了超载效果，且超载倍数与数值模拟的 1.13 倍相吻合。

9.3.4.3　第 1 步开挖测试结果

在自然边坡状态基础上进行开挖，保持通电电流为 10 A，以对比开挖前后的应力变化，内部应变花及表面应变片在开挖第 1 步后的测试结果如表 9-18 和表 9-20 所示。内部应变花和表面应变片的测试结果与开挖前的测试结果的变化情况分别如表 9-19 和表 9-21 所示。

表 9-18　第 1 步开挖后内部应力测试结果

应变花编号	大主应力 σ_1/kPa	小主应力 σ_3/kPa	最大切应力 τ_{max}/kPa
1#	89.11	82.84	3.14
2#	25.79	23.81	0.99
3#	6.05	1.36	2.35
4#	—	—	—
5#	26.16	21	2.58
6#	41.97	39.01	1.48
7#	35.76	21.87	6.95
8#	15.42	13.73	0.85
9#	5.77	4.83	0.47
10#	12.69	7.98	2.36
11#	13.46	11.98	0.74
12#	—	—	—

表 9-19　第一步开挖后与开挖前的内部应力变化情况

应变花编号	大主应力 σ_1 变化值/kPa	小主应力 σ_3 变化值/kPa	最大切应力 τ_{max}变化值/kPa
1#	−31.82	−16.13	−7.84
2#	−25.88	−22.07	−1.9
3#	−12.6	−13.9	0.66
4#	—	—	—

（续表）

应变花编号	大主应力 σ_1 变化值/kPa	小主应力 σ_3 变化值/kPa	最大切应力 τ_{max} 变化值/kPa
5#	−5.8	−9.03	1.61
6#	−2.1	−4.13	1.01
7#	−7.66	−14.91	3.63
8#	−12.12	−11.71	−0.2
9#	−11.65	−11.66	0
10#	−11.76	−9.43	−1.16
11#	−12.72	−12.71	0
12#	—	—	—

表 9-20　第 1 步开挖后表面应力测试结果

应变片编号	应力/kPa	应变片编号	应力/kPa
1	0.85	9	4.59
2	3.41	10	10.96
3	1.71	11	—
4	41.46	12	−144.19
5	5.44	13	−193.19
6	—	14	−135.53
7	5.44	15	−135.60
8	5.58	16	−135.60

表 9-21　第 1 步开挖后与开挖前相比表面应力变化情况

应变片编号	应力变化幅值/kPa	应变片编号	应力变化幅值/kPa
1	−11.81	9	−14.7
2	−11.35	10	−8.33
3	−15.67	11	—
4	23.81	12	−190.24
5	−13.52	13	−245.28
6	—	14	−185.19
7	−14.11	15	−186.18
8	−13.77	16	−186.7

从表 9-18 中可以看出，在进行第 1 步开挖后，截面 2-2 与截面 5-5 上的应变花测得应力值均比开挖前的值有所降低，说明与开挖前相比应变片被拉伸，在开挖后，边坡内部应力减小，产生了应力释放的效果。

变化幅度较大的是位于模型最内部的1#及2#应变花。因为1#和2#应变花位于断层f42－9及煌斑岩脉X以下，所处岩层的岩石质量等级为Ⅱ，弹性模量、内摩擦角和黏聚力均大于其他应变花所处岩层。截面2－2上的5#及6#的变化值较小。而位于截面5－5上的应变花的测试结果与开挖前相比变化幅值接近。

从表9－20中可以看出，1～10应变片的测试结果远小于11～16应变片的测试结果，说明第1步开挖后对开挖部分左右两侧的应力分布的影响远小于开挖部分上下两侧。除4应变片外，其余应变片测试结果与开挖前相比均有所减小，说明与开挖前相比，应变片伸长，表明开挖后地表的应力也相应地减小。1～10应变片中4应变片的测试结果有所增加，这与4应变片所处位置有关，因为4应变片位于煌斑岩脉X及断层f42－9的交叉位置，且靠近第1次开挖的左上角，所以变化较大。11～16应变片的测试值由正转负，说明其应变片由受压转为受拉，表明开挖过程对开挖岩体上下两侧的影响比左右两侧的影响更大。

9.3.4.4　第2步开挖测试结果

保持通电电流为10 A不变，在第1步开挖的基础上进行第2步开挖，开挖后内部应变花测试结果如表9－22所示。第2步开挖后内部应变花测试结果如表9－23所示。

表9－22　第2步开挖后模型内部应变花测试结果

应变花编号	所在截面	大主应力 σ_1 变化值/kPa	小主应力 σ_3 变化值/kPa	最大切应力 τ_{max}/kPa
1#	2－2	88.37	85.23	1.57
2#	2－2	20.83	18.85	0.99
3#	2－2	3.23	－8.53	5.88
4#	2－2	—	—	—
5#	2－2	15.36	－136.17	75.76
6#	2－2	41.19	38.23	1.48
7#	5－5	27.28	10.1	8.59
8#	5－5	8.41	6.42	1.00
9#	5－5	1.44	－14.68	8.06
10#	5－5	7.15	6.1	0.52
11#	5－5	3.84	2.52	0.66
12#	5－5	—	—	—

表 9-23　第 2 步开挖与第 1 步开挖结果之差

应变花编号	大主应力 σ_1 与第 1 步开挖结果之差/kPa	小主应力 σ_3 与第 1 步开挖结果之差/kPa	切应力 τ_{max} 与第 1 步开挖结果之差/kPa
1#	−0.74	2.39	−1.57
2#	−4.96	−4.96	0
3#	−2.82	−9.89	3.53
4#	—	—	—
5#	−10.8	−157.17(异常)	73.18
6#	−0.78	−0.78	0
7#	−8.48	−11.77	1.64
8#	−7.01	−7.31	0.15
9#	−4.33	−19.51	7.59
10#	−5.54	−1.88	−1.84
11#	−9.62	−9.46	−0.08
12#	—	—	—

结果表明，第 2 步开挖后，剪应力变化较大的为 3#、5# 和 9# 应变花所在位置。主要是因为这几点离开挖面最近，其中 5# 应变花位于第 1 次开挖的开挖面以下和第 2 次开挖后方，而 3# 和 9# 应变花恰好位于第 2 次开挖面以下，所以开挖后对其扰动较大。其中 5# 应变花的最大主应力变化过于激烈，可能是由于第 2 步开挖对其造成了严重的扰动而导致结果异常。而 9# 应变花的变化幅值明显高于 3# 应变花(2.150 1 倍)，是因为 9# 应变花不仅位于第 2 次开挖的开挖平台正下方，同时位于断层 f5 及 f8 之间，周围地质情况比 3# 应变花所处位置复杂。

第 2 步开挖后的表面应变片的测试结果及其与第 1 步开挖后的测试结果的对比如表 9-24 所示。

表 9-24　第 2 步开挖后表面应力测试结果

应变片编号	应力/kPa	与第 1 步开挖结果之差/kPa	应变片编号	应力/kPa	与第 1 步开挖结果之差/kPa
1	−31.42	−30.57	9	−37.26	−32.67
2	−35.88	−32.47	10	−41.72	−30.76
3	−33.46	−31.75	11	—	—
4	−74.65	−33.19	12	−218.97	−74.78
5	−37.85	−32.41	13	−266.99	−73.8
6	—	—	14	−210.84	−75.31
7	−37.92	−32.48	15	−210.90	−75.3
8	−37.98	−32.4	16	−210.90	−75.3

由表 9－24 表明，第 2 次开挖对地表应力的影响比内部应力的影响更具有规律性，所有测点的应力值在第 1 次开挖的基础上继续减小，且与开挖前相比所有应变片均由受压转为受拉状态，且 11～16 应变片位置的变化幅度比 1～10 应变片位置要大。说明第 2 次开挖与第 1 次开挖一样，对开挖部分上下两侧的影响大于对开挖部分左右两侧的影响。

9.3.4.5　开挖过程测试结果分析

应变花测得的最大主应力、最小主应力及剪应力随开挖过程的变化情况分别如图 9－20、图 9－21 和图 9－22 所示，在图 9－21 和图 9－22 对 5＃应变花的结果进行了截断。从 3 幅图的对比分析中可以看出，所有内部应变花测试得到的最大主应力和最小主应力均随着开挖过程而呈现减小趋势，说明开挖过程产生了卸荷作用。图 9－21 表明，个别测点出现了受拉状态，如 3＃、5＃和 9＃应变花的测试位置，而这 3 个点均位于开挖面附近，其中 5＃测点位于第 1 次开挖平台的正下方和第 2 次开挖坡面的正后方，而 3＃及 9＃测点位于第 2 次开挖平台的正下方，而与 5＃测点同样位于第 1 次开挖平台正下方的 11＃测点，虽然没有出现拉应力，但在第 2 次开挖后，最小主应力也接近 0。

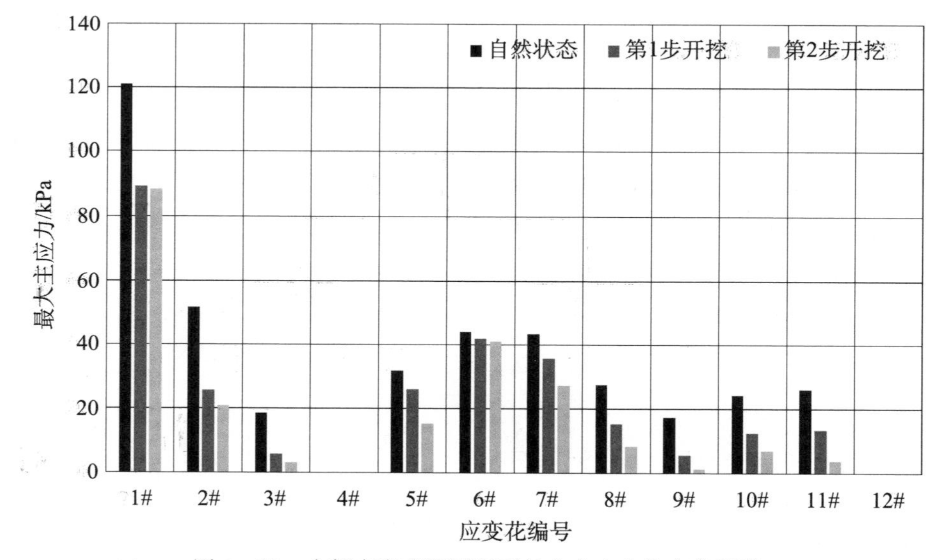

图 9－20　内部应变花测试得到最大主应力的变化情况

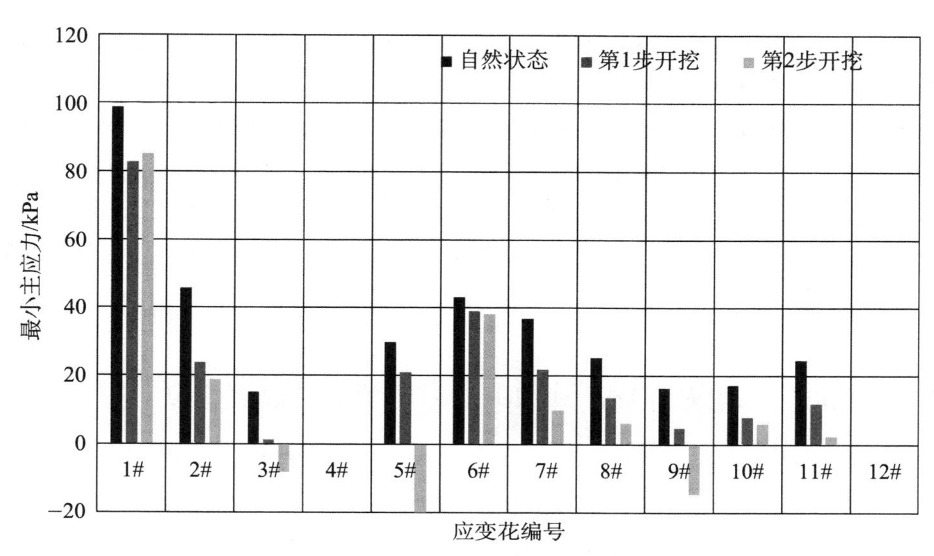

图 9－21　内部应变花测试得到最小主应力的变化情况

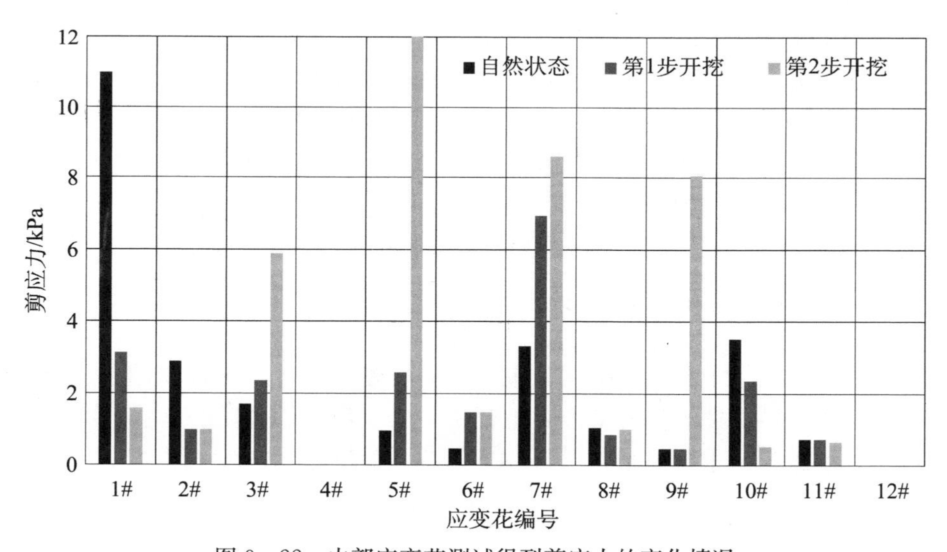

图 9－22　内部应变花测试得到剪应力的变化情况

岩体的破坏一般为剪切破坏，所以剪应力的大小决定了边坡的安全程度，分析图 9－22 可以看出，在 3＃、5＃、6＃、7＃、9＃测点上，剪应力均随着开挖过程而增加。位于截面 2－2 及截面 5－5 对应位置上的 3＃及 9＃应变花在第 2 步开挖时剪应力的变化较大，这是因为 3＃及 9＃应变花靠近第 2 步开挖面而离第 1 步开挖面较远。由于截面 2－2 的第 1 步开挖的深度明显大于截面 5－5 上第 1 步开挖的深度，所以位于截面 2－2 上的 3＃应变花受到第 1 步开挖的影响大于9#应变花。9#应变花不仅位于第2次开挖面的正下方，同时位于相邻的两个断层f5与f8之间，地质环境比位于断层f5后方且保持一定距离的3#应变花更加复杂，所以第2次开挖对9#应变花的剪应力的影响又大于3#应变花。在截面2-2上，煌斑岩脉X比较靠近开挖面，并且其厚度较大，受到开挖的影响也较大，而5#应变花恰好位于第1次开挖面、第2次开挖面和煌斑岩脉X之间，这可能是其在第2次开挖后测得的最小主应力及剪应力的值远大于其他应变花的原因。

9.4 锦屏一级电站左岸高陡边坡磁力模型试验数值模拟

数值模拟方法作为自然科学研究的重要手段之一，在地质力学磁力模型试验中也是一个很好的补充。首先，模型试验中一些不确定的参数需要进行数值模型得到，比如计算两相介质等效相对磁导率及确定在不同电流情况下磁场发生装置所产生的磁通密度梯度的分布等，都需要数值模拟的辅助，这样可以大大节约模型试验的试验成本，缩短试验周期。

与地质力学磁力模型试验相匹配的数值模拟过程，需要同时建立模型试验设备中的磁场发生装置和以锦屏一级电站左岸边坡为原型的试验模型。通电线圈产生磁场，在试验空间内形成磁通密度梯度，使受试模型内的铁磁材料受到磁力作用，模型在磁力的作用下会发生变形，变形后的模型反过来影响了试验区间内的磁场分布，是一个电磁场与边坡模型位移场耦合作用的过程。

9.4.1 数值计算理论与计算方法

第8章里介绍了磁力模型试验中涉及的电磁学基本原理，在对地质力学磁力模型试验进行磁场的数值模拟时主要用到的是静磁学，即通电电流为稳定的直流电。静磁学的主要控制方程为Maxwell方程组里的安培定律：

$$\nabla \times \boldsymbol{H} = \boldsymbol{J} \tag{9-1}$$

式中，$\boldsymbol{H}$为磁场强度，$\boldsymbol{J}$为电流密度，可表示为

$$\boldsymbol{J} = \sigma v \times \boldsymbol{B} + \boldsymbol{J}_e \tag{9-2}$$

式中，σ为导体材料的电导率，v为其运动速度，$\boldsymbol{J}_e$为外部电流密度，由于

$$\boldsymbol{B} = \nabla \times A = \mu_0(\boldsymbol{H} + \boldsymbol{M}) \tag{9-3}$$

式中，$\boldsymbol{M}$为磁化强度，μ_0为真空磁导率，A为磁势，故安培定律的方程可以改写为

$$\nabla \times (\mu_0^{-1} \nabla \times A - \boldsymbol{M}) - \sigma v \times (\nabla \times A) = \boldsymbol{J}_e \tag{9-4}$$

如果施加的是交变电流或考虑时间下的瞬态情况时，需要加入位移电流密度项，即为

$$\sigma \frac{\partial A}{\partial t} + \nabla \times (\mu_0^{-1} \nabla \times A - \boldsymbol{M}) - \sigma v \times (\nabla \times A) = \boldsymbol{J}_e \tag{9-5}$$

式(9－5)为静磁学数值模拟的控制方程。求得磁势 A 后，利用式(9－3)可求得磁通密度梯度。再根据式(8－17)：

$$\boldsymbol{F}_m = m \frac{\partial \boldsymbol{B}_z}{\partial z}$$

得到磁性材料在磁场中所受的磁力 F_m。除了电磁学原理以外，边坡模型采用线弹性模型进行应力应变求解，塑性屈服准则为摩尔-库仑准则。将磁力 F_m 以体力的形式代入到边坡模型的平衡微分方程中：

$$\nabla \cdot \sigma + (f + \boldsymbol{F}_m) = 0 \tag{9-6}$$

式中，f 为重力，σ 为应力。

边坡模型在受到磁力作用下，发生变形，变形后的模型会导致模型内的磁场重新分布，所以该数值模型过程为模型内磁场与位移场的双向耦合过程。

9.4.2 数值模型中电磁参数及物理力学参数的取值

由于在真实试验中，为了防止因模型材料中的铁粉生锈而引起设备腐蚀，在模型与设备之间铺设了一层塑料，因为磁路结构中的不导磁空隙会引起大量的磁能损失，磁势会迅速降低，为了更加贴近真实情况，在数值模型中边坡与设备侧面铁磁材料之间设置 2 mm 不导磁 ($\mu_r = 1$) 空隙。

模型中构成磁路结构的铁磁材料的 $B-H$ 曲线按电工纯铁的 $B-H$ 曲线进行取值，如图 9－23 所示。而相似材料中的铁粉的相对磁导率 $\mu_r = 4\,000$，相似材料中的其余物质的相对磁导率均取为 1，按两相介质计算相似材料的等效相对磁导率为 600.5，其中铁粉的体积含量为 30%。在磁场发生装置中还需要建立线圈，实际设备中线圈为铜线，相对磁导率近似取值为 1。

磁力模型试验设备中线圈匝数为 2 000 匝，电源控制系统可提供电流范围为 0～16.5 A，即可产生的最大安匝数为 33 000 AT。由于不考虑线圈通电发热的问题，所以模型过程中不考虑线圈电阻及电压，在所有的计算中电流保持恒定。在数值模型中的线圈匝数与实际相符，取为 2 000 匝，试验过程中调节通电电流的大小，根据计算结果得到满足相似比要求的情况下，对应的通电电流值。

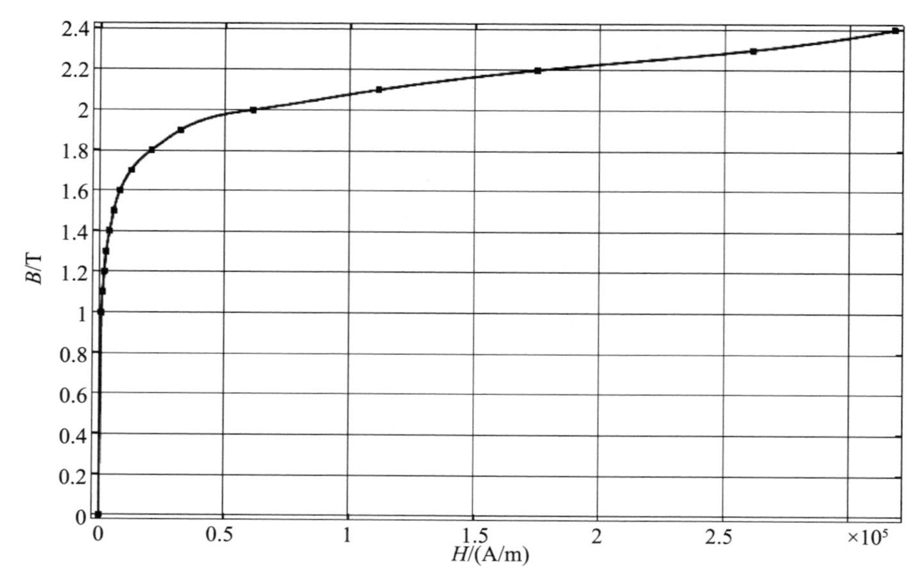

图 9-23 磁路结果中铁磁材料的 $\boldsymbol{B}-\boldsymbol{H}$ 曲线

经计算得到当线圈通电电流为 10 A 时，模型所受的磁力将重力加速度 g 提高的倍数与密度提高的倍数的乘积在相似比要求的 20 倍左右。

模型中物理力学参数的取值与第 5 章相似材料试验结果相对应，各地层的参数可参考表 9-46，断层及岩脉的参数可参考表 9-9。

9.4.3 地质力学磁力模型试验的三维数值模型

为了确定模型试验过程中加载电流与重力增加倍数的关系，同时，为了将磁力模型试验结果与数值计算结果进行比较，建立了地质力学磁力模型试验的三维数值模型，对试验过程进行数值模拟。

数值模型中边坡与磁路及线圈的位置关系与实际模型一致，如图 9-24 所示。

从理论上讲，通电线圈产生的磁场充满了整个空间，即漫延到无穷远处，而在电磁场的模拟过程中，由于不能将整个空间进行模拟，但是为了得到关心范围内较为精确的磁场分布，需要在其周围设置足够大的空间（空气），若要得到更加精确的磁场分布则需要在空气范围以外再设置一层无限元单元。包括空气的模型如图 9-25 所示。为了保证计算精度，模型网格尺寸的最大边长设置为 0.03 m，均采用四面体网格单元，不包括空气部分的网格剖分情况如图 9-26

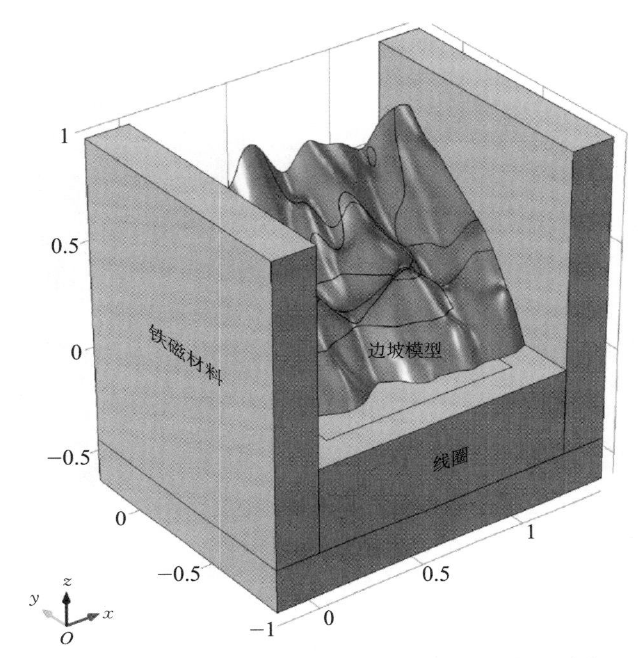

图 9 - 24　数值模型中边坡与磁路及线圈的位置关系(单位：m)

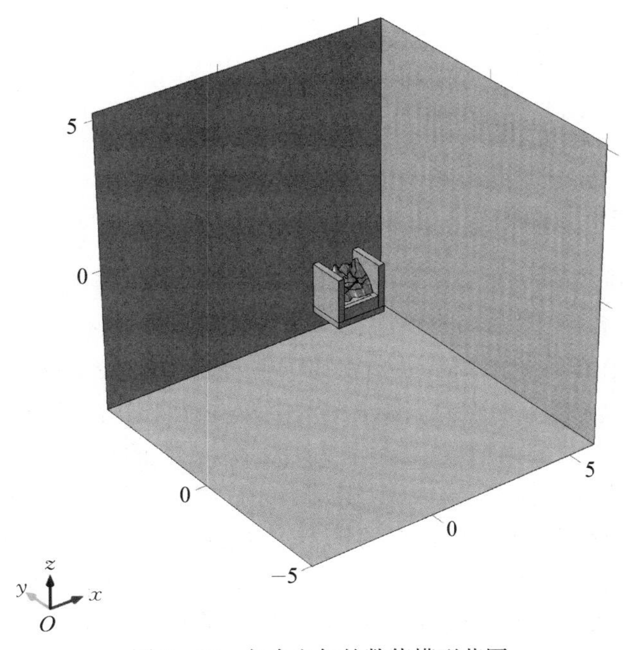

图 9 - 25　包含空气的数值模型范围

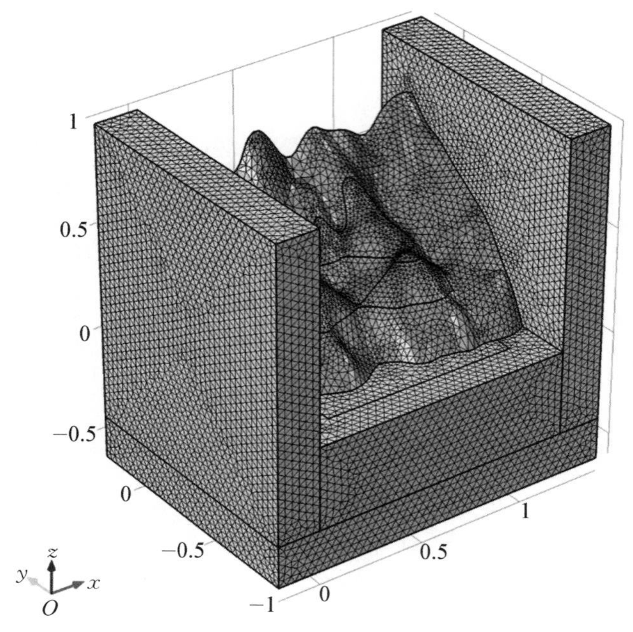

图 9-26　模型局部网格部分情况(不包括空气部分)

所示,网格总数为 958 542。首先计算磁力发生装置在不同电流下产生的磁通密度的分布情况,再将磁通密度梯度以 0.044 T/m 提高铁磁材料重力 1 倍的关系转换为体力,施加到边坡模型上。再将提高体力后的模型的内力分布情况与自重情况下进行对比,最终确定模型容重提高至相似比要求的 20 倍时的通电电流大小。

9.4.4　数值模拟结果

在通电电流为 10 A 时,在边坡模型内部的磁感线分布如图 9-27 所示。从图中可以看出,模型下部的磁感线密度较大,而上部的磁感线密度较小,所以磁通密度在模型中呈下大上小的状态,从而产生向下的磁通密度梯度,进而对磁场中的铁磁材料产生向下的磁力。图 9-28 中所示的深色箭头为磁通密度的竖向分量 $\boldsymbol{B}_z$ 在模型中的分布情况,图中箭头的大小与 $\boldsymbol{B}_z$ 的量级成正比。图 9-28 比图 9-27 更直观地体现了磁场沿竖向的分布情况,同时也可以通过图 9-28 看出,在模型两侧即线圈所处位置的正上方,磁通密度较小,并没有形成与模型中间相当的磁通密度梯度,为了减小磁场在两侧与中间分布不均情况所带来的影响,将模型的关键考察部位,即开挖部分及其周围岩体,设置在试验空间中部磁通密度梯度较大且均匀性较好的区域范围内。

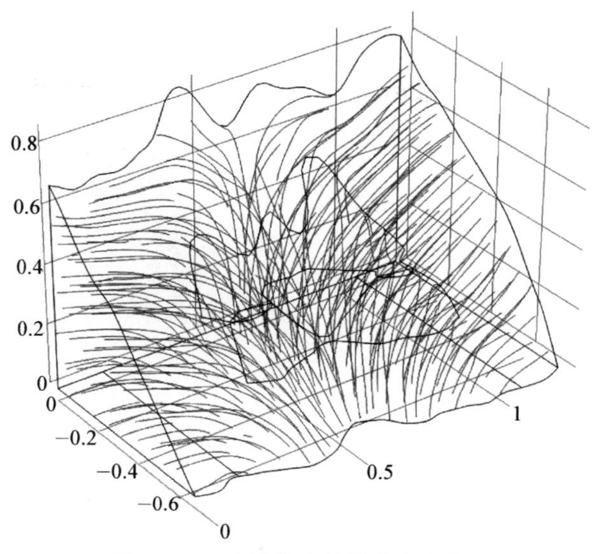

图 9-27　边坡模型中磁感线的分布

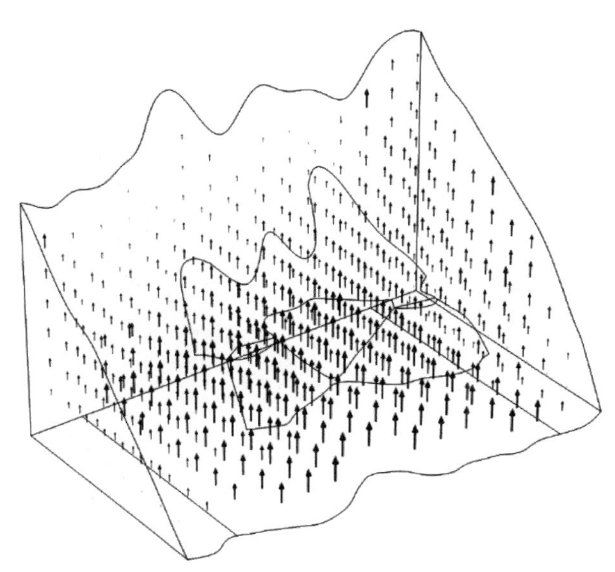

图 9-28　磁通密度 $\boldsymbol{B}_z$ 的大小在边坡模型中的分布情况

模型的主要考察截面为截面 2-2 和截面5-5，下面取截面 2-2 和截面 5-5 进行详细分析。图 9-29、图 9-30 和图 9-31 分别为开挖前后模型内磁通密度 z 向分量 $\boldsymbol{B}_z$ 的分布情况。图 9-32 为开挖后将电流加载至最大值 16 A 时 $\boldsymbol{B}_z$ 的分布情况。各图均以云图形式表达磁通密度 z 向分量 $\boldsymbol{B}_z$ 的分布情况，单位为 T，其横纵坐标表示模型尺寸，单位为 m。

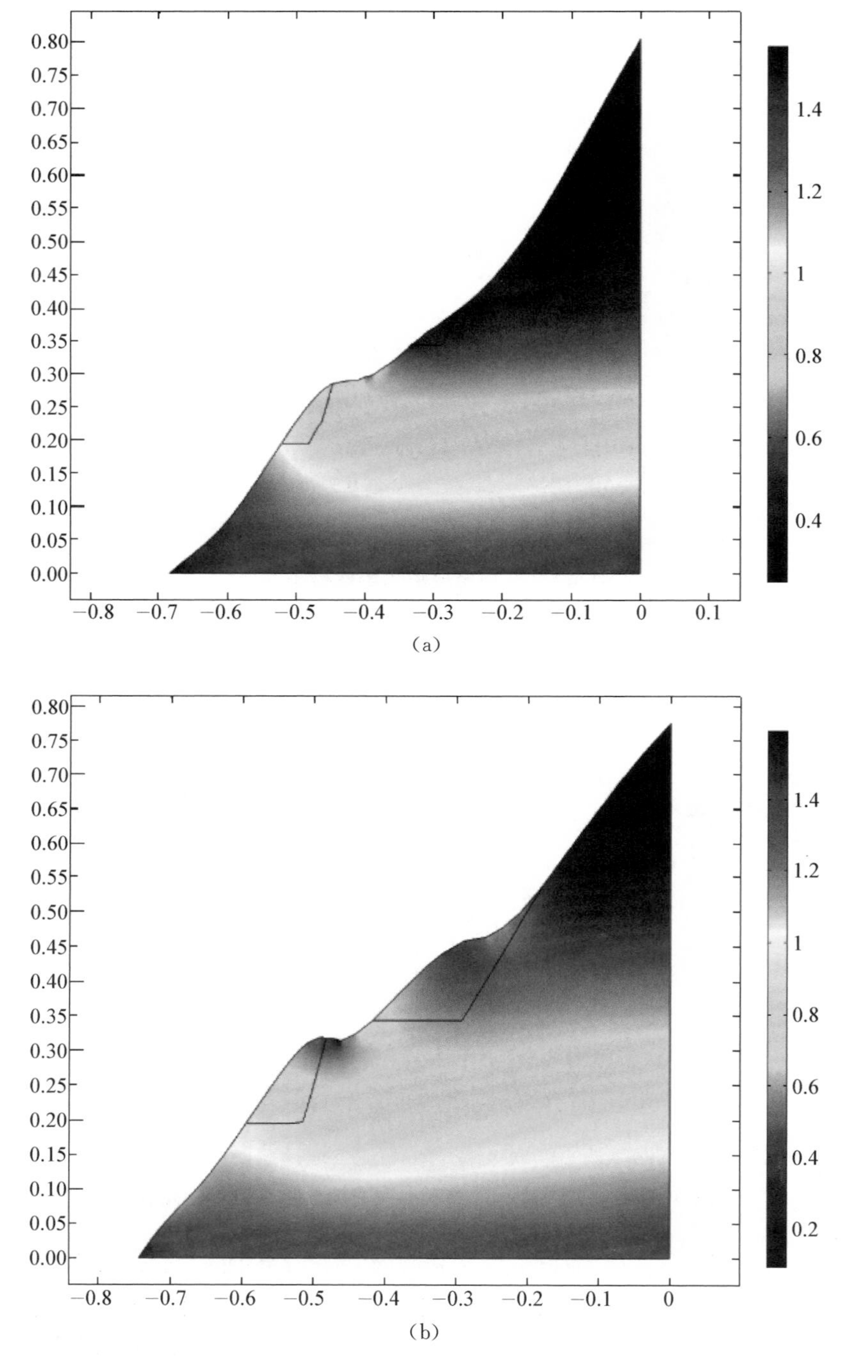

图 9-29　未开挖时截面 2-2 和 5-5 截面处的磁通密度 $\boldsymbol{B}_z$ 分布(单位:T)

(a) 截面 2-2;(b) 截面 5-5

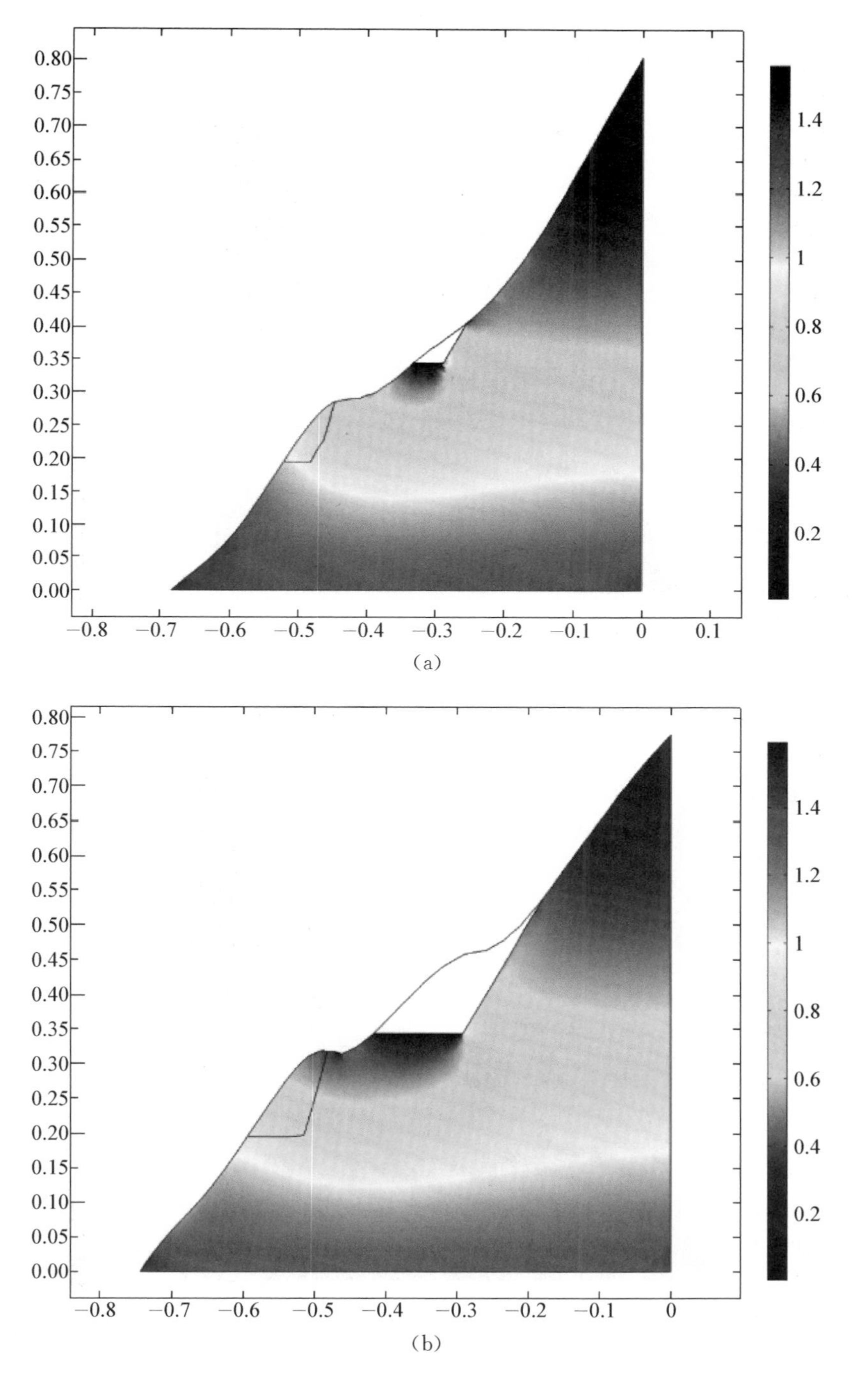

图 9－30　1 960 m 高程以上开挖后截面 2－2 和截面 5－5 处的磁通密度 $\boldsymbol{B}_z$ 分布(单位：T)

(a) 截面 2－2；(b) 截面 5－5

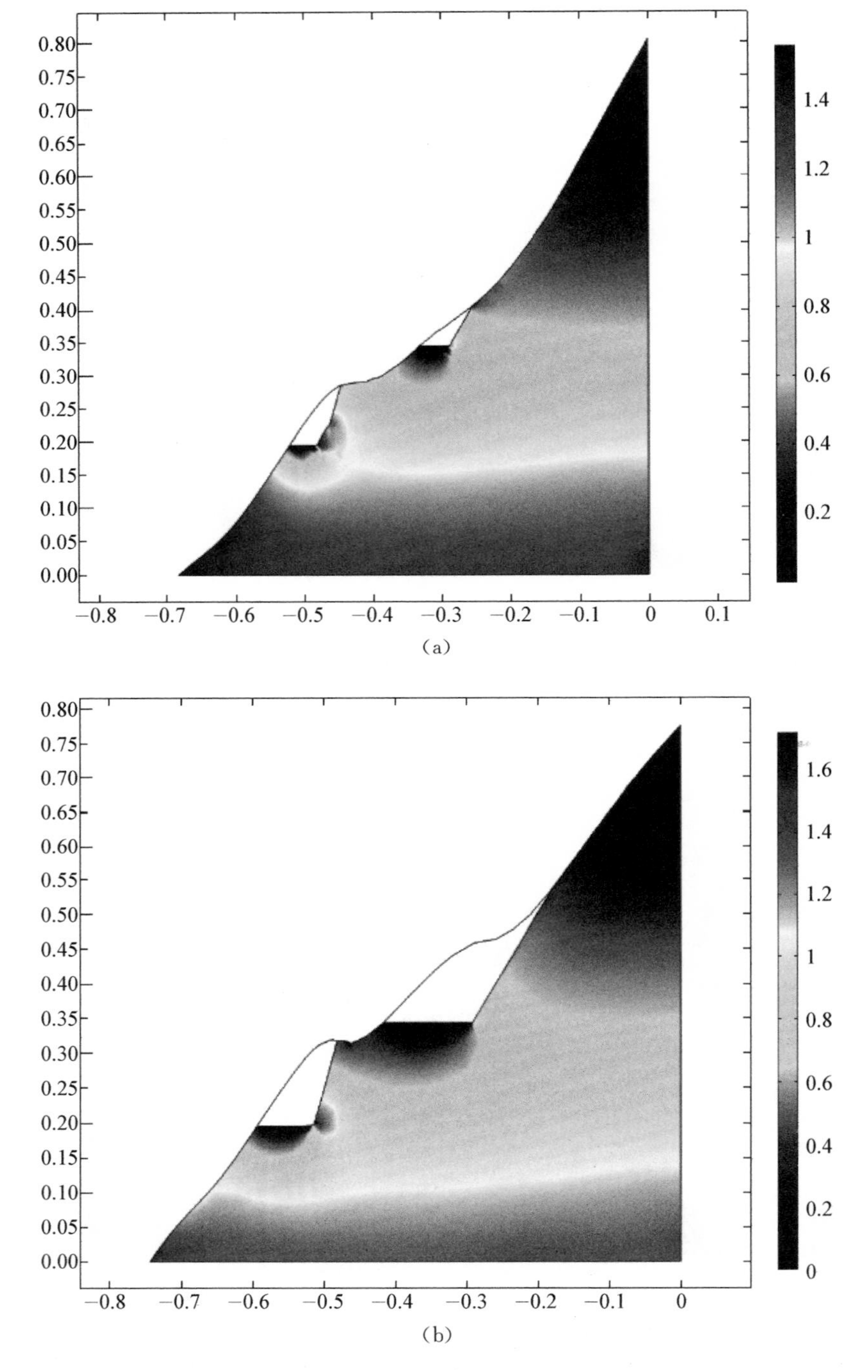

图 9 - 31　1 885 m 高程以上开挖后截面 2 - 2 和截面 5 - 5 处的磁通密度 $\boldsymbol{B}_z$ 分布(单位：T)
(a) 截面 2 - 2;(b) 截面 5 - 5

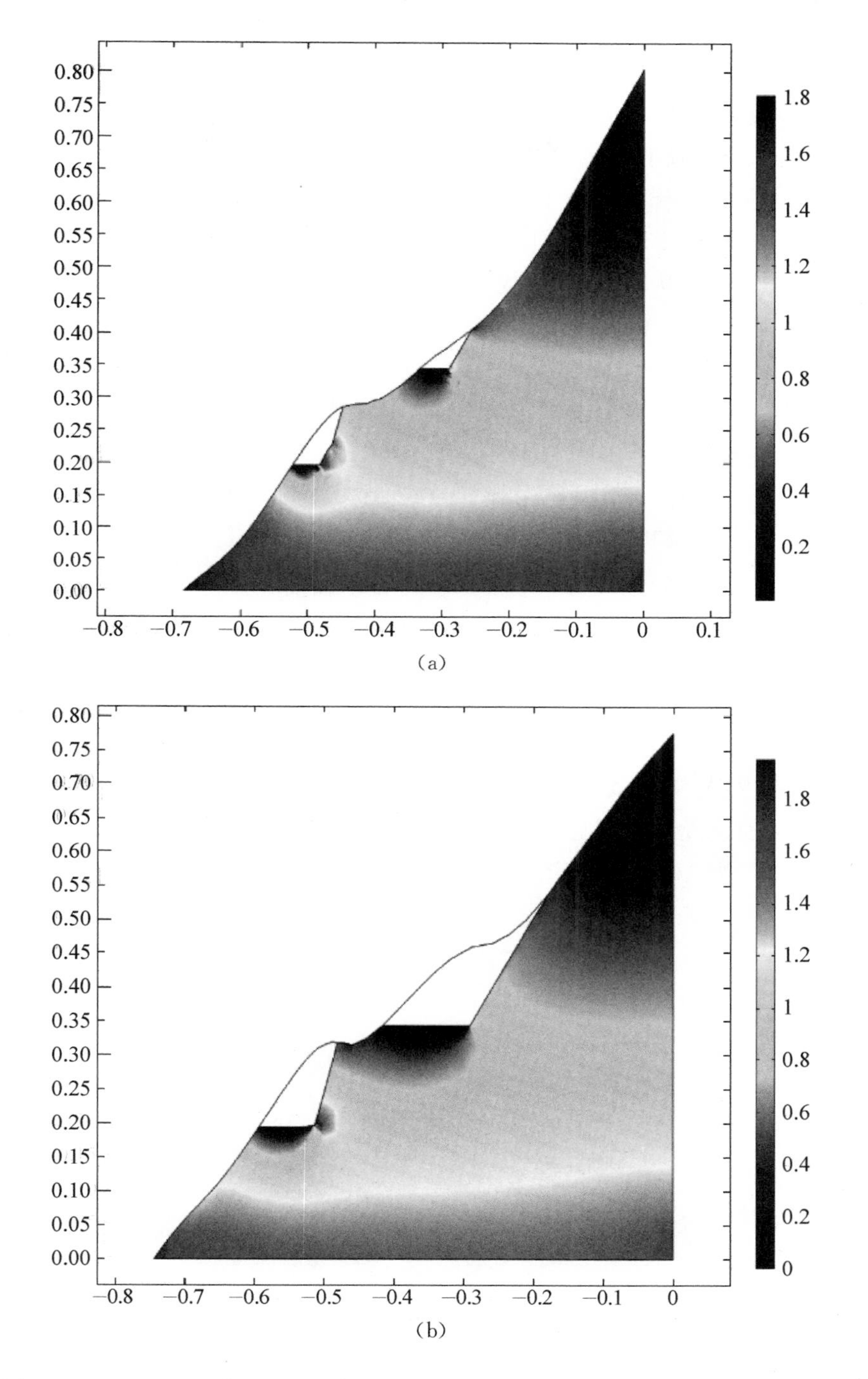

图 9-32 16 A 电流作用下 2-2 截面和截面 5-5 处的磁通密度 $\boldsymbol{B}_z$ 分布(单位：T)
(a) 截面 2-2;(b) 截面 5-5

图 9-29～图 9-32 表明，在通电电流稳定后，磁通密度梯度的竖向分量 $\boldsymbol{B}_z$ 基本呈下大上小的层状分布，即同一高度上的磁通密度大小接近。但是在开挖之后，在开挖面以下部位磁通密度 $\boldsymbol{B}_z$ 的变化较大，并且呈现弧形分布，在该位置以下磁通密度梯度也变大，所以开挖后，开挖面以下部位的磁力也会增加。在通电电流从 10 A 升到 16 A 后，模型内的磁场分布规律几乎没有变化，而磁通密度的量级从 0～1.6 T 提高到 0～1.8 T，所以对于模型内的磁通密度梯度的增加倍数可初步估计为 1.8/1.6＝1.12 倍，即模型所受的磁力增加 1.12倍左右。

为了更详细地了解应变花所在位置上模型所受磁力情况，取应变花所在的竖向直线，如图 9-33 中的编号为①～⑥的直线，其所受磁力与模型自重的比值分别如图 9-34、图 9-35 和图 9-36 所示。从图中可以看出，模型的内部所受的磁力小于模型接近地表的一侧，在直线①与直线④上磁力呈下大上小的趋势，下部的磁力将 g 提高约 20 倍，而上部约 15 倍。直线②与直线⑤上模型的磁力沿竖向分布比较均匀，g 的提高倍数在 15～18 倍之间。而直线③和直线⑥上，上部的磁力略大于下部的磁力，下部提高 g 约 17 倍左右，上部为 20 倍左右。而相似材料中由于加入铁粉而使得密度提高，不同岩体提高倍数不同，在 1.1～1.3 范围内，所以容重的提高倍数为密度提高的倍数与 g 提高的倍数和乘积，与模型试验相似材料的制作时假定的容重相似比接近 1∶20。但是由于目前还没有获得磁通密度梯度更加均匀的磁场的方法，所以这里认为在通电电流为 10 A 时，模型所受磁力与原型在重力作用下满足了相似比的要求。

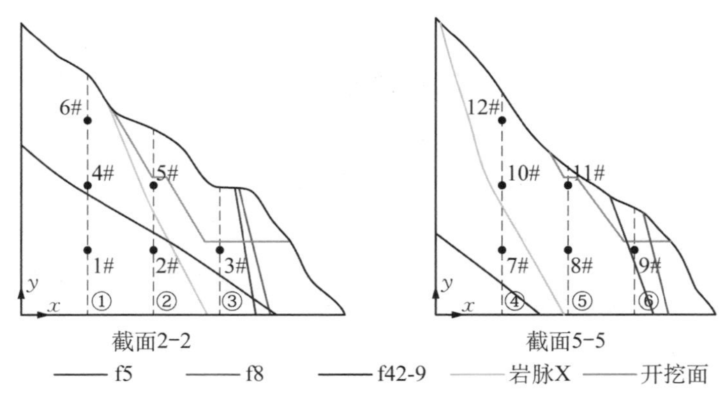

图 9-33　截面 2-2 及截面 5-5 内部应变花所在竖向直线及编号

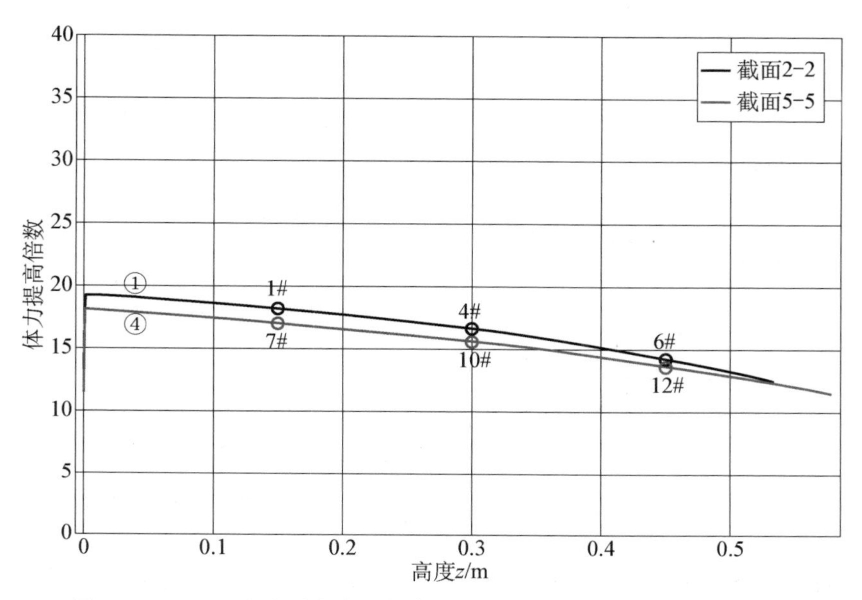

图 9－34　10 A 电流时直线①与直线④上磁力将模型重力提高的倍数

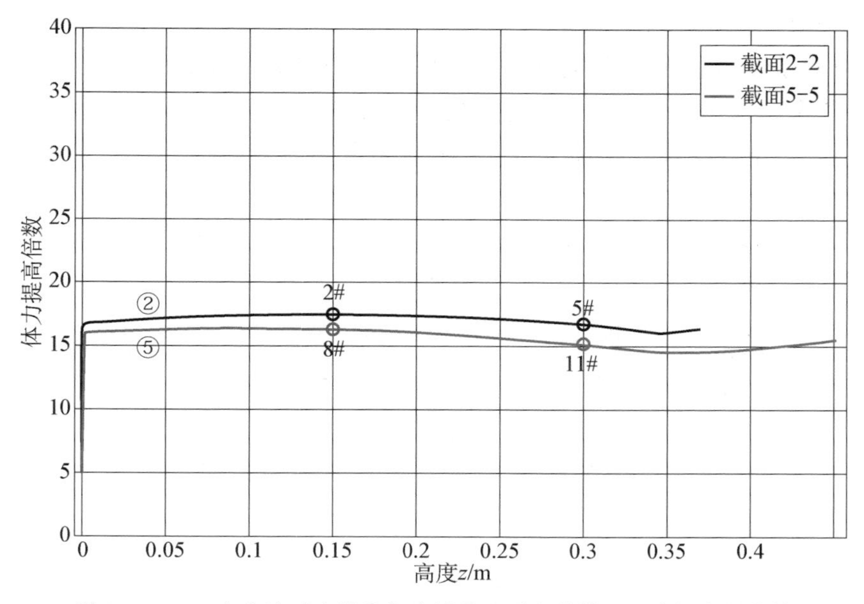

图 9－35　10 A 电流时直线②与直线⑤上磁力将模型重力提高的倍数

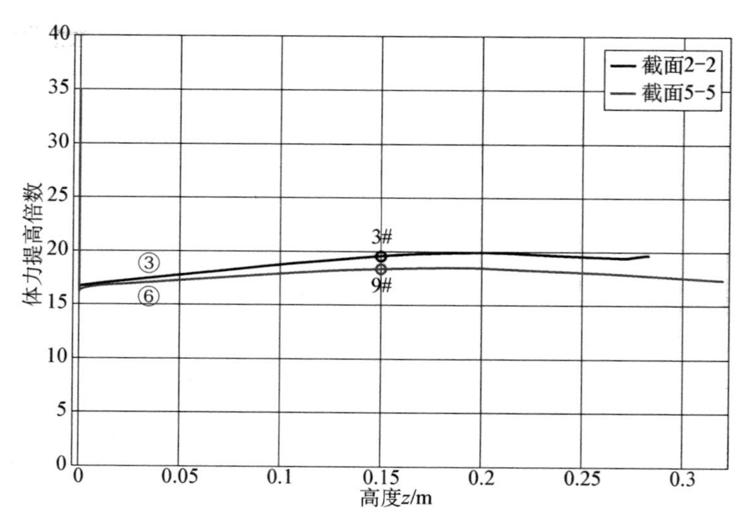

图 9-36　10 A 电流时直线③与直线⑥上磁力将模型重力提高的倍数

从图 9-34～图 9-36 还可以看出，在截面 2-2 上的磁力略大于截面 5-5 上的磁力，这是因为截面 2-2 的高度比截面 5-5 的高度低的缘故，在磁通密度梯度变化相同的情况下，缩短了其变化距离，所以提高了磁通密度梯度，进而提高了模型所受的磁力。

在开挖完成后，将通电电流提高到 16 A，实现超载的效果，在截面 2-2 及截面 5-5 上的直线①～⑥上达到的超载的倍数如图 9-37、图 9-38 和图 9-39 所示。从图中可以看出，几条直线上的超载倍数均在 1.1 倍左右。

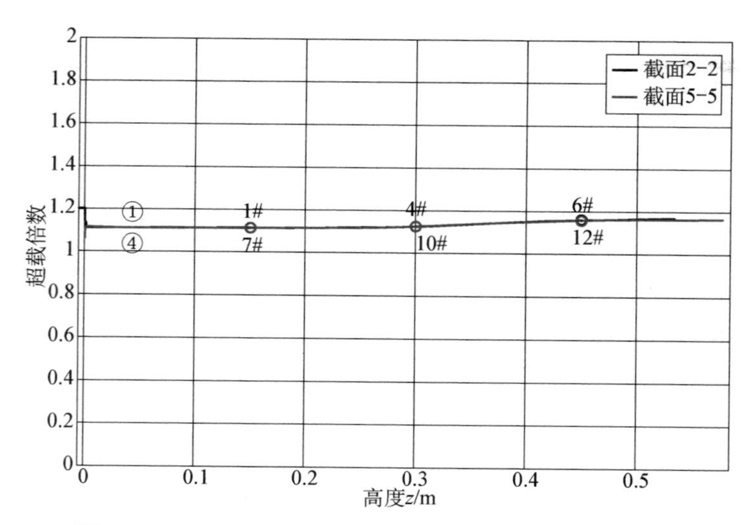

图 9-37　16 A 电流时直线①与直线④上达到的超载倍数

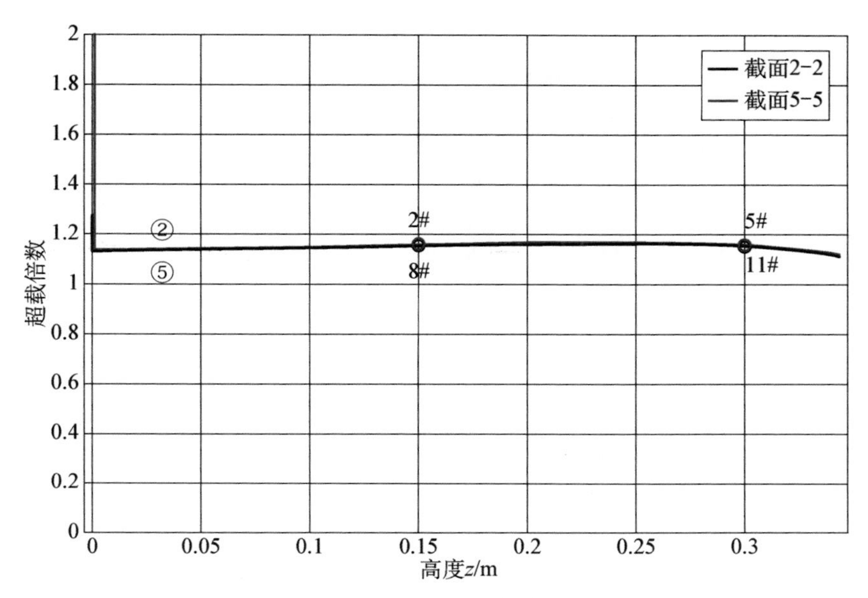

图 9－38　16 A 电流时直线②与直线⑤上达到的超载倍数

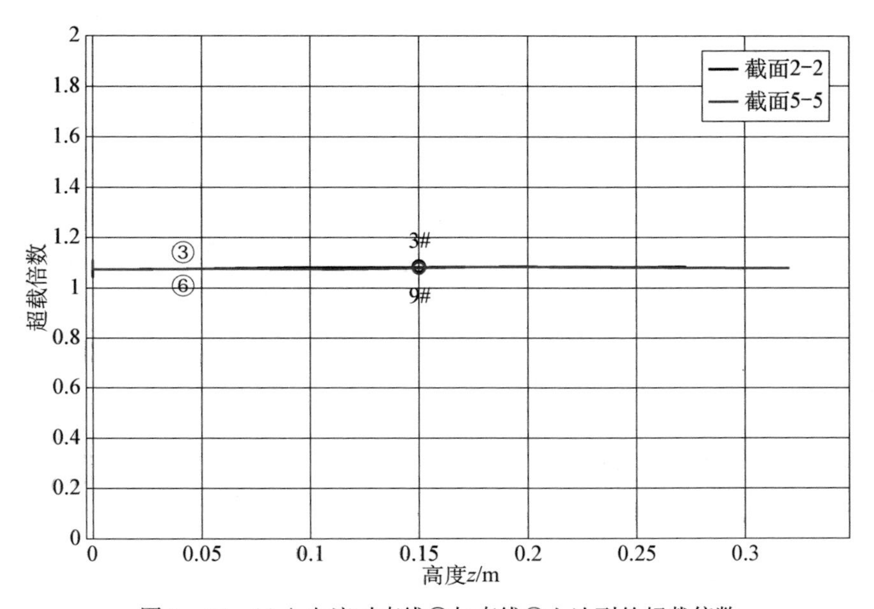

图 9－39　16 A 电流时直线③与直线⑥上达到的超载倍数

9.5 数值模拟结果与模型试验测试结果的比较

9.5.1 16 A 电流下模型体力超载倍数的对比

将 10 A 电流下，在应变花所在位置的磁力提高模型自重的倍数如表 9－25 所示，16 A 电流下应变花所在位置对应的超载倍数如表 9－26 所示。将表 9－26与表 9－16 的结果进行对比，如图 9－40 所示。

表 9－25　通电电流为 10 A 时的容重提高的倍数

编号	g 提高的倍数	密度提高的倍数	容重提高的倍数	与相似比之间的误差/%
1#	18.16	1.02	18.52	7
2#	17.45	1.02	17.8	11
3#	19.55	1.08	21.11	6
4#	16.59	1.15	19.08	5
5#	16.72	1.08	18.06	10
6#	14.22	1.55	22.04	10
7#	16.99	1.15	19.54	2
8#	19.3	1.08	20.84	4
9#	18.34	1.08	19.81	1
10#	15.6	1.15	17.94	10
11#	15.12	1.15	17.39	13
12#	13.62	1.55	21.11	6

表 9－26　通电电流为 16 A 时的超载倍数

编号	1#	2#	3#	4#	5#	6#	7#	8#	9#	10#	11#	12#
超载倍数	1.11	1.14	1.08	1.12	1.14	1.15	1.12	1.15	1.08	1.13	1.15	1.17

从表 9－25 中可以看出，2＃和 10＃应变花所在位置的容重提高的倍数在17～18 倍之间，与相似比要求的 20 倍之间的误差最大，分别为 11%和 13%，而其余各点的误差均不超过 10%，误差最小的一点为 9＃应变花所在位置，仅为 1%。

表 9－26 表明在开挖后将电流提高至 16 A，达到的超载倍数在各应变花的测点处的差异不大，平均为 1.13 倍。与试验中测试结果进行对比，可以从图 9－40中看出，数值模拟中 16 A 电流相对于边坡自然状态下的超载倍数与试

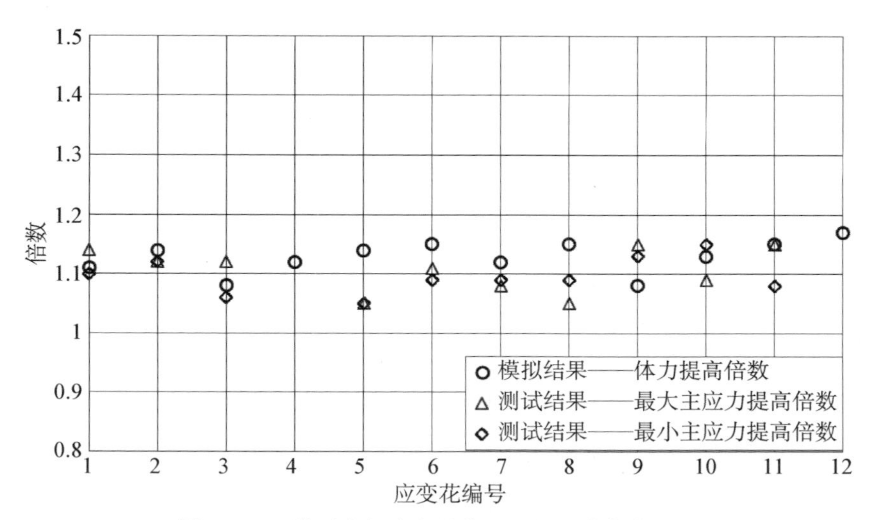

图 9-40 模型内部应变花位置上的超载倍数对比

验测试得到的最大主应力与最小主应力的超载倍数均集中在 1.1 倍附近。根据相似理论，模型中应力的相似比与模型体力的相似比相同，由此说明试验结果与数值模拟结果中 16 A 电流下模型的超载倍数基本一致。

9.5.2 内部应变花测试结果与数值模拟结果的对比

将模型试验中内部应变花所在位置的最大主应力、最小主应力与剪应力与数值模拟进行比较。截面 2-2 及截面 5-5 各测点的最大主应力的数值模拟与模型试验结果分别绘于图 9-41～图 9-42 中。由于截面 2-2 上的 4＃应变花及截面 5-5 上的 12＃应变花没有测试结果，故在图中不考虑该两个测点的模型试验结果及数值模拟结果。模型试验中，原型与模型的应力相似比为 25，所以将测试结果均放大 25 倍后与数值模拟结果进行比较。

对比结果表明，无论是数值模拟结果还是模型试验结果，最大主应力及最小主应力均随着开挖过程有所降低，但试验测试结果中降低的幅值比数值模拟结果要大，这可能是由于真实的模型试验中开挖过程会对开挖面周围造成扰动，而数值模拟无法考虑该扰动作用对边坡内部内力造成的影响。试验结果与数值模拟结果处于同一量级（MPa 级），且试验结果中的最大主应力小于数值模拟结果，而最小主应力与数值模拟结果相当，说明模型试验中模型受到的磁力作用略小于数值模拟结果。由于模型试验中的最大主应力与最小主应力之差小于数值模拟结果，从而导致模型试验结果与数值模拟结果中的剪应力差异较大，数值模拟结果中，各应变花所在位置的剪应力在开挖过程中总体呈减小趋势，但变化幅

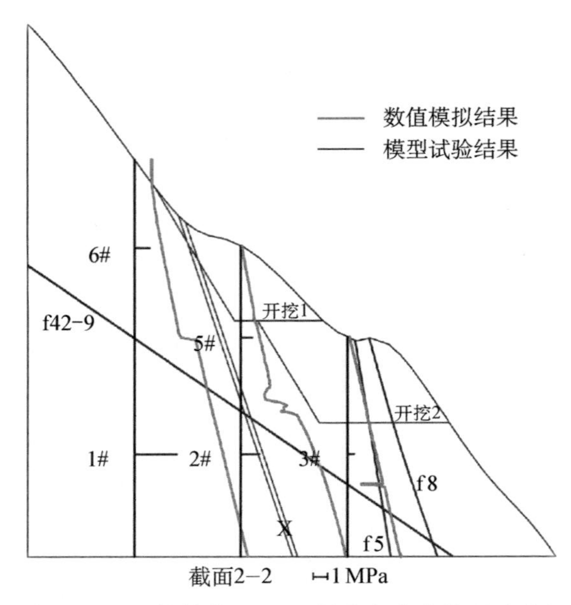

图 9-41　开挖前截面 2-2 最大主应力模型试验与数值模拟结果对比

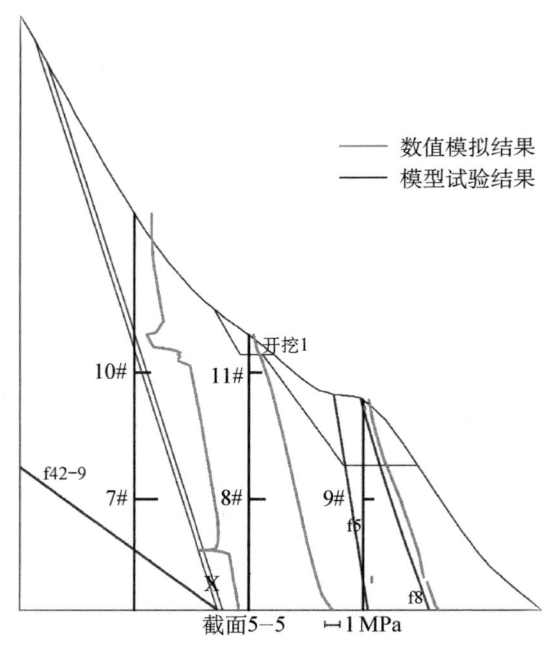

图 9-42　开挖前截面 5-5 最大主应力模型试验与数值模拟结果对比

值不大,而模拟试验结果表现出的规律为,靠近开挖面的3#、5#及9#应变花位置的剪应力均随着模型的开挖而逐渐增加,且变化明显,1#、2#、8#和10#应变花位置的剪应力则随着开挖过程而降低。需要个别说明的是,截面2-2上的5#应变花测试位置在模型试验中可能受到了较大的扰动,在第2次开挖时,最小主应力变为拉应力。

10 结论与展望

10.1 结论

地质力学模型试验主要包含有框架式模型试验、底面摩擦模型试验、现场三维模型及足尺模型试验、渗水力模型试验、土工离心模型试验等，其中框架式模型试验和离心模型试验是目前广泛应用的两种形式。

10.1.1 滑坡模型试验理论与试验系统的建立

根据滑坡模型试验的特点，建立了考虑降雨和水库水位变化引起滑坡的模型试验系统。系统 8 m×2 m×4 m(长×宽×高)可以通过变化倾斜角度加载；可以模拟不同降雨强度的降雨过程；可以模拟水库蓄水过程和水库水位骤降；采用 γ 射线测量土体含水量；采用非接触式光学位移测量；采用位移、应力、水压力传感器测量土体表面位移和内部土压力和孔隙水压力。通过对 2003 年三峡水库第 1 次蓄水引起的千将坪滑坡实例的模型试验研究，重点就滑坡模型试验相似理论、相似材料配比试验及其相似材料择优方法、模型测试及其自动化、畸变模型及其修正等方面展开了研究讨论，结论如下：

(1) 系统研究了滑坡模型试验中的相似现象与相似理论，并完成了滑坡模型试验 17 个常用参数的相似判据推导演算；在此基础上提出了模型畸变修正方法，从理论上克服了传统相似理论用于滑坡模型试验无法保证模型与原型之间主要物理力学参数严格相似的问题，完善了滑坡物理模型试验相似理论。运用模型畸变修正方法，确定了滑坡模型试验实际相似比，并利用模型长度相似比的畸变修正其他参数相似比与理论相似比的差异所带来的模型的畸变，并建议可采用模型试验、原型监测数据或数值计算方法对模型畸变修正，使模型试验结果与数值计算成果融合，提高模型试验结果的信息量和应用于实际工程的精确度。

(2) 研究并开发了集应力、变形和降雨入渗相似为一体的滑坡物理模型试验系统。该系统包括模型试验平台起降、室内人工降雨、水位变化控制、多物理量测试、基于光学原理的非接触式位移测试和 γ 射线透射法土壤水分测试等系统。该系统具有自动化程度与测试精度高等特点。

(3) 在滑坡模型相似材料研制中,针对不同试验阶段,提出了不同的相似材料试验设计方法和数据处理方法。在滑坡模型试验相似材料配制和评价方面提出并建立了基于模糊评判理论的滑坡模型试验相似材料择优方法。

(4) 对三峡库区水库滑坡发生的两个主要动力条件：大气降雨特征和其时空分布规律,及水库蓄水过程和运行规律进行了研究。并阐述了模拟这两个主要动力条件的环境相似条件。

(5) 通过千将坪滑坡在水库蓄水、大气降雨及两者联合作用下的模型试验研究,检验了滑坡模型试验理论及其模型畸变修正方法,调试了滑坡物理模型试验系统,揭示了千将坪滑坡失稳机理。

10.1.2 地质力学磁力模型试验原理与均匀梯度磁场设备研发

借鉴土工离心模型试验中利用离心力模拟重力的思想,用均匀磁力来模拟重力,提出了一种新的地质力学磁力模型试验方法。根据电磁学基本原理和磁路设计原理,设计并制造了一台能够产生均匀梯度磁场的装置(尺寸：长×宽×高为 1.6 m×1.2 m×1.6 m)。以锦屏一级水电站左岸高陡边坡为例,进行地质力学磁力模型试验。结论如下：

(1) 根据电磁学基本原理,论证了利用磁力场模拟重力场的可行性。磁力场与重力场同属辐射场,都满足平方反比定律,其表现相似,利用磁力场模拟重力场的地质力学模型试验方法是可行的;根据电磁力计算原理,设计并制造了能够产生均匀梯度磁场的磁路,以产生与重力场相似的均匀力场。

(2) 以锦屏一级电站左岸高陡边坡为研究对象,根据相似理论确定磁力模型试验相似材料的各相似比,并利用石膏、铁粉、重晶石粉等进行相似材料试验,得到锦屏一级电站左岸高陡边坡各岩层、断层及岩脉的相似材料配比;锦屏一级电站左岸高陡边坡地质力学磁力模型试验与数值模拟结果进行对比,在 10 A 电流下磁力模型试验装置将模型的体力提高 20 倍,模型试验中各测点的测试结果随着开挖步骤的变化规律与数值模拟基本一致;且当通电电流达到 16 A 时,模型试验中测得的模型内部应力与自然状态下(10 A 电流下)相比平均提高了 1.1 倍,相当于超载 1.1 倍,与数值模拟结果一致,反映了地质力学磁力模型试验的工程应用价值。

10.2 展望

(1) 框架式模型试验,在 $1g$ 重力场内,模型中各点的应力水平比原型低得多,土体的许多应力应变关系特别是非线性关系在模型中不能得到真实体现,它的试验成果主要依赖于模型相似材料的相似性以及数据采集的可靠性。从目前国内外的研究成果显示,虽然目前测试手段获得了较大发展,但软土等软弱散体的相似材料研究存在很大的困难,这严重制约了地质力学模型试验技术的发展。畸变模型的修正为滑坡地质力学模型试验的发展开辟了新的路径,但是畸变模型的修正理论的完善还需作大量的研究工作。

(2) 为了克服地质力学模型试验的缺点,20 世纪六七十年代土工离心模型试验方法在世界范围内获得了广泛的传播[26-30],围绕软土工程开展了大量的研究,并获得了丰硕的成果。土工离心模型试验是基于用离心惯性力场模拟重力场的原理,通过施加在模型上的离心惯性力将模型的容重变大,从而使模型中各点的应力与原型趋于一致,这种特点使离心模型和常规模型试验之间产生了本质的区别。目前可以达到 $400g$ 的水平,可以实现经适当处理的原型土体或者是用模型相似材料进行试验研究。因为在离心模型试验中可以获得 ng 的模拟重力场,对试验模型材料的力学性能要求比常规模型试验降低了 n 倍,从而在降低试验难度和提高试验结果可靠性方面获得了质的飞跃。离心模型试验代表着模型试验的最新发展和最新水平。目前地质力学模型试验研究的新模式主要集中在场的模拟方面,清华大学曾经探讨了利用水流渗透所产生的拖曳力来增加土体的容重,其原理是利用重力场和渗透力场的叠加来模拟重力场,并取得了一定的成果[24, 25]。借鉴利用外力场模拟重力场的原理,利用场相似理论对地质力学模型试验技术开展更加深入的探讨和研究,寻求更先进的手段和技术对地质力学模型试验理论的发展具有广阔的前景。

(3) 自地质力学磁力模型试验提出以来,取得了一些成果,但是它仍然是一个新兴的课题,距离其走向成熟、大面积推广使用还有很远的一段路程,地质力学磁力模型试验在以下几方面仍需要进一步的研究与探讨:

(a) 因为水为抗磁性物质,在磁场中受到的磁力极其微弱,所以通过磁场不能提高水的容重,这样将使得涉及水的参数不能够满足相似比的要求,如何在地质力学磁力模型试验中模拟水的作用是接下来一个很重要的研究内容。

(b) 虽然使用柱形磁路已经能够产生磁通密度梯度均匀性较好的磁场,但是从理论上来讲不可能得到磁通密度梯度绝对均匀的磁场,所以如何用简单的方式获得磁通密度梯度均匀的磁场将是一个需要持续研究的问题。

(c) 地质力学磁力模型试验中磁通密度梯度的大小受模型的影响较大,在模型高度较低时,磁通密度梯度值可以高一些,而当模型的高度较高时,磁通密度梯度就很难继续提高,这主要受到相似材料中铁磁材料的相对磁导率的控制,使用的铁磁材料相对磁导率越高越好,但是相对磁导率较高的坡莫合金的价格都很高。对于尺寸较大的模型,现在还没有很好的办法能够提高其体力倍数,如何获得在较大范围内磁通密度梯度较大的磁场也是一个需要进一步深入研究的难题。

(d) 对于复杂工况的模拟还需要一些配套的辅助设施,如降雨系统、地震模拟系统、开挖系统、加载系统等都亟待下一步开发。

参 考 文 献

[1] 沈泰. 地质力学模型试验技术的进展[J]. 长江科学院院报,2001,10:32 - 36.

[2] [意]富马加利著. 蒋彭年,彭光履译. 静力学模型与地力学模型[M]. 水利电力出版社,1979.

[3] 陈兴华. 脆性材料结构模型试验[M]. 北京:水利电力出版社,1984.

[4] 龚召熊,郭春茂,高大水. 地质力学模型材料试验研究[J]. 长江水利水电科学研究院院报,1984,(1):24 - 28.

[5] 沈泰,邹竹荪. 地质力学模型材料研究和若干试验技术的探讨[J]. 长江科学院院报,1988,(4):12 - 23.

[6] 沈泰. 地质力学模型在三峡工程中的应用[A]. 陈德基. 工程地质及岩土工程新技术论文集[C]. 北京:中国地质大学出版社,1994. 178 - 288.

[7] Chen Jin, Sheng Tai. Experiment study on thestresses and stability of Geheyan Gravity Arch Dam of the Qingjiang River [A]. Practice and Theory of Arch Dam. Proceedings of the International Symposium on Arch Dam [C]. Nanjing: Hohai University Press, 1992.

[8] 陈进,姜小兰. 太平绎水电站地下洞室结构模型试验研究[A]. 结构与介质相互作用理论及其应用[C]. 南京:河海大学出版社,1993.

[9] 黄薇,陈进. 结构试验内部位移计的研制及位移观测自动化[J]. 人民长江,1997,(6):19 - 20.

[10] 宋克强,杨作栋. 黄土滑坡模型试验研究[J]. 水土保持学报,1991,5(2):14 - 21.

[11] 丁多文,彭光忠. 水作用下废土石排放场地边坡稳定性的模型实验研究[J]. 岩土工程学报,1996,18(2):94 - 98.

[12] 文宝萍,等. 黄土地区典型滑坡预测预报及减灾对策研究[M]. 北京:地质出版社,1997.

[13] 唐红梅. 散体滑坡室内启动模型试验[J]. 山地学报,2002,20(1):112 - 115.

[14] 靳德武,牛富俊,陈志新,等. 冻土斜坡模型试验相似分析[J]. 期地球科学与环境学报。2004,26(1),29 - 32.

[15] 罗先启,刘德富,吴剑,等. 雨水及库水作用下滑坡模型试验研究[J]. 岩石力学与工程学报,2005,24(14):2476 - 2483.

[16] 罗先启,陈海玉,沈辉. 自动网格法在大型滑坡模型试验位移测试中的应用[J]. 岩土力学,2005,26(2):231 - 238.

[17] 胡修文,唐辉明,刘佑荣.三峡库区赵树岭滑坡稳定性物理模拟试验研究[J].岩石力学与工程学报,2005,12:2089-2095.
[18] 陈诗才.底面摩擦模拟试验的原理与应用[J].水文地质工程地质,1988,04:38-40.
[19] BRAY J W, GOODMAN R E,陈景基,等.底面摩擦模型理论[J].露天采矿,1986,03:24-31.
[20] 李书吉,唐银兰,冯喜波,等.应用底面摩擦模型进行滑坡过程的试验研究[J].露天采矿,1986,01:22-27.
[21] 陈善雄,余颂,孔令伟,等.中膨胀土路堤包边方案及其试验验证[J].岩石力学与工程学报,2006,25(9):1777-1783.
[22] 胡明鉴,汪稔,张平仓.蒋家沟流域松散砾石土斜坡滑坡频发原因与试验模拟[J].岩石力学与工程学报,2002,21(12):1831-1834.
[23] 丁金栗,汤启明,龚有满.用渗水力模型研究饱和土地基载荷性状[J].岩土工程学报,1994,16(1):8-20.
[24] 黄锋,黄文峰,李广信,等.不同受载方式下桩侧阻的渗水力模型试验研究[J].岩土工程学报,1998,20(2),10-14.
[25] 濮家骝.土工离心模型试验及其应用的发展趋势[J].岩土工程学报,1996,05:96-98.
[26] 章为民,窦宜.土工离心模拟技术的发展[J].水利水运科学研究,1995,03:294-301.
[27] 刘守华,蔡正银.土工离心模型填料装置研究[J].岩土工程学报,1996,03:74-79.
[28] 包承纲,饶锡保.土工离心模型的试验原理[J].长江科学院院报,1998,02:2+4+3+8.
[29] 白冰,周健.土工离心模型试验技术的一些进展[J].西部探矿工程,2000,04:8-11.
[30] 罗先启,葛修润,程圣国,等.地质力学磁力模型试验相似材料磁力特性研究[J].岩石力学与工程学报,2009,28(Supp. 2):3801-3807.
[31] 罗先启,程圣国,张振华,等.地质力学磁力模型试验相似理论研究[J].岩土力学,2011,32(4):457-462.
[32] 谭一中.谈谈地质力学模型的相似条件[J].西北水电技术,1988.04:19-27.
[33] 陈秉聪.相似理论及模型试验[J].拖拉机,1979,02:9-19.
[34] 韩伯鲤,等.地质力学模型 MIB 材料[J].武汉水利电力大学学报,1994,27(1):17-23.
[35] 马芳平,李仲奎,罗光福. NIOS 模型材料及其在地质力学相似模型试验中的应用[J].水力发电学报,2004,01:48-51.
[36] 崔希民,缪协兴,苏德国,等.岩层与地表移动相似材料模拟试验的误差分析[J].岩石力学与工程学报,2002,12:1827-1830.
[37] 王素华,高延发.相似材料模拟试验中的误差补偿理论[J].山东农业大学学报(自然科学版),2005,36(3):411-414.
[38] 蒋黔生.相似理论及模型试验[J].工程机械,1982,07:30-37.
[39] 董仕深.相似理论及其在金属塑性加工中的应用(二)[J].重型机械,1987,02:58-65.
[40] 陈元基.第二讲相似理论及其应用[J].工程机械,1990,03:33-41.
[41] 潘孝良.浅谈模型试验法的理论和应用[J].山东建材学院学报,1987,01:51-53+71.
[42] 喻锡臣,黄惠兰.相似理论所反映的自然哲学规律[J].广西大学学报(自然科学版),1993,03:46-51+2.
[43] 潘孝良.浅谈模型试验法的理论与应用(续)[J].山东建材学院学报,1987,02:1-3.
[44] 尤凤翔,吕福合.相似理论在工程实际中的应用[J].丹东师专学报,1999,01:56-58.

[45] 方开泰. 均匀设计[J]. 应用数学学报，1980，2(4)：363 - 372.
[46] 徐挺. 相似方法及其应用[M]. 北京：机械工业出版社，1995.
[47] 徐挺. 相似理论与模型试验[M]. 北京：中国农业机械出版社. 1982.
[48] 程圣国，罗先启，方坤河. 土质滑坡相似材料试验设计理论及评价方法研究[J]. 水力发电，2002，4：20 - 29.
[49] 夏晓东. 土壤-机器系统的系列畸变模型试验技术的研究[J]. 农业机械学报，1983，04：10 - 26.
[50] Verma B P, Schafer R L. Compensated model theory in the similitude of a soil-chisel system[J]. Amer Soc Agr Eng Trans Asae, 1971(2)：353 - 358.
[51] 国外喷灌技术. 水利水电部科学技术情报所[M]. 水利电力出版社，1977.
[52] 陈大雕，林中卉. 喷头技术[M]. 科学出版社，1992.
[53] 陈文亮，唐克丽. SR 型野外人工模拟降雨装置[J]. 水土保持研究，2000：106 - 110.
[54] 白义如. 相似材料模型位移场光学测量技术研究及应用[D]. 中国科学院武汉岩土所力学研究所，2000.
[55] 关锷，何世平，伍小平，等. 网格法的自动检测技术研究[J]. 固体力学学报，1996，04：290 - 295.
[56] 孙培梅，陈爱良. 均匀设计在有色冶金试验研究中应用的探讨[J]. 稀有金属与硬质合金，2002，03：22 - 25.
[57] 刘永才. 均匀设计及其应用[J]. 战术导弹技术，2002，01：58 - 61.
[58] 江国，于宗仁，孙如华. 均匀设计方法在泥浆选配中的应用[J]. 实验室研究与探索，2002，04：58 - 59+71.
[59] 周万坤，朱剑英. 采用均匀设计法在线优化模糊控制因子[J]. 工业控制计算机，2002，04：31 - 34.
[60] 林秋菊，刘进，郭坤敏，李云峰，苏发兵. 均匀设计原理在制备浸渍活性炭材料中的应用[J]. 新型炭材料，2002，03：63 - 65.
[61] 蒋元力，尚雪亚，贾长学，等. 均匀设计方法在包装材料破坏性实验中的应用[J]. 包装工程，2002，01：12 - 13.
[62] 任露泉，王再宙，韩志武. 激光处理非光滑凹坑表面耐磨试验的均匀设计研究[J]. 材料科学与工程，2002，02：214 - 216.
[63] 吴玉庚. 工程地质力学模型材料试验研究[J]. 北京：地质出版社，1985.
[64] 陈正洪，万素琴，毛以伟. 三峡库区复杂地形下的降雨时空分布特点分析[J]. 长江流域资源与环境，2005，05：623 - 627.
[65] Edward M P. Electricity and magnetism Berkeley physics course—vol. 2 [M]. McGraw-HillBook Company, 1985.
[66] 蔡国廉. 电磁铁[M]. 上海科学技术出版社，1965.
[67] Maxwell J. A dynamical theory of the electromagnetic field [J], Philosophical Transactions of the Royal Society of London. 1865，155：459 - 512.
[68] Landauer R. The electrical resistance of binary metallic mixtures [J]. Journal of Applied Physics, 1952，23：779 - 784.
[69] ZHashin, S Shtrikman. A variational approach to the theory of the effective magnetic permeability of multiphase materials [J], Journal of Applied Physics, 1962，33(10)：

3125－3131.

[70] 晋芳伟，任忠鸣，任维丽，等. 强梯度磁场下金属熔体中析出相晶粒迁移的动力学研究[J]. 物理学报，2007，07：3851－3860.

[71] 邹立秋，张芳，屈辉，等. 不同数量梯度磁场方向对正常脑白质纤维束扩散张量成像的比较定量研究[J]. 临床放射学杂志，2005，10：906－909.

[72] 杨荣清. 高梯度磁场中磁性可吸入颗粒物动力学特性研究[D]. 东南大学，2006.

[73] 李小路. 高梯度磁场下磁性流体流体动力学研究[D]. 华中科技大学，2008.

[74] García-Naranjo J C, Igor V M. A unilateral magnet with an extended constant magnetic field gradient [J]. Journal of Magnetic Resonance, 2010，207(2)：337－344.

[75] 范弘，岳东平，王锡琴，等. 钢管漏磁探伤的新方法[J]. 钢铁研究学报，2000，12(6)：50－54.

[76] 唐凯，罗先启，张振华. 地质力学磁力模型试验磁场梯度研究[J]. 三峡大学学报(自然科学版)，2010，32(1)：57－59.

[77] 黄延军，沈跃，魏淑贤. 大位移测量中均匀梯度磁场的构建[J]. 传感器技术，2005，24(2)：55－59.

[78] 王以真. 实用磁路设计[M]. 国防工业出版社，2008：65－66.

[79] 杨萍果，毛任钊，翟正丽. 土壤磁性的应用研究进展[J]. 土壤，2008，02：153－158.

[80] 强杨. 重庆典型岩溶区不同土地利用方式下表土磁性特征研究[D]. 西南大学，2012.

[81] 卢升高，俞劲炎. 土壤磁学及其应用研究进展[J]. 土壤学进展，1991，05：1－8.

[82] 邓居智，刘庆成，龚育龄，等. 土壤磁性测量在寻找可地浸砂岩型铀矿床中的应用[J]. 铀矿地质，2004，06：370－375.

[83] 郭友钊，余钦范，谭承泽. 土壤磁性在石油天然气早期勘探中的应用[J]. 石油物探，1995，01：66－75.

[84] 吴恒，曹净. 城市附加磁场与土体结构强度的磁效应机制[J]. 广西大学学报(自然科学版)，2003，28(1)：1－4，9.

[85] 过壁君，冯则坤，邓龙江. 磁性薄膜与磁性粉体[M]. 成都：电子科技大学出版社，1994.

[86] 乔妙根. 我国对磁化水疗法的研究[J]. 贵州医药，1986，03：36－37

[87] 董学佼. 磁化水拌制混凝土研究[D]. 大连理工大学，2001.

[88] 赵善宇. 磁化水混凝土性能研究[D]. 大连理工大学，2006.

[89] 李慧芝. 磁化水混凝土及其性能研究[D]. 大连理工大学，2006.

[90] 胡建春，何茜. 浅谈磁化水对提高混凝土性能的影响[J]. 商品混凝土，2007，06：55－56.

[91] 高向阳. 磁化水拌和混凝土的实验分析[J]. 彭城职业大学学报，2002，17(4)：52－56.

[92] 黄星星. 锦屏一级水电站岩体相似材料的配比试验及回归分析[D]. 成都理工大学，2012.

索　　引

FUZZY 最佳选择方法　87
Helmholtz 线圈　177—180,182,195
白金汉定理　11,20
本底参数　69—72
比奥-萨伐尔定律　182,186
补偿模型法　37,39
参量分析　33
尺寸效应　4,29,31,115,119
初始磁导率　165,166,187
磁场强度　160—162,164,165,168,172,174,175,178,188,189,192,197,205,206,231
磁单极子　168,172
磁化率　161—164,205
磁化强度　161—165,170,171,187,231
磁力模型试验　3,4,160,162,164,167,187,195—197,199,204—207,211,215,216,218,219,222,231—233,250,251,257,258
磁路　163—167,171,172,187—197,232—234,250,251
磁路设计　171,172,187,188,250,258
磁偶极矩　169,170
磁通密度　161,162,164—166,169—182,184—189,191—195,197,231,232,235—241,243,251,252
磁性材料　162,163,165,170,171,176,187,191,197,232
次生量纲　7
导出量纲　7,8
等效相对磁导率　172—176,231,232
反铁磁性　161—163,205
非接触式光学量测　56
高陡边坡　199,200,204,211,214,217,219,221,222,231,250
合交模型　43,44,256
基本量纲　7—9,15,16,28
基尔霍夫定律　171
畸变模型　29,30,36,37,39,40,148,249,251,254
畸变修正方法　29,30,36,39,109,151,249,250
降雨均匀度　48,50,52
降雨强度　32,33,45—47,50,53—55,108,110,148,249
矫顽磁力　164,165
锦屏一级水电站　199,200,206,250,258
均匀试验设计法　77
均匀梯度磁场　177,182,187,195,250,258
抗磁性　161—163,205,251
量纲和谐原理　8,11
量纲齐次式　12
马氏供水系统　55
麦克斯韦方程组　167,168
麦克斯韦应力张量　171

敏感材料　86,94,112
模糊评判　250
喷洒系统　49,50,52
千将坪滑坡　98,109—111,113,115,119—123,143,144,146—148,152,155—159,249,250
软磁材料　164—166,178,187,205,206
三峡库区　2,96—98,101—109,250,254,257
γ射线透射法水分测量　64
试验起降平台控制系统　46
室内人工降雨控制系统　45,46
顺磁性　161—163,205
铁磁性　161—163,171,176,191,197,205
无量纲乘积　13—15,33
相似材料试验　77,78,96,111,112,206—208,233,250,254
相似判据　2,4,20,24,29—33,43,148,249
相似指标　18,19,40,91,148
亚铁磁性　161—163,205
硬磁材料　164
雨滴动能　49
正交试验设计法　77
最大磁导率　165,166